Carine Chassain

La maladie de Parkinson et spectroscopie IRM

AF190442

Carine Chassain

La maladie de Parkinson et spectroscopie IRM

étude du métabolisme cérébral chez l'animal modèle de la maladie

Presses Académiques Francophones

Impressum / Mentions légales
Bibliografische Information der Deutschen Nationalbibliothek: Die Deutsche Nationalbibliothek verzeichnet diese Publikation in der Deutschen Nationalbibliografie; detaillierte bibliografische Daten sind im Internet über http://dnb.d-nb.de abrufbar.
Alle in diesem Buch genannten Marken und Produktnamen unterliegen warenzeichen-, marken- oder patentrechtlichem Schutz bzw. sind Warenzeichen oder eingetragene Warenzeichen der jeweiligen Inhaber. Die Wiedergabe von Marken, Produktnamen, Gebrauchsnamen, Handelsnamen, Warenbezeichnungen u.s.w. in diesem Werk berechtigt auch ohne besondere Kennzeichnung nicht zu der Annahme, dass solche Namen im Sinne der Warenzeichen- und Markenschutzgesetzgebung als frei zu betrachten wären und daher von jedermann benutzt werden dürften.

Information bibliographique publiée par la Deutsche Nationalbibliothek: La Deutsche Nationalbibliothek inscrit cette publication à la Deutsche Nationalbibliografie; des données bibliographiques détaillées sont disponibles sur internet à l'adresse http://dnb.d-nb.de.
Toutes marques et noms de produits mentionnés dans ce livre demeurent sous la protection des marques, des marques déposées et des brevets, et sont des marques ou des marques déposées de leurs détenteurs respectifs. L'utilisation des marques, noms de produits, noms communs, noms commerciaux, descriptions de produits, etc, même sans qu'ils soient mentionnés de façon particulière dans ce livre ne signifie en aucune façon que ces noms peuvent être utilisés sans restriction à l'égard de la législation pour la protection des marques et des marques déposées et pourraient donc être utilisés par quiconque.

Coverbild / Photo de couverture: www.ingimage.com

Verlag / Editeur:
Presses Académiques Francophones
ist ein Imprint der / est une marque déposée de
OmniScriptum GmbH & Co. KG
Heinrich-Böcking-Str. 6-8, 66121 Saarbrücken, Deutschland / Allemagne
Email: info@presses-academiques.com

Herstellung: siehe letzte Seite /
Impression: voir la dernière page
ISBN: 978-3-8381-4625-6

Zugl. / Agréé par: Clermont-Ferrand, Université d'Auvergne, Neurosciences, 2004e

Copyright / Droit d'auteur © 2014 OmniScriptum GmbH & Co. KG
Alle Rechte vorbehalten. / Tous droits réservés. Saarbrücken 2014

Remerciements

Ce travail de thèse a été réalisé en collaboration avec l'équipe de recherche Structures Tissulaires et Interactions Moléculaires (STIM) de l'INRA de CLERMONT-FERRAND / THEIX reconnue plateau technique « imagerie du petit animal ». Je remercie le Docteur Jean-Pierre Renou de m'avoir accueillie dans son équipe et de m'avoir ainsi fait bénéficier de moyens techniques et humains exceptionnels.

Je tiens aussi à exprimer mes plus sincères remerciements à M. le Professeur Alain Eschalier qui a bien voulu m'accueillir dans son laboratoire de Pharmacologie Médicale, à la faculté de Médecine et de Pharmacie de CLERMONT-FERRAND.

M. le Professeur Franck Durif m'a encadrée durant ces trois années. Sa disponibilité a été constante, sa culture et sa rigueur scientifique ont su répondre à mes nombreuses questions. Je lui suis profondément reconnaissante pour la formation à la recherche qu'il a su me donner.

M. le Professeur François Tison, Directeur de recherche INSERM à Bordeaux et Madame Anne-Maire Delors, Directrice de recherche CNRS à Clermont-Ferrand ont bien voulu être les rapporteurs scientifiques de ce travail malgré leur charge de travail importante. Je leur suis reconnaissante du temps et de l'énergie qu'ils ont consacrés à cette évaluation.

J'adresse également mes plus vifs remerciements à Madame Anne Ziegler, Directrice de recherche INSERM à Grenoble pour avoir accepté de faire partie de mon jury et de participer à une partie des travaux réalisés.

Je tiens également à remercier tout particulièrement M. Guy Bielicki pour son aide précieuse lors de la réalisation de ce travail de thèse et pour m'avoir initiée à la spectroscopie de Résonance Magnétique Nucléaire.

La bonne ambiance dans laquelle s'est déroulée cette thèse doit beaucoup à l'ensemble des personnes de l'équipe STIM. Merci à Abdel, Amidou, Catherine, Jean-Marie, Jean-Pierre, Loïc, Pierre pour leur gentillesse et leur soutien.

Je remercie également M. Denis Gourcy pour le soin particulier qu'il sait apporter aux animaux ainsi que Colette Faure pour son efficacité dans les dédales administratifs.

La thèse constitue une étape importante qui termine la période de formation et débute la carrière de chercheur. Je remercie mes parents et ma famille pour m'avoir donné la chance de poursuivre des études longues. Merci également à Henrique de m'avoir soutenue pendant ces trois ans ainsi qu'à mes amis. Ils se reconnaîtront sans qu'il soit besoin de les nommer.

Abréviations

ATV : Aire Tegmentale Ventrale
CHESS : CHEmical Shift Selective water
Cho : Choline
CM : Cortex Moteur
CPM : Cortex pré-moteur
DA : Dopamine
DQ : Double Quanta
FID : Free Induction Decay
GABA : Acide γ-aminobutyrique
GAD : Acide Glutamique Décarboxylase
GP : Globus Pallidum
GPe : Globus Pallidum Externe
GPi : Globus Pallidum Interne
Gln : Glutamine
Glu : Glutamate
Glx : Glutamate / Glutamine
kDa : kilo Dalton
LC : Locus Cœruleus
MPI : Maladie de Parkinson Idiopathique
MPTP : 1-méthyl-4-phényl-1,2,3,6-tétrahydropyridine
NAA : N-acétyl-aspartate
NGC : Noyaux Gris Centraux
NMDA : N-Méthyl-D-Aspartate
NST : Noyau Sous Thalamique
OAA : Oxaloacétate
6-OHDA : 6-hydroxydopamine
OVS : Outer Volume Suppression
PCr : Phosphocréatine
PRESS : Point Resolved Spectroscopy Select
RF : Radio Fréquence
RMN : Résonance Magnétique Nucléaire
SMA : Aire Motrice Supplémentaire
SNC : Système Nerveux Central
SNpc : Substance Noire *pars compacta*
SNpr : Substance Noire pars reticulata
SQ : Simple Quantum
SRM : Spectroscopie de Résonance Magnétique
T : Tesla
tCr : Créatine totale (créatine et phosphocréatine)
TE : Temps d'Echo
TEP : Tomographie par Emission de Positons
TH : Tyrosine Hydroxylase
TR : Temps de Répétition
VGB : Vigabatrin®
ZQ : Zéro Quantum

Table des matières

Introduction générale

Introduction

La spectroscopie de Résonance Magnétique Nucléaire (Spectroscopie RMN) est une technique non-invasive d'analyse chimique. Le caractère non-destructeur de la méthode est un avantage important pour l'étude *in vivo* de la biochimie et du métabolisme du cerveau. En effet, même si beaucoup de questions liées au métabolisme cérébral peuvent être étudiées chez l'animal sur des tranches de cerveau ou des cultures cellulaires, un certain nombre de caractéristiques peuvent difficilement être reproduites *in vitro*. En particulier, la régulation du métabolisme cérébral dépend de manière critique du microenvironnement constitué par la barrière hémato-encéphalique et des interactions fonctionnelles entre les deux compartiments cérébraux que sont les neurones et les cellules gliales. De plus, la spectroscopie RMN est utilisable chez l'homme. Malgré une faible sensibilité, la spécificité chimique de la spectroscopie RMN permet de détecter plusieurs métabolites simultanément.

La spectroscopie RMN du proton (^{1}H) du cerveau n'a cessé de se développer depuis ces dernières années. L'apparition d'aimants à champ de plus en plus élevé a considérablement amélioré la résolution spectrale et le rapport signal-sur-bruit des spectres (Gruetter et al., 1998). De nouvelles séquences RMN associées avec des gradients plus performants ont été développées pour améliorer la localisation spatiale et la spécificité chimique des signaux détectés *in vivo*. Grâce à ces progrès, le nombre de métabolites détectables a augmenté et leur quantification est devenue plus précise. A très haut champ (9,4 Teslas), il est ainsi possible d'obtenir un véritable profil neurochimique d'une région donnée du cerveau (Pfeuffer et al., 1999b).

La spectroscopie RMN du carbone 13 (^{13}C) du cerveau appliquée à l'étude du métabolisme cérébral a également connu un essor considérable ces dernières années. Les avantages majeurs de la spectroscopie RMN du ^{13}C reposent sur la capacité à suivre l'incorporation du marquage ^{13}C sur un ou plusieurs carbones des métabolites cérébraux et à déterminer les proportions relatives des différents isotopomères métaboliques contenant un ou plusieurs atomes ^{13}C consécutifs dans une même molécule. Un frein à la spectroscopie RMN du ^{13}C est sa faible sensibilité qui limite la détection des métabolites marqués en ^{13}C présents en faible concentration dans le cerveau. Comme pour la SRM du proton, l'augmentation de l'intensité des champs magnétiques des aimants et le développement de séquences plus sensibles de SRM indirectes ^{13}C observées ^{1}H devraient améliorer la résolution spatiale et temporelle de cette technique.

L'objectif de cette thèse était d'appliquer la spectroscopie RMN du cerveau à l'étude *in vivo* des modèles animaux de la maladie de Parkinson idiopathique (MPI). D'après le modèle d'organisation fonctionnelle des noyaux gris centraux (NGC), la dénervation dopaminergique nigro-striatale à l'origine de la MPI se caractérise notamment par une augmentation de l'activité neuronale glutamatergique cortico-striatale, qui est bien documentée, mais dont les mécanismes métaboliques mis en jeu sont mal compris. Elle se caractérise aussi par une modification de l'activité GABAergique des NGC. Les choix méthodologiques effectués devaient permettre d'obtenir des spectres dans ces structures profondes du cerveau et ainsi de détecter et mesurer ces deux neurotransmetteurs, glutamate et GABA.

Dans une première partie, seront abordées les données concernant l'organisation des NGC impliqués dans le contrôle du mouvement, puis la modification de l'activité fonctionnelle de ces différentes structures suite à la dénervation dopaminergique dans les modèles expérimentaux de la MPI (rat dont la voie nigro-striatale est lésée à la 6-OHDA, primate intoxiqué au MPTP). Les modifications profondes de l'innervation glutamatergique et GABAergique dans les NGC, suite à la dénervation dopaminergique nigro-striatale, seront plus particulièrement détaillées.

Nous nous attacherons aussi à illustrer l'intérêt de la spectroscopie RMN du ^{1}H et du ^{13}C dans l'étude du métabolisme cérébral.

La première approche a été de réaliser des études en spectroscopie ^{1}H directe localisée sur le striatum de rats dont la voie nigro-striatale a été lésée à la 6-OHDA. La spectroscopie ^{1}H permet de mesurer essentiellement les métabolites suivants : la choline, la créatine, le glutamate et la glutamine ainsi que le NAA. Cette étude préliminaire était destinée à établir une relation entre la sévérité de la lésion dopaminergique et d'éventuelles modifications biochimiques.

La MPI se caractérise par une modification de la transmission GABAergique au sein des NGC. Nous avons également voulu développer une technique de mesure des taux de GABA dans le but de caractériser ces modifications dans les différents constituants des NGC. La deuxième étude devait donc valider l'application de cette technique de mesure modifiée à l'édition du GABA *in vivo* chez le rat et le primate non-humain.

Enfin, de nombreux résultats associent à la MPI une augmentation de la transmission glutamatergique cortico-striatale. Notre objectif était de caractériser les modifications métaboliques impliquées dans l'augmentation de cette neurotransmission glutamatergique. La dernière partie de ce mémoire présente l'effet de la lésion 6-OHDA chez le rat sur la cinétique d'apparition du marquage ^{13}C sur le carbone 4 du glutamate (Glu C4). La cinétique était mesurée en spectroscopie RMN du carbone ^{13}C après perfusion d'un précurseur marqué, l'acétate de sodium [2-^{13}C].

Bibliographie

Bibliographie

I.   La maladie de Parkinson idiopathique (MPI)

I. 1. Généralités

La maladie de Parkinson idiopathique (MPI), décrite pour la première fois par James Parkinson dans son essai datant de 1817 (Parkinson, 1817), est une affection du système nerveux central (SNC) touchant en moyenne 1 à 2 personnes de plus de 65 ans sur 100.

Figure 1 : *Statuette réalisée par Paul Richer en 1885 représentant une patiente parkinsonienne.*

D'un point de vue clinique, le syndrome parkinsonien est décrit comme l'association de trois symptômes qui constituent la classique triade parkinsonienne (Fenelon, 1997) : une akinésie, une rigidité et des tremblements, auxquels on associe parfois des troubles de la posture (figure 1).

Sur le plan anatomo-pathologique, la MPI est caractérisée par une lésion des neurones mélanisés dopaminergiques de la partie ventro-latérale de la substance noire *pars compacta* (SNpc) à l'origine de la voie nigro-striatale (Graybiel et al., 1990) (figure 2). Elle se définit aussi par la présence d'au moins un corps de Lewy, inclusion intra neuronale éosinophile, au niveau de la SNpc et/ou du locus coeruleus.

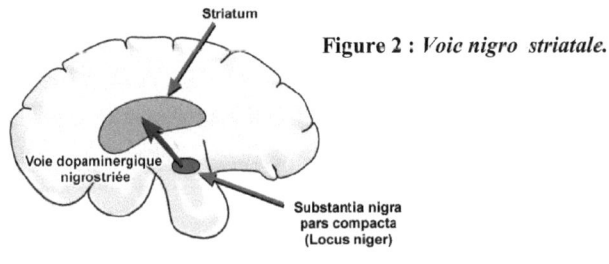

Figure 2 : *Voie nigro striatale.*

Striatum

Voie dopaminergique nigrostriée

Substantia nigra pars compacta (Locus niger)

La diminution du nombre de neurones dopaminergiques nigraux chez le malade parkinsonien est responsable d'une diminution de l'activité de la tyrosine hydroxylase (TH), d'une perte des transporteurs de la dopamine et d'une forte chute des taux de dopamine striatale (figure 3).

Sujet témoin   Sujet parkinsonien

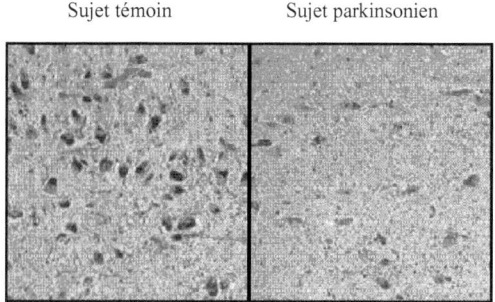

Source : Université d'Utah,
service de Neuropathologie

Figure 3 : *Neurones dopaminergiques en microscopie optique (marquage immunohistochimique de la tyrosine hydroxylase).*

La lésion du système dopaminergique nigro–striatal entraîne des phénomènes de compensation pré symptomatique et post symptomatique (pour revue, Agid, 1990; Bezard et al., 2001) qui consistent en une augmentation de l'activité du système dopaminergique et une sensibilisation des récepteurs à la dopamine. Ces compensations sont à l'origine d'une phase de latence de la MPI. Les premiers symptômes moteurs de la maladie ne deviennent alors pertinents que lorsque le phénomène dégénératif a atteint un stade excessivement avancé, soit lorsque la perte neuronale est supérieure à 50%. Le traitement de la MPI est actuellement uniquement symptomatique et a pour but de compenser la dénervation dopaminergique striatale. Il repose sur l'utilisation de lévodopa, un précurseur de la dopamine et d'agonistes dopaminergiques. Cependant, si le traitement de la maladie donne des résultats satisfaisants pendant les premières années, des complications (fluctuations motrices, dyskinésies) vont apparaître au cours de l'évolution de la maladie traitée (Marsden, 1994).

Si les causes de la MPI sont encore inconnues à l'heure actuelle, les mécanismes conduisant à la mort des neurones dopaminergiques se précisent et différentes hypothèses étiopathologiques sont actuellement avancées ; radicaux libres, stress oxydant, dysfonctionnement mitochondrial, fer (pour revue, Beal, 2003). Il semblerait aussi que l'apoptose soit impliquée dans les étapes finales de la dégénérescence neuronale.

Ces mécanismes ont essentiellement été décryptés grâce à deux modèles expérimentaux utilisant des neurotoxiques capables de reproduire les caractéristiques anatomopathologiques (dégénérescence des neurones dopaminergiques de la substance noire) et biochimiques (stress oxydatif et inhibition mitochondriale) de la MPI.

I. 2. Modèles expérimentaux de dégénérescence nigrale

Ces modèles font appel à l'administration systémique de 1-méthyl-4-phényl-1,2,3,6-tétrahydropyridine (MPTP) ou intracérébrale de 6-hydroxydopamine (6-OHDA), neurotoxines classiques entraînant des lésions nigrales chez différentes espèces.

I. 2. 1. MPTP

I. 2. 1. 1. Mode d'action du MPTP

Le MPTP, mis en évidence au début des années 80 en Californie (Davis et al., 1979) est une drogue capable d'induire un syndrome parkinsonien (pour revue, Przedborski et al, 1998).

Le mode d'action du MPTP est complexe (figure 4). Après son injection systémique et le passage de la barrière hémato-encéphalique, le MPTP est transformé en son métabolite actif, le MPP$^+$, par la monoamine oxydase de type B présente dans les cellules gliales. Relargué par ces dernières, le MPP$^+$ est capté par les neurones dopaminergiques grâce aux transporteurs à la dopamine où il va inhiber le complexe I de la chaîne respiratoire mitochondriale. Cette inhibition est responsable d'une diminution des taux d'ATP, d'une diminution du potentiel transmembranaire mitochondrial, d'une perturbation de l'homéostasie calcique et de la formation de radicaux libres (Blum et al, 2001). Toutefois, même si l'inhibition mitochondriale peut à elle-seule expliquer la toxicité du MPP$^+$, certaines observations suggèrent un mécanisme d'action plus complexe indépendant des mitochondries. En effet, des résultats obtenus sur des cellules dépourvues d'une chaîne respiratoire fonctionnelle décrivent une toxicité du MPP$^+$ toujours présente (Przedborski et al, 1998). Les effets du MPTP passent donc par une inhibition de la respiration cellulaire et la genèse d'un stress oxydatif.

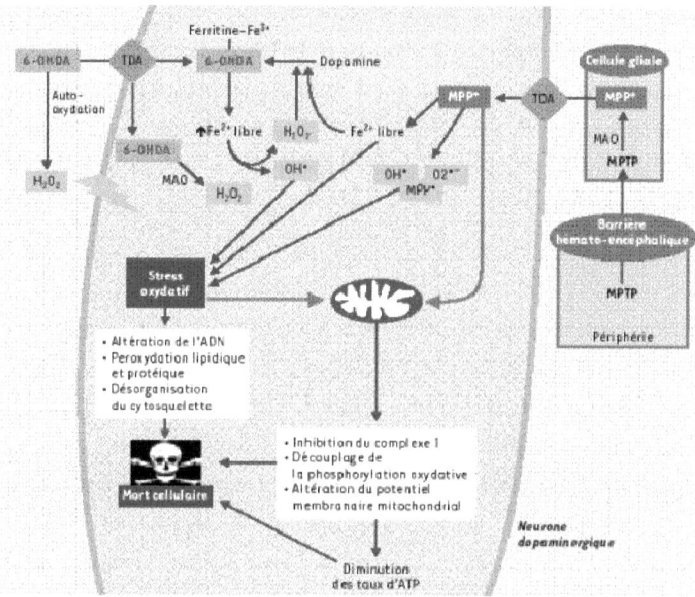

Figure 4 : *Mécanismes impliqués dans la toxicité du MPTP et de la 6-OHDA.*

Le MPTP est transformé en son métabolite actif, le MPP+, par la monoamine oxydase de type B. Il est capté par les neurones dopaminergiques où il va inhiber le complexe I de la chaîne respiratoire mitochondriale, augmenter la synthèse de radicaux libres et provoquer la mort cellulaire. La diminution des taux d'ATP, à la suite du dysfonctionnement mitochondrial, est également responsable d'une augmentation de la concentration de calcium intracellulaire, liée à un phénomène d'excitotoxicité indirecte, qui accélère le processus de dégénérescence.
L'accumulation de 6-OHDA dans les neurones dopaminergiques, à la suite d'une injection intracérébrale ou d'une synthèse endogène mettant en jeu la dopamine, la mélanine et le fer, conduit à : (1) des modifications mitochondriales (inhibition du complexe I de la chaîne respiratoire mitochondriale, découplage de la chaîne de phosphorylation oxydative et diminution du potentiel membranaire mitochondrial [Δψm]), qui concourent à la diminution des taux d'ATP ; (2) la formation d'espèces radicalaires très réactives qui endommagent les macromolécules et participent à la désorganisation de la structure cellulaire. Ces événements conjugués conduisent à la mort des neurones. Notons qu'une oxydation de la 6-OHDA peut également avoir lieu à l'extérieur de la cellule, produisant alors du peroxyde d'hydrogène qui diffuse dans la cellule et concourt à l'accroissement des taux de radicaux libres intracellulaires.

I. 2. 1. 2. Intérêts et limites des modèles animaux intoxiqués au MPTP

Parmi les animaux sensibles au MPTP, la souris présente une diminution du comportement locomoteur et reproduit les caractéristiques histopathologiques de la MPI (Sedelis et al, 2000 ; Tillerson et al, 2000) (tableau 1). Les effets du MPTP chez la souris sont cependant transitoires. Il existe également un modèle félin de la MPI, le chat intoxiqué au MPTP. Ce modèle reproduit les caractéristiques cliniques, neurochimiques et immunohistochimiques de la dégénérescence dopaminergique sélective, avec cependant une récupération du comportement moteur au cours du temps (Schneider et al, 1991 ; Podell et al., 2003). Chez les primates humains et non-humains, le MPTP induit la perte des neurones dopaminergiques de la SNpc ainsi qu'une diminution massive des quantités de dopamine dans le système nigro-striatal. Le MPTP est à l'origine d'un syndrome parkinsonien qui reproduit presque toutes les caractéristiques cliniques de la MPI, tremblement, rigidité, akinésie, ainsi qu'une amélioration des individus traités à la lévodopa (Przedborski et al, 2001). Les primates traités au MPTP présentent des complications motrices associées au traitement antiparkinsonien à long terme telles que dyskinésies, fluctuations motrices, phénomènes de périodes on / off. Les études conduites chez les primates intoxiqués au MPTP ont contribué au développement de thérapies dopaminergiques et de stratégies limitant l'incidence des complications motrices.

Une des difficultés de modèle est la grande variabilité selon les animaux du degré de sévérité du syndrome parkinsonien suite à une injection systémique d'une même dose de MPTP. Mais la plus grande limite de ce modèle est la tendance que démontrent certains animaux à récupérer du syndrome parkinsonien après l'arrêt des injections de MPTP. Les animaux pour lesquels le syndrome parkinsonien est sévère, avec une perte de neurones dopaminergiques suffisante pour que les mécanismes de compensation ne puissent se mettre en place, ne présentent pas de récupération spontanée du syndrome parkinsonien (Elsworth et al, 2000). Par contre, le syndrome parkinsonien d'animaux pour lesquels la lésion est plus modérée est significativement amélioré un an après l'arrêt des injections de MPTP. Chez ces animaux avec un degré initial de parkinsonisme plus faible, il existe des évidences biochimiques suggérant une repousse axonale ou une régénération des neurones « survivants » à l'origine d'un rétablissement partiel des niveaux de dopamine striataux.

		MPI	MPTP (primate)	MPTP (souris)	6-OHDA (rat)
déficits moteurs	Akinésie	+	+	-	-
	Rigidité	+	+	-	-
	Tremblement	+	+	-	-
	Tremblement de repos	+	- [a]	-	-
	Diminution du comportement locomoteur	+	+	+	-
	Instabilité posturale	+	+	-	-
pathologie	Lésion nigrale	+	+	+	+
	Lésion ATV	+	+	+	-
	Lésion LC	+	± [b]	+	-
	Corps de Lewy	+	- [c]	-	-
	Activation microgliale	+	+	+	+
biochimie	Diminution DA striatale	+	+	+	+
	Stress oxydatif	+	+	+	+
	Inhibition mitochondriale	+	+	+	+
	Réponse à la lévodopa	+	+	+	+

Tableau 1 : *Similitudes et dissemblances entre la MPI et les modèles neurotoxiques.*

a. Chez le singe vert uniquement ; b. Selon l'espèce et le mode d'administration ; c. Observés dans de très rares cas ; ATV : aire tegmentale ventrale ; LC : locus cœruleus ; DA : dopamine ; MPI : maladie de Parkinson Idiopathique ; MPTP : 1-méthyl-4-phényl-1,2,3,6-tétrahydropyridine ; 6-OHDA : 6-hydroxydopamine.

Le comportement moteur des singes est classiquement évalué au moyen d'une échelle subjective appréciant la posture, la mobilité, la marche, l'alimentation, les interactions sociales, la toilette et la présence de tremblement. Le score total, somme des scores attribués à ces différents items, reflète la sévérité du syndrome parkinsonien (Gomez-Mancilla et al, 1993). L'activité motrice spontanée des animaux peut également être quantifiée par un système automatique d'analyse d'images.

I. 2. 2. 6-OHDA

I. 2. 2. 1. Mode d'action de la 6-OHDA

La 6-OHDA est un analogue hydroxylé de la dopamine isolée pour la première fois en 1959 capable d'induire la lésion des systèmes catécholaminergiques cérébraux (Glinka et al, 1997).

Les mécanismes de toxicité présumés de la 6-OHDA se résument en l'induction d'un stress oxydant via la genèse de composés réactifs de l'oxygène et en l'inhibition de la chaîne respiratoire mitochondriale (figure 4). L'effet de la toxine sur la chaîne respiratoire apparaît indépendant de la formation de radicaux libres à partir de la 6-OHDA puisque ni des anti-oxydants, ni le fer ne sont à même de modifier l'inhibition mitochondriale (Glinka et al, 1997).

I. 2. 2. 2. Intérêts et limites du modèle rat dont la voie nigro-striée est lésée

Incapable de traverser la barrière hémato-encéphalique, la 6-OHDA ne peut induire la lésion nigrale chez le rat qu'après une injection stéréotaxique au niveau des NGC. Schwarting et Huston (Schwarting et al, 1996) ont montré qu'il existait une relation entre la sévérité de la lésion et son emplacement. Selon le site d'injection, striatum ou SNpc elle-même ou faisceau médian antérieur reliant la SNpc au striatum, la lésion dopaminergique peut être respectivement modérée ou sévère. Dans leur étude, les auteurs ont rapporté une survie de 25% des cellules néostriatales quand la 6-OHDA est injectée dans le striatum. Lopez-Martin et coll (Lopez-Martin et al, 1999), quant à eux, ont montré qu'après une lésion unilatérale du faisceau médial forebrain, l'immunoréactivité TH dans le striatum lésé était pratiquement absente. L'extension de la lésion ainsi engendrée peut-être évaluée aisément par l'administration périphérique d'apomorphine ou d'amphétamine qui produit un comportement de rotation transitoire chez les animaux ayant une lésion unilatérale, comportement pris pour index du degré de dégénérescence neuronale (Schwarting et al, 1996).

Le comportement de rotation des animaux peut être mesuré au moyen de systèmes infra-rouge (IF) pour lesquels le nombre de fois où le faisceau IF est rompu par le passage de l'animal est compté. Le comportement des animaux peut également être apprécié de manière plus classique par un rotomètre. Le rotomètre est constitué d'un harnais qui transmet le signal à un logiciel informatique capable de compter le nombre de tours réalisés dans un sens ou dans l'autre et de discriminer les tours partiels (90°) des rotations complètes (360°).

L'apomorphine, agoniste des récepteur dopaminergiques peut entraîner une asymétrie de rotation en faveur du site controlatéral à la lésion, dont l'occurrence reflète le degré de sévérité de la lésion. Avec une lésion partielle (80 – 95 % de déplétion en dopamine), le comportement de rotation ne peut être induit qu'avec de fortes doses d'apomorphine, alors que de faibles doses suffisent à induire une rotation controlatérale chez l'animal présentant une lésion plus sévère (Schwarting et al, 1996).

Outre la capacité à reproduire toutes les caractéristiques histopathologiques de la MPI chez le rat (tableau 1), la 6-OHDA présente l'intérêt d'être administrée de façon unilatérale. Une telle lésion placée dans un seul hémisphère offre l'opportunité de comparer les changements physiologiques ayant lieu dans l'hémisphère lésé ou site ipsilatéral à ceux ayant lieu dans l'hémicerveau intact ou controlatéral (Schwarting et al, 1996). Suite à une dénervation dite modérée où approximativement 80 % des neurones sont lésés, la mise en place de phénomènes dits de « compensation » est une des limites de ce modèle. En effet, l'augmentation de l'activité des neurones résiduels non lésés (augmentation de la synthèse du neurotransmetteur, augmentation de la libération du neurotransmetteur, et diminution de la recapture de la dopamine) est suffisante pour maintenir un niveau « normal » d'innervation dans le néostriatum. Les phénomènes de compensation semblent également liés à une augmentation des influx provenant du site controlatéral à l'hémisphère lésé. Chez les animaux présentant une perte neuronale comprise entre 80 et 95 %, un phénomène de compensation partiel peut être observé. Finalement, les animaux pour lesquels la lésion dopaminergique est supérieure à 95 % ne présentent généralement pas de compensation spontanée.

Ces modèles animaux de la MPI ont permis une meilleure compréhension de l'organisation fonctionnelle des noyaux gris centraux (NGC) impliqués dans le contrôle du mouvement à l'état normal et les modifications de leur fonctionnement après dénervation nigro-striatale.

I. 3. Physiopathologie de la MPI

I. 3. 1. Organisation fonctionnelle des NGC

A la fin des années 1980, un modèle d'organisation des NGC a été proposé pour expliquer les signes cliniques de la MPI, suite à une meilleure compréhension de l'anatomie, de la physiologie et de la pharmacologie des différentes structures impliquées dans le contrôle du mouvement (Alexander et Crutcher, 1990 ; Delong M, 1990). Les NGC sont interconnectés pour former des boucles de rétrocontrôle modulant l'activité du cortex cérébral (boucle cortico-striato-pallido-sous-thalamo-corticale). Les circuits moteurs intervenant dans le contrôle du mouvement et impliqués dans la physiopathologie de la MPI sont représentés dans la figure 5.

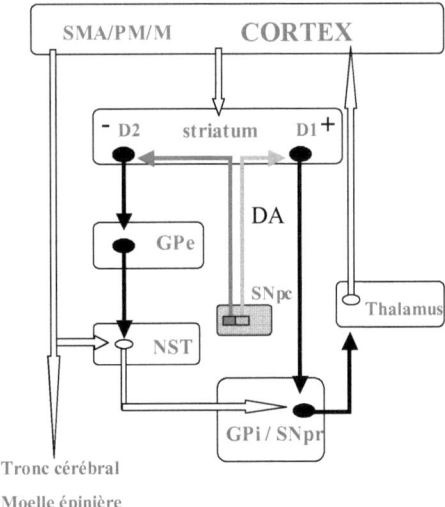

Figure 5 : *Schéma du modèle classique d'organisation fonctionnelle des NGC*
(schéma modifié d'après Alexander et Crutcher, 1990)

Les flèches noires indiquent les projections inhibitrices et les blanches, les projections excitatrices.
Noter que le striatum communique avec les neurones du globus pallidum interne (GPi) et de la substance noire pars reticulata (SNpr) à travers une voie directe, et avec des connections synaptiques dans le globus pallidum externe (GPe) et le noyau sous thalamique (NST) à travers une voie indirecte. La dopamine (DA) inhibe l'activité neuronale de la voie indirecte et joue un rôle excitateur sur les neurones striataux de la voie directe.
SMA : aire motrice supplémentaire, PM : pré-moteur, M : moteur.

Le cortex sensitivo-moteur et pré-moteur envoie des afférences glutamatergiques excitatrices à partir de neurones appartenant aux couches supra et infra-granulaires sur différentes parties du striatum et en particulier le putamen, en ce qui concerne les circuits impliqués dans le contrôle du mouvement. Les voies cortico-striatales représentent la « porte d'entrée » des NGC. Les neurones striataux qui sont connectés avec les afférences glutamatergiques corticales sont majoritairement des « neurones moyens à épines » (>90 %) et utilisent comme neurotransmetteur principal le GABA (acide γ-aminobutyrique) (Wilson, 1995).

A partir du striatum, deux circuits séparés vont moduler de façon opposée l'activité neuronale des noyaux thalamiques qui envoient eux-même des afférences excitatrices sur le cortex cérébral :

a. la voie directe comprend des neurones striataux GABAergiques, utilisant également comme neurotransmetteurs la substance P et ainsi que la dynorphine. Ces neurones envoient des afférentes inhibitrices aux neurones GABAergiques du GPi et de la SNpr. L'activation de cette voie tend à désinhiber le thalamus.

b. la voie indirecte est constituée de neurones striataux contenant à la fois du GABA et de l'enképhaline qui envoie des efférences GABAergiques inhibitrices sur le GPe. Ce dernier envoie des efférences GABAergiques inhibitrices au NST qui lui-même envoie des projections glutamatergiques excitatrices sur les neurones du GPi et de la SNpr. L'activation de la voie indirecte tend à diminuer l'activité des neurones du GPe et ainsi par le jeu d'une double inhibition, de désinhiber le NST. L'augmentation de la voie excitatrice provenant du NST renforce l'inhibition des neurones du GPi et de la SNpr et augmente l'inhibition des neurones des noyaux thalamiques. Les deux voies directe et indirecte de projection du striatum ont ainsi des effets opposés sur les noyaux de « sortie » des ganglions de la base (GPi et de la SNpr).

Une organisation interne des neurones striataux est révélée après un marquage à l'acéthylcholinestérase (AChE). Il existe une région du striatum riche en AChE appelée matrice extrastriosomale au sein de laquelle apparaissent des zones pauvres en AChE appelées striosomes (Graybiel et al, 2000). Les neurones constituant la matrice reçoivent des afférences glutamatergiques corticales et les voies de projections directe et indirecte sur les noyaux de sortie des ganglions de la base sont originaires de ce compartiment du striatum. Les cellules constituant les striosomes reçoivent des afférences du cortex limbique et préfrontal et projettent sur la SNpc. Les études de Graybiel et ses collaborateurs (Graybiel et al, 2000) mettent en évidence la possibilité que la régulation du mouvement par les ganglions de la base dépend non seulement de l'équilibre d'activité entre les voies directe et indirecte issues de la matrice striatale, mais aussi d'un équilibre entre l'activité de ces voies et celle de la voie striosomale.

Les voies dopaminergiques provenant de la SNpc modulent de façon opposée l'activité des voies efférentes striatales directes et indirectes selon le type de récepteur à la dopamine qu'elles expriment. Yung et al (Yung et al, 1995) ont montré chez le rat que l'expression des récepteurs dopaminergiques étaient différente selon la population de neurones striataux. Les neurones appartenant à la voie directe expriment de façon préférentielle les récepteurs D_1

alors que les neurones striataux qui appartiennent à la voie indirecte expriment les récepteurs D_2. L'étude de Aubert et al (Aubert et al, 2000) montre que cette ségrégation des récepteurs dopaminergiques décrite chez les rongeurs existe également chez le primate. La dopamine exerce une action excitatrice par l'intermédiaire des récepteurs dopaminergiques D_1, et à l'opposée, une action inhibitrice par l'intermédiaire des récepteurs D_2. La dopamine intervient ainsi en facilitant la conduction à travers la voie directe qui exerce un effet excitateur sur le thalamus et en inhibant la conduction à travers la voie indirecte qui inhibe le thalamus. Elle intervient donc en facilitant le mouvement.

Mink propose une théorie d'inhibition réciproque pour caractériser le fonctionnement global des ganglions de la base (Mink, 1996). D'après l'auteur, lorsqu'un mouvement volontaire est généré, les aires motrices du cortex envoient un signal au NST qui en retour excite les noyaux de sortie des ganglions de la base à l'origine de l'inhibition de la création d'un profil moteur. Simultanément, les aires motrices et d'autres aires du cortex envoient des signaux sur le striatum qui filtre et transforme ces informations d'une manière contexte dépendant et inhibe le GPi et la SNpr. L'inhibition des noyaux de sortie des ganglions de la base relève le tonus négatif exercé sur le thalamus. Les noyaux de sortie des ganglions de la base agissent pour faciliter les mouvements désirés et inhiber les mouvements moteurs concurrents pour permettre la réalisation d'un mouvement sans interférence. Un dysfonctionnement de cette organisation peut entraîner des perturbations du mouvement caractérisées par l'altération des mouvements volontaires et la présence de mouvements involontaires ou les deux.

Ce schéma du fonctionnement des ganglions de la base a le mérite de la simplicité, mais il est devenu obsolète. On a décrit de nombreuses autres connections. Par exemple, le thalamus est directement connecté avec chaque structure des ganglions de la base. Il en est de même du NST, celui-ci joue un rôle clé dans le fonctionnement des NGC car il reçoit une projection majeure du cortex et peut ainsi être considéré comme une autre structure d'entrée du circuit au même titre que le striatum. Le NST projette autant sur le GPe que sur le GPi, régulant ainsi le message de sortie (pour revue : Obeso et al, 2000 ; Parent et al, 2000) (figure 6). Plus que le niveau d'activité de chaque structure des NGC prise individuellement, c'est le profil d'activation neuronale et la synchronisation entre les neurones des ganglions de la base qui soutiennent l'information du message (Wichmann et al, 2003).

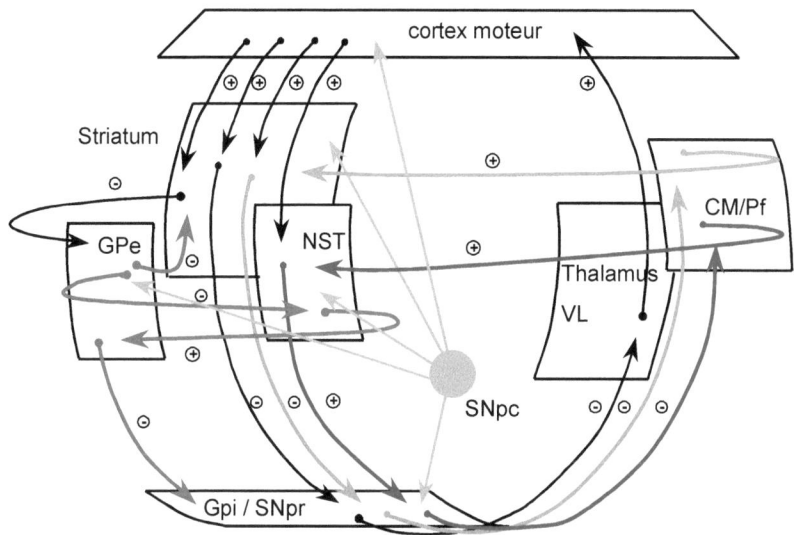

Figure 6 : *Vue moderne de l'organisation fonctionnelle des NGC*
(d'après Obeso et al, 2000)

Les flèches noires représentent les boucles motrices cortico - ganglions de la base – corticales.
D'autres boucles parallèles (en bleu, rouge et vert) représentent des circuits internes modulent
l'activité des ganglions de la base. Les flèches grises représentent l'action de la dopamine sur le
striatum, le GPi, le GPe et sur l'aire motrice supplémentaire du cortex.

CM / Pf : complexe centro-median parafasciculaire ; GPe : globus pallidum externe ; Gpi :
globus pallidum interne ; SNpc : substance noire pars compacta ; SMA : aire motrice
supplémentaire ; STN : noyau sous thalamique ; VL : ventralis lateralis.

I. 3. 2. Organisation fonctionnelle des NGC dans les modèles expérimentaux de la MPI

L'organisation des voies des NGC, suite à la dénervation dopaminergique nigro-striatale provoquée expérimentalement par l'intoxication au MPTP chez le singe ou par l'administration intracérébrale de 6-OHDA chez le rat est résumée sur la figure 7.

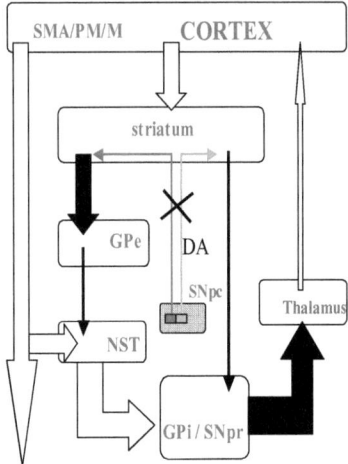

Figure 7 : *Organisation fonctionnelle des NGC après dégénération nigro-striatale*
(d'après Obeso et al, 2000).

La dégénérescence des neurones dopaminergiques de la SNpc entraîne une hypoactivité de la voie directe (flèche étroite du striatum au complexe GPi / SNpr) et une hyperactivité de la voie indirecte (flèche large du striatum au GPe) àl'origine d'une hyperactivité de la voie allant du NST au GPi / SNpr. Il en résulte une hyperactivité des neurones appartenant au GPi / SNpr et une diminution de l'activité excitatrice thalamo-corticale.
Les flèches noires indiquent les projections inhibitrices et les blanches, les projections excitatrices.

La perte de l'innervation dopaminergique striatale entraîne une augmentation de l'activité des voies de sortie des NGC, le GPi et la SNpr. L'augmentation de l'activité tonique de ces structures renforce l'inhibition des neurones thalamiques projetant sur le cortex sensitivo-moteur, à l'origine d'une hypoactivité corticale. L'hyperactivité des noyaux de sortie des ganglions de la base serait liée d'une part à la diminution de l'activité GABAergique inhibitrice provenant des neurones striataux à l'origine de la voie directe et d'autre part à l'augmentation de l'activité excitatrice glutamatergique provenant du NST. En effet, suite à la dénervation dopaminergique, la voie GABAergique inhibitrice provenant des neurones striataux à l'origine de la voie indirecte devient hyperactive, entraînant une diminution de l'activité des neurones GABAergiques du GPe, le NST est ainsi libéré du contrôle inhibiteur tonique normalement exercé par les neurones GABAergiques du GPe.

Dans les chapitres suivants, seront abordés les travaux neurochimiques et électrophysiologiques correspondant au modèle décrit précédemment.

I. 3. 2. 1. Voie cortico-striatale et striatum

Plusieurs résultats expérimentaux montrent l'existence d'une augmentation de la transmission glutamatergique cortico-striatale dans les modèles expérimentaux de MPI. Dans notre étude, la détection et la mesure des concentrations tissulaires du glutamate et de la glutamine seront effectuées en spectroscopie de résonance magnétique nucléaire (SRM). Ceci permettra d'apprécier directement l'innervation glutamatergique striatale.

Anglade et al. (Anglade et al, 1996) ont retrouvé une augmentation significative de la longueur de la densité post-synaptique (+ 24 %) et du nombre de synapses perforées (+ 88 %) en analysant les caractéristiques morphologiques des synapses à contact asymétrique formées entre les afférences cortico-striatales et les dendrites des neurones moyens « à épines » dans le noyau caudé de patients pakinsoniens et de sujets contrôles. Ces travaux sont en accord avec des résultats obtenus chez le rat dont la voie nigro-striatale est lésée par administration de 6-OHDA (Ingham et al, 1993 ; Meshul et al, 1999), montrant une adaptation des synapses asymétriques striatales de nature probablement glutamatergique.

Des études immunohistochimiques utilisant un anti-sérum dirigé contre le L-glutamate décrivent une augmentation du marquage à l'or colloïdal dans les boutons synaptiques, confirmant ainsi la nature glutamatergique de la majorité des synapses asymétriques du néostriatum du rat (Ingham et al, 1998). De plus, chez le rat dont la voie nigro-striatale est lésé à la 6-OHDA, d'autres auteurs (Meshul et al, 2000) montrent que la densité de l'immunomarquage est diminué dans les terminaisons nerveuses striatales, suggérant ainsi une augmentation de l'activité glutamatergique striatale.

Cette hyperactivité de la voie cortico-striatale, décrite après dénervation nigro-striatale, est aussi en accord avec des mesures réalisées *in vivo* en microdialyse qui décrivent une augmentation des taux extracellulaires de glutamate dans le striatum de rats parkinsoniens (Lindefors et al, 1990 ; Meshul et al, 1999 ; Jonkers et al, 2002).

La stimulation des récepteurs au glutamate NMDA (N-méthyl-D-aspartate) par injection *in situ* d'agonistes de ces récepteurs dans la partie rostrale du striatum de rat entraîne un syndrome parkinsonien (Nash et al, 2002). De plus, chez les modèles rat 6-OHDA et singe intoxiqué au MPTP traités à la lévodopa, l'administration simultanée d'antagonistes des récepteurs NMDA, plus spécifiquement d'antagonistes agissant sur les récepteurs NMDA exprimant la sous-unité NR2B, et de lévodopa est plus efficace dans le traitement des syndromes parkinsoniens que l'administration de lévodopa seule (Blanchet et al, 1999 ; Konitsiotis et al, 2000 ; Nash et al, 2002 ; Chassain et al, 2003).

Ces résultats montrent que :

- **la lésion des voies dopaminergiques nigro-striatales entraîne une augmentation de la transmission glutamatergique cortico-striatale ;**

- **la stimulation des récepteurs NMDA entraîne un syndrome parkinsonien chez l'animal ;**

- **les inhibiteurs des récepteurs NMDA améliorent l'effet de la lévodopa chez l'animal parkinsonien traité de façon chronique**

I. 3. 2. 2. Voies striato-pallidales directe et indirecte

Plusieurs travaux ont montré que la dénervation dopaminergique striatale entraîne une modification de l'activité des neurones striataux à l'origine des voies de projection directe et indirecte.

Chez le rat présentant une lésion de la voie nigro-striatale par la 6-OHDA, l'expression des ARNm codant pour le récepteur dopaminergique D_2 et pour l'enképhaline est augmentée dans les neurones striataux projetant sur le globus pallidus (GP, l'équivalent du GPe chez le primate). Cet effet est bloqué par un agoniste spécifique des récepteurs D_2. A l'inverse, une réduction de l'expression des ARNm codant pour le récepteur dopaminergique D_1 et pour la substance P est retrouvée dans les neurones projetant sur la SNpr (l'équivalent du GPi / SNpr chez le primate). Cet effet est inhibé par un agoniste spécifique des récepteurs D_1. Ces travaux ont été confirmés chez le singe intoxiqué au MPTP. Goulet et al (Goulet et al, 2000) ont retrouvé une augmentation de l'expression de l'ARNm codant pour le récepteur D_2 (11 %) ainsi qu'une diminution de l'expression de l'ARNm codant pour le récepteur D_1 (20 %) dans les neurones striataux moyens « à épines » (noyau caudé et putamen).

Des travaux d'hybridation *in situ* effectués chez le rat rendu parkinsonien décrivent une diminution de l'expression de l'ARNm codant pour la dynorphine (29 %) dans les neurones striataux projetant sur les noyaux de sortie des ganglions de la base alors que l'expression de l'ARNm codant pour la pré-proenképhaline est augmentée dans les neurones striataux projetant sur le GP (24 %) (Carta et al, 2003). Des résultats semblables avaient déjà étaient décrits chez le primate intoxiqué au MPTP (Herrero et al, 1995). Les auteurs retrouvent d'une part une augmentation de l'ARNm codant pour la pré-proenképhaline A d'autant plus importante que le syndrome parkinsonien des primates est sévère (lésions dopaminergiques modérées, 40 % ; lésions sévères, 50 %) et d'autre part une diminution de l'expression de l'ARNm codant pour la pré-protachikinine dans les neurones striataux (pour revue, Gerfen, 2000).

Des études d'électrophysiologie chez le rat dont la voie nigro-striatale a été lésée, décrivent une augmentation de l'activité des neurones GABAergiques striataux après dénervation dopaminergiques (Calabresi et al, 1993). Cette augmentation de l'activité GABAergique des neurones striataux est également mise en évidence par des travaux d'hybridation *in situ* étudiant l'expression de l'ARN messager codant pour l'isoforme 67 kDa de l'acide glutamique décarboxylase (GAD) considérée comme un index de l'activité des neurones (Soghomonian et al, 1998). Chez le primate rendu parkinsonien par intoxication au MPTP, l'expression de l'ARNm de la GAD_{67} est augmentée de 35 % dans le putamen et de 70 % dans le noyau caudé. L'expression de l'ARNm GAD_{67} est augmenté de 18 % après traitement chronique par la lévodopa par rapport aux animaux ne recevant pas de lévodopa (Soghomonian et al, 1997). Par contre, chez le patient parkinsonien traité au long cours par la lévodopa, l'expression de l'ARNm codant pour l'isoforme 67 kDa de la GAD est retrouvée diminuée de 43,5 % dans le putamen et de 44% dans le noyau caudé (Levy et al, 1995).

Afin d'identifier la population neuronale striatale, neurones striato-pallidaux ou bien striato–nigraux, dans laquelle l'expression de l'ARNm de la GAD est modifiée, Carta et al (Carta et al, 2003) utilisent une technique d'hybridation *in situ* double marquage chez le rat dont la voie nigro-striatale est lésée. Dans cette études, les coupes striatales sont hybridées avec une sonde non marquée contre l'ARNm codant pour l'enképhaline et une sonde marquée contre l'ARNm codant pour la GAD_{67}. Les neurones qui expriment l'ARNm de l'enképhaline (neurones enk (+)) sont les neurones à l'origine de la voie indirecte, striato-pallidale alors que les neurones qui n'expriment pas l'ARNm de l'enképhaline (neurones enk (-)) sont les neurones à l'origine de la voie directe, striato-nigrale. La lésion dopaminergique entraîne une augmentation importante de l'expression de l'ARNm codant pour la GAD_{67} dans les neurones enk (+) ainsi que dans les neurones enk (-), l'augmentation dans les neurones enk (-) étant moins importante. L'activation des deux voies efférentes striatales ne semble pas corrélée avec l'effet opposé de la dénervation dopaminergique sur les expressions des ARNm codant pour l'enképhaline et les récepteurs à la dopamine D_2 et sur les expressions des ARNm de la dynorphine et des récepteurs D_1. Ces résultats semblent plutôt mettre en évidence un déséquilibre des deux voies de sortie du striatum favorisant une hyperstimulation des noyaux de sortie des ganglions de la base, hypothèse en accord avec les observations de Chase et Oh (Chase et al, 2000).

L'ensemble de ces résultats montre que l'activité GABAergique augmente au sein du striatum suite à la dénervation dopaminergique. Le rôle du traitement à la lévodopa sur l'activité GABAergique après dénervation nigro-striatale ne paraît pas encore bien établi, certains travaux montrant une diminution de cette activité et d'autres une augmentation. La dénervation dopaminergique augmente l'activité neuronale GABAergique des deux voies de sortie striatales, un déséquilibre entre ces deux voies serait à l'origine de l'hyperstimulation des noyaux de sortie des ganglions de la base.

I. 3. 2. 3. Le pallidum externe

Suite à la dénervation dopaminergique, l'augmentation de l'activité inhibitrice des neurones striataux projetant sur le GPe devrait entraîner une hypoactivité de cette structure et ainsi lever l'activité tonique inhibitrice du pallidum externe exercée sur les noyaux de sortie des ganglions de la base.

Chez le rat dont la voie nigro-striatale est lésée par la 6-OHDA, l'activité des neurones du GPe mesurée par l'étude des potentiels unitaires en électrophysiologie est réduite par rapport à des animaux sains selon les études de 19,7 % (Pan et al, 1988) ou de 14,6 % (Hassani et al, 1996). Des résultats similaires sont décrits chez le singe intoxiqué au MPTP (Filion et al, 1991). La consommation du glucose, évaluée par la capture du déoxyglucose qui reflète l'activité métabolique synaptique, a été retrouvée augmentée (24-27 %) dans le GPe du singe parkinsonien, ce qui suggère une diminution de l'activité neuronale dans cette structure.

Cependant, d'autres travaux ne retrouvent pas d'hypoactivité neuronale au sein du pallidum externe. L'activité GABAergique du GPe, évaluée par la mesure de l'activité de la GAD et par l'expression de l'ARNm codant pour l'isoforme 67 kDa de cette enzyme, est retrouvée normale ou augmentée, que se soit chez le rat dont la voie nigro-striatale est lésée par la 6-OHDA (Soghomonian et al, 1992) ou chez le singe intoxiqué au MPTP (Levy et al, 1997). L'activité de la cytochrome oxydase qui reflète l'activité neuronale est non modifiée dans le GPe chez le modèle du primate intoxiqué au MPTP comparé à une population contrôle, de même que chez le patient parkinsonien (Levy et al, 1997).

De plus, la lésion du GP (équivalent du GPe chez le primate) par injection d'acide isobérique entraîne une faible augmentation du taux moyen de décharges électriques dans le NST (19%) (Hassani et al, 1996). Cette faible augmentation de l'activité des neurones du NST après lésion du GP va à l'encontre d'une levée de l'influence inhibitrice du GPe sur le NST après dénervation dopaminergique.

Ces travaux montrent l'absence de consensus quant à l'existence ou non d'une hypoactivité du GPe suite à une dénervation dopaminergique striatale. L'activité de cette structure pourrait être ainsi sous la dépendance de plusieurs facteurs opposés ; l'action inhibitrice du striatum, mais aussi les actions activatrices du NST et du noyau thalamique parafascicularis (Levy et al, 1997).

I. 3. 2. 4. Le pallidum interne

S'il n'existe actuellement pas de consensus quant à l'existence d'une hypoactivité dans le pallidum externe suite à une dénervation dopaminergique, la plupart des travaux ont confirmé l'existence d'une hyperactivité des neurones du pallidum interne. Cette hyperactivité est liée d'une part à l'augmentation de l'activité de la voie excitatrice provenant du NST et d'autre part à la diminution de l'activité des neurones striataux inhibiteurs projetant sur le GPi.

Chez le rat dont le complexe caudé-putamen a été lésé par une injection unilatérale d'acide isobérique, l'expression de l'ARNm codant pour la GAD est augmenté de 50 % dans la partie dorso-latérale de la SNpr (équivalent du GPi du primate) (Lindefors et al, 1990). Des résultats similaires ont été obtenus chez le primate rendu parkinsonien par le MPTP. Ils montrent une augmentation significative de l'expression de l'ARNm codant pour la GAD dans le GPi (50 %) (Herrero et al, 1996) et dans la SNpr (100 %) (Levy et al, 1997). L'expression de l'ARNm n'est pas modifiée chez les animaux traités à la lévodopa. L'activité de la cytochrome oxydase qui reflète le métabolisme neuronal est significativement augmentée dans le pallidum interne de 23 % et dans la SNpr de 19 % (Vila et al, 1997).

Les travaux effectués *in vivo* en électrophysiologie, chez le primate intoxiqué au MPTP, confirment les données biochimiques, retrouvant une augmentation de l'activité des neurones du GPi (Filion et al, 1991 : + 22 % ; Bergman et al, 1994 : + 11 %).

La pallidotomie interne, en réduisant l'hyperactivité de la voie de sortie des NGC qui projette sur les noyaux ventro-latéraux du thalamus, entraîne une amélioration des signes extra-pyramidaux chez le singe rendu parkinsonien par le MPTP (Baron et al, 2002) et chez le patient parkinsonien (Fine et al, 2000). L'activité thalamo-corticale (mesurée en tomographie par émission de positons) a été restaurée après réalisation d'une pallidotomie interne chez un patient (Ceballos-Baumann et al, 1994).

Ces résultats biochimiques, électrophysiologiques et chirurgicaux démontrent l'existence d'une hyperactivité des neurones GABAergiques appartenant au GPi dans les modèles expérimentaux de la MPI et chez les patients parkinsoniens.

I. 3. 2. 5. Le noyau sous-thalamique

Dans le modèle d'organisation des NGC permettant d'expliquer la physiopathologie de la MPI, la déplétion dopaminergique striatale entraîne une hypoactivité du GPe qui va désinhiber les neurones du NST. L'hyperactivité du NST renforce l'action inhibitrice du GPi / SNpr sur les neurones des noyaux thalamiques au moyen d'afférences glutamatergiques excitatrices. De nombreux travaux ont montré l'action excitatrice du NST sur les noyaux de sortie des ganglions de la base et l'existence d'une hyperactivité de cette structure dans les modèles animaux de la MPI.

Une lésion du NST chez le rat normal entraîne une diminution de l'activité enzymatique de deux enzymes qui reflètent l'activité neuronale, la succinate déshydrogénase (-14,5 %) et la cytochrome oxydase (-5,2 %) dans la SNpr (Blandini et al, 1995). L'activation du NST du rat, suite à l'administration *in situ* de bicuculline (antagoniste GABA) entraîne une augmentation de l'activité des neurones des noyaux de sortie des ganglions de la base (pallidum et noyaux endo-pédonculaires chez le rat), activité neuronale mesurée par des techniques électrophysiologiques. L'inhibition du NST par des injections locales de muscimol (agoniste GABA) entraîne, au contraire, une diminution de l'activité neuronale dans ces différents noyaux (Robledo et al, 1990). La consommation locale de glucose, mesurée par autoradiographie quantitative, est augmentée dans la SNpr (+74 %) et à un moindre degré dans le pallidum (+19 %) chez le rat normal après stimulation électrique du NST (Tzagournissakis et al, 1994).

Chez le rat dont la voie nigro-striatale est lésée par la 6-OHDA, Blandini et al (Blandini et al, 1997) ont montré que les activités enzymatiques succinate déshydrogénase et cytochrome oxydase des noyaux de sortie des NGC étaient augmentées. Cette augmentation est annulée après lésion du NST. De plus, la destruction du NST abolit le comportement de rotation des rats parkinsoniens après apomorphine. Le blocage de l'hyperactivité glutamatergique du NST par l'administration *in situ* d'un antagoniste des récepteurs NMDA au glutamate (MK 801), chez le rat dont la voie nigro-striatale est lésée, améliore le syndrome parkinsonien (Blandini et al, 2001). Plusieurs travaux d'électrophysiologie ont montré une augmentation significative du nombre de décharges toniques dans le NST du singe rendu parkinsonien par le MPTP (Miller et al, 1987; Bergman et al, 1994). L'injection dans le NST d'un agoniste GABAergique (muscimol) chez le singe intoxiqué au MPTP entraîne une diminution immédiate de l'activité neuronale dans le NST, associée à une amélioration du syndrome parkinsonien controlatérale à l'injection. L'injection d'un antagoniste GABAergique (bicuculline) entraîne un effet opposé (Wichmann et al, 1994). Hamada et al, (Hamada et al, 1992) ont montré chez le singe intoxiqué au MPTP qu'une lésion du NST par injection *in situ* d'acide isobérique ou d'acide kaïnate entraîne une diminution significative de 33 % du nombre de décharges des neurones du GPi. La lésion du NST entraîne, par ailleurs, une amélioration du syndrome parkinsonien controlatérale à la lésion, qu'il s'agisse de l'akinésie, de la rigidité ou du tremblement. Une amélioration du syndrome parkinsonien a pu également être montrée chez les patients parkinsoniens suite à la mise en place d'une stimulation chronique du NST, dont l'effet théorique est d'inhiber l'activité de ce noyau (Limousin et al, 1995).

Plus récemment, les techniques d'hybridation *in situ* de la sous-unité I de la cytochrome oxydase confirment l'hyperactivité du NST suite à la dénervation dopaminergique. De plus ces méthodes apportent l'évidence que ces changements d'activité du NST ne sont pas seulement relié à une diminution du tonus inhibiteur exercé par le GPe, mais aussi à l'hyperactivité des afférences glutamatergiques excitatrices provenant des noyaux parafasciculaires du thalamus et du noyau pédonculopontin (pour revue Hirsch et al, 2000).

Ces résultats montrent que :

- **le NST exerce une influence excitatrice sur les noyaux de sortie des ganglions de la base ;**
- **le NST est sous la dépendance de voies GABAergiques inhibitrices ;**
- **le NST est hyperactif dans les modèles expérimentaux de MPI ;**
- **une lésion du NST diminue l'activité du GPi et de la SNpr et améliore le syndrome parkinsonien controlatéral chez le primate non-humain et humain ;**
- **le NST est sous l'influence des afférences glutamatergiques excitatrices provenant des noyaux parafasciculaires du thalamus et du noyau pédonculopontin.**

I. 3. 2. 6. Voies thalamo-corticales

Selon le modèle d'organisation des NGC, l'inhibition des noyaux thalamiques (ventro-latéral et ventro-antérieur) liée au renforcement de l'activité inhibitrice GABAergique provenant des noyaux de sortie des ganglions de la base, entraîne une inhibition du cortex moteur et pré-moteur.

Des études utilisant l'autoradiographie du 2-déoxyglucose, technique qui permet d'étudier les changements du métabolisme cérébral du glucose chez le modèles singe intoxiqué au MPTP de la MPI, décrivent une augmentation de la consommation de 2-déoxyglucose dans les noyaux ventro-latéral et ventro-antérieur du thalamus (Crossman et al, 1985). Cette augmentation de l'activité synaptique des noyaux du thalamus est en faveur d'une hyperactivité des structures de sortie des ganglions de la base à l'origine de l'inhibition des neurones thalamo-corticaux.

L'altération de l'activité corticale du cortex moteur et l'aire motrice supplémentaire a été démontrée en électrophysiologie lors de l'enregistrement d'une cellule nerveuse chez le primate intoxiqué au MPTP (pour revue Watts et al, 1992). De façon complémentaire, des études de débit sanguin cérébral par tomographie par émission de positons (TEP) montrent que l'activation des aires motrices et pré-motrices est réduite chez des patients parkinsoniens (Rascol et al, 1994 ; Eidelberg et al, 2000). Le traitement à la lévodopa réverse cette hypoactivation.

Ces résultats montrent que le cortex cérébral recevant des afférences thalamiques est hypoactif chez le parkinsonien non traité.

I. 4. Conclusion

D'après les données de la littérature, certains faits concernant les modifications de la neurotransmission dans les NGC paraissent bien établis dans des modèles expérimentaux de la MPI : hyperactivité glutamatergique et GABAergique striatale, hyperactivité GABAergique dans le GPi et la SNpr, hyperactivité glutamatergique dans le NST, hypoactivité corticale.

Cependant, certains points restent encore à éclaircir :

a. quelles sont les modifications d'activité du GPe suite à la dénervation dopaminergique ?

b. comment les NGC interagissent-ils entre eux ?

c. quelles sont les modifications du métabolisme des neurotransmetteurs, GABA et glutamate ?

d. quel est l'aspect dynamique *in vivo* de l'évolution de ces neurotransmetteurs ?

L'étude de l'innervation glutamatergique et GABAergique simultanément dans plusieurs cibles *in vivo* permettra de mieux comprendre la physiopathologie de la MPI. Il était donc intéressant d'appliquer *in vivo* sur les modèles animaux de la MPI la spectroscopie de résonance magnétique nucléaire (SRM) du proton à la quantification des deux neurotransmetteurs que sont le glutamate et le GABA et la SRM du carbone C13 à l'appréciation du métabolisme cérébral.

II. La Spectroscopie de Résonance Magnétique Nucléaire (SRM)

II. 1. SRM localisée du proton

II. 1. 1. Généralités

La SRM localisée du proton (^{1}H) offre la possibilité d'accéder *in vivo* au métabolisme cellulaire de différents tissus humains ou animaux du fait de son caractère non-invasif. Elle permet ainsi d'étudier certains aspects de la biochimie de ces tissus dans des conditions normales et pathologiques.

En effet, même si beaucoup de questions liées au métabolisme cérébral peuvent être étudiées chez l'animal sur des coupes de cerveau ou des cultures cellulaires, un certain nombre de caractéristiques peuvent difficilement être reproduites *in vitro*. En particulier la régulation du métabolisme dépend de manière critique du micro-environnement constitué par la barrière hémato-encéphalique et des interactions fonctionnelles entre les neurones et les cellules gliales. Le passage à des études *in vivo* semble indispensable.

C'est ainsi que la spectroscopie RMN du proton du cerveau n'a cessé de se développer depuis une vingtaine d'années (Pfeuffer et al, 1999b). L'application de cette technique *in vivo* nécessite d'avoir une sélection de volume efficace, une bonne suppression du pic de l'eau ainsi qu'une bonne résolution spectrale.

II. 1. 1. 1. Techniques de sélection du volume d'intérêt

A la différence de la spectroscopie haute résolution où l'échantillon est macroscopiquement homogène et observable intégralement, l'observation *in vivo* sur l'animal ou chez l'homme nécessite obligatoirement la restriction de l'observation à une région particulière (figure 8).

A

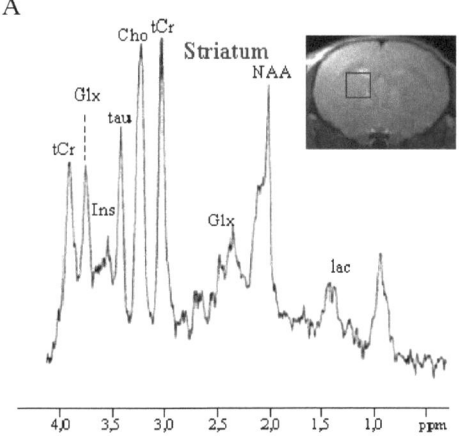

B

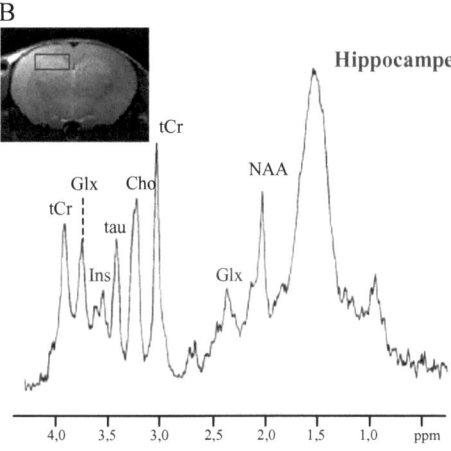

Figure 8 : *Spectres obtenus in vivo avec la séquence PRESS dans un volume d'intérêt placé sur le striatum (A) et dans un volume d'intérêt placé sur l'hippocampe (B) d'un cerveau de souris.*
(d'après Czisch, Auer et coll.)

Les spectres sont acquis en utilisant une séquence PRESS conventionnelle dans un volume d'intérêt de 8 µl placé sur le striatum et dans un volume d'intérêt de 4,5 µl placé sur l'hippocampe. Abréviations : NAA : N-acéthyl-aspartate, Glx : glutamate / glutamine, tCr : créatine totale, Cho : choline, tau : taurine, Ins : inositol.

Les techniques de localisation sont donc essentielles pour mesurer les métabolites cérébraux dans un volume bien défini, adapté à la taille des structures d'intérêt. Un nombre important de techniques de localisation a été proposé à ce jour (Decorps, 1992). Les plus anciennes concernent la sélection de volume par gradient de champ de radiofréquence (Ackerman et al, 1980). Aujourd'hui, les techniques les plus courantes utilisées en SRM ^{1}H sont la séquence PRESS (Point Resolved Spectroscopy Select) et la séquence STEAM (Simulated Echo Acquisition Mode). Dans ces approches, la sélection de volume repose sur l'utilisation d'impulsions définies de fréquences sélectives appliquées en présence de gradient de sélection de tranche. La taille du volume d'intérêt peut être modifiée en faisant varier la taille de l'impulsion du gradient et sa position en changeant la fréquence des impulsions sélectives.

Nous nous attacherons à décrire dans le paragraphe suivant la séquence PRESS ou séquence double échos de spins, décrites pour la première fois par Bottomley en 1987 (Bottomley, 1987), utilisées dans nos protocoles expérimentaux.

La localisation spatiale est réalisée au moyen d'une séquence comportant trois impulsions sélectives (figure 9) :

$$90° - T_E/4 - 180° - T_E/4 - T_E/4 - 180° - T_E/4 - Acq \qquad (1)$$

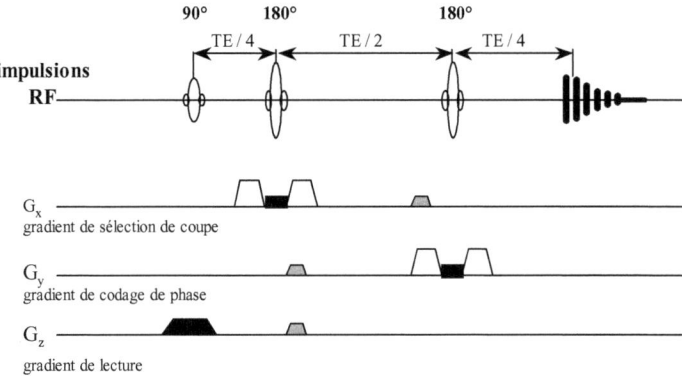

Figure 9 : *Représentation schématique de la séquence PRESS d'impulsion et de gradient.*

La localisation est réalisée au moyen des trois impulsions sélectives, une première de 90° et deux de 180°, appliquées en présence d'un gradient de sélection de tranches, respectivement selon les axes x, z et y (en noir sur les directions x, y et z). Le signal externe au volume d'intérêt est supprimé par des gradients « destructeurs » (« spoiler ») placés de chaque côté des impulsions 180° (en blanc sur les directions x, y et z).

L'impulsion de 90° appliquée en présence d'un gradient le long d'un axe sélectionne une coupe orthogonale à cet axe. L'aimantation de la coupe sélectionnée est alors laissée en précession libre pendant un temps $T_E/4$, puis est alors refocalisée par une deuxième impulsion de 180°, cette fois, appliquée en présence d'un gradient selon un axe orthogonal au premier. Après un temps $T_E/4$, une autre impulsion de refocalisation de 180° est appliquée en présence d'un gradient le long de la direction orthogonale aux deux premières. Le gradient est utilisé pour déphaser le signal à travers l'échantillon et l'impulsion RF sélective en fréquence permet d'exciter les spins sur une bande de fréquence limitée. Pour obtenir un signal à partir d'un volume d'intérêt de forme cubique, il suffit d'utiliser séquentiellement trois impulsions sélectives en fréquence en présence de trois gradients orientés selon les directions x, y et z. De cette façon, seuls les spins qui ont subi les trois impulsions RF produisent un signal d'échos au moment de l'acquisition (figure 10). Le signal externe au volume d'intérêt est supprimé par des gradients « destructeurs » (gradients de « spoiling ») placés de chaque côté des impulsions 180°. Ils doivent être optimisés afin de refocaliser correctement le signal provenant du volume d'intérêt.

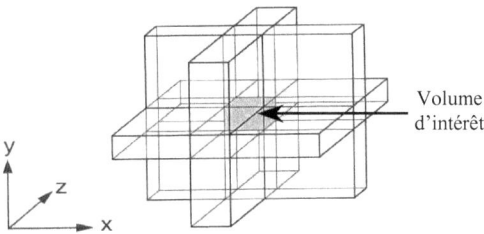

Figure 10 : *Définition du volume d'intérêt en SRM [1]H.*

La coupe selon l'axe x est sélectionnée par une impulsion RF de 90° et un gradient selon cet axe x.
La coupe selon l'axe z est sélectionnée par une impulsion RF de 180° et un gradient selon cet axe z.
La coupe selon l'axe y est sélectionnée par une troisième impulsion RF de 180° et un gradient selon cet axe y.
Le volume est défini par l'intersection de ces trois coupes orthogonales. Seuls les spins dans ce volume subissent les trois impulsions RF et contribuent au signal final.

Afin d'améliorer la localisation et de réduire les demandes en gradients « destructeurs » présents dans les séquence de localisation, des trains d'impulsions dits « Outer Volume Suppression » (OVS) peuvent être ajoutés avant la séquence d'acquisition (Tkac et al, 1999). Ces modules OVS peuvent être constitués de six impulsions hyperboliques sécantes (impulsions hs) destinées à saturer les six coupes adjacentes au volume d'intérêt. Ces impulsions hs permettent d'utiliser un champ de gradients intense pour la sélection, elles permettent aussi de minimiser les artéfacts dus aux erreurs de déplacement chimique. La localisation dépend de la gamme de déplacement chimique qui peut engendrer des erreurs de localisation pour des métabolites possédant des fréquences de résonance très différentes. La sélection de tranche est en effet réalisée le plus souvent grâce à des impulsions sélectives en fréquence appliquées en présence d'un gradient, et la région effectivement sélectionnée varie en fonction de la résonance d'intérêt dans le spectre. Les artéfacts dus aux erreurs de déplacement chimique sont calculés à partir de la formule suivante :

(épaisseur de tranche / bande passante) $\times \Delta\delta$

A titre d'exemple, supposons qu'une tranche de 4 cm d'épaisseur soit sélectionnée avec une impulsion de 3600 Hz de bande passante. La différence de fréquence à 9,4 T entre la résonance de l'eau (à 4,7 ppm) et des lipides (vers 1 ppm) est 1441 Hz. L'artéfact de déplacement chimique est estimé à :

(4cm / 3600 Hz) $\times$ 1441 = 1,60 cm.

L'augmentation de la bande passante de l'impulsion peut diminuer cet artéfact de déplacement chimique.

II. 1. 1. 2. Techniques de suppression du pic de l'eau

La suppression du pic de l'eau est nécessaire en spectroscopie RMN [1]H *in vivo* afin d'observer efficacement les résonances des métabolites présents en faible concentration. Les méthodes classiques de suppression de l'eau utilisent trois ou quatre impulsions sélectives en fréquence de type CHESS (CHEmical Shift Selective suppression). Chacune de ces impulsions est suivie par un gradient « destructeur » (Haase et al, 1985). La méthode CHESS dépend de l'homogénéité du champ RF B_1, la suppression de l'eau est d'autant plus efficace que l'inhomogénéité de radiofréquence est modérée (10 % de variation). Tkac et al (Tkac et al, 1999) proposent un schéma modifié pour la suppression de l'eau afin de minimiser la sensibilité à l'inhomogénéité du champ B_1 en utilisant une combinaison de sept impulsions RF de type CHESS avec des puissances variables et des délais entre les impulsions optimisés (VAPOR). Le temps de relaxation de l'eau (T_1 = 1-2 s) est pris en compte pour l'optimisation et la simulation. Les trajectoires d'aimantation M_z de l'eau sont calculées à trois tailles de champ B_1 différentes et représentées figure 11. Après la septième impulsion CHESS, l'aimantation M_z de l'eau approche la valeur zéro. Les trois profils M_z atteignent cette valeur zéro au même moment. L'ajustement fin de la suppression de l'eau est réalisé en optimisant le dernier délais, t7. Ce module de suppression de l'eau est insensible aux variations de champ

RF B_1 ainsi qu'aux valeurs de temps de relaxation T_1. Les auteurs estiment la valeur de l'aimantation résiduelle de l'eau à moins de 2 % pour un T_1 compris entre 1 et 2 s et un angle de basculement compris entre 65 et 125°. Cependant l'augmentation du nombre d'éléments CHESS peut favoriser l'apparition d'échos de spins non désirés. C'est pourquoi, les gradients « destructeurs » appliqués après les impulsions CHESS doivent être placés et ajustés très soigneusement afin d'éviter l'apparition de ces échos de spins non désirés.

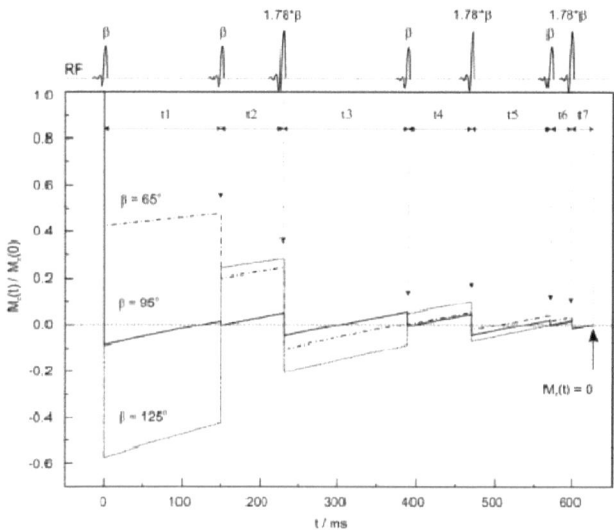

Figure 11 : *Module de suppression de l'eau avec sept impulsions RF de type CHESS avec dont les puissances et les temps de relaxation sont optimisés (VAPOR).*
D'après Tkac et al, 1999.

Le temps de relaxation de l'eau (1-2 s) est pris en compte pour l'optimisation et la simulation. Les trajectoires d'aimantation de l'eau M_z sont calculées en fonction du temps pour trois tailles de champ B1 différentes (angle de basculement, β). Les délais entre les impulsions sont les suivants : t1 = 150 ms, t2 = 80 ms, t3 = 160 ms, t4 = 80 ms, t5 = 100 ms, t6 = 30 ms, t7 = 26 ms.

II. 1. 1. 3. Résolution spectrale

A cause de la faible dispersion spectrale du spectre proton (environ 10 ppm) et de la faible sensibilité de la spectroscopie RMN, le nombre de métabolites détectables sur un spectre RMN du proton et la fiabilité de leur quantification dépendent de la résolution spectrale et du rapport signal-sur-bruit. Ces caractéristiques sont déterminées en premier lieu par l'intensité du champ magnétique principal B_0 et ceci justifie la recherche de champs toujours plus élevés pour la spectroscopie.

Pour un champ magnétique B_0 donné, la qualité du spectre dépend de manière cruciale de l'homogénéité du champ dans le volume d'intérêt. Plus le champ est homogène, plus la largeur de raie diminue et plus le rapport signal-sur-bruit augmente. En pratique, le champ magnétique n'est jamais complètement homogène, d'une part à cause des imperfections de l'aimant, mais surtout parce que la présence à l'intérieur de l'aimant d'un échantillon de suceptibilité magnétique spécifique modifie les lignes de champ. Pour cette raison, l'homogénéité du champ est optimisée à chaque expérience grâce à des bobines correctrices (dites aussi bobines de "shim"). La procédure d'homogénéisation du champ consiste idéalement à annuler toutes les harmoniques du champ magnétique sauf l'harmonique d'ordre zéro, qui est constante. La plupart des aimants sont équipés de bobines générant les harmoniques d'ordre un (X, Y, Z) et deux (Z_2, X_2-Y_2, ZX, ZY, 2XY). L'ajustement manuel par maximisation de l'aire du signal RMN se limite habituellement aux bobines linéaires X, Y, Z et parfois à la bobine Z_2 (figure 12).

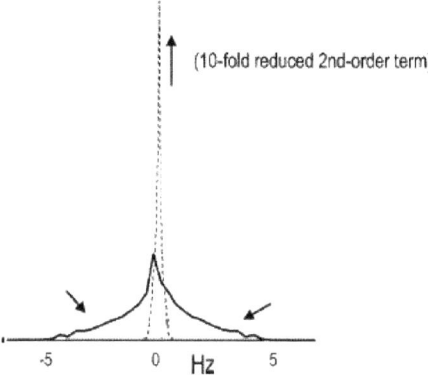

Figure 12 : *Effet de l'ajustement manuel des bobines de "shim" sur la largeur à mi-hauteur et la hauteur des résonances.* D'après Gruetter el al, 2003.

La figure montre l'effet des bobines de shim d'ordre 2 sur la distribution du champ dans un volume cubique. Après l'annulation de ces harmoniques du champ magnétique, une fraction significative de l'intensité présente sur les côtés est transférée sous la résonance principale (comme indiquée par les flèches), augmentant ainsi la sensibilité et réduisant les erreurs potentielles de quantification.

II. 1. 2. Spectroscopie proton localisée et conditions expérimentales

II. 1. 2. 1. Temps d'écho

La quantification des métabolites sur un spectre ^1H obtenu *in vivo* est rendue particulièrement difficile par la faible dispersion spectrale et la largeur de raie importante. Le spectre se simplifie considérablement en détectant le signal avec une séquence d'échos de spins avec un TE relativement long (> à 100 ms). Seules les résonances correspondant aux ^1H des molécules ayant un temps de relaxation T_2 long seront présentes sur le spectre. Le spectre est ainsi dominé par les singulets des ^1H non couplés de la choline (3,2 ppm), de la créatine (3,0 ppm) et du NAA (2,0 ppm). Cette simplification du spectre à TE long entraîne cependant une perte d'informations à cause de la disparition des résonances des plus grosses molécules ayant un T_2 court et une perte du rapport signal / bruit (figure 13). Outre la simplification spectrale, la spectroscopie à TE long permet d'atténuer fortement une éventuelle contamination du spectre par les lipides sous-cutanés et les macromolécules qui possèdent un

T_2 court. Le terme générique de macromolécules regroupe les nombreuses résonances provenant des acides aminés constituant les protéines (Behar et al, 1993 ; 1994). La ligne de base est alors simplifiée, ce qui facilite la quantification des métabolites.

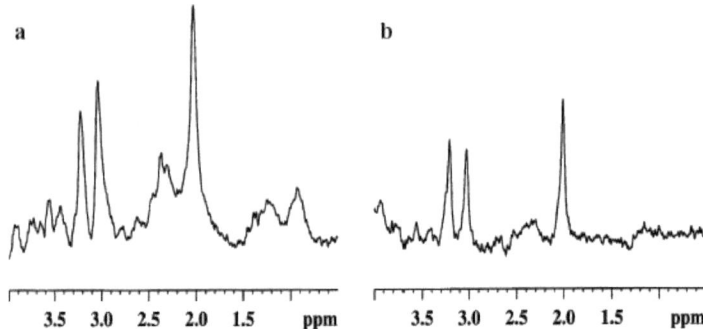

Figure 13 : *Spectres PRESS obtenus dans le striatum de rat avec une sonde de surface (Ø 1 cm).*
D'après Dautry et al, 2000.

Le volume d'intérêt est de 10 × 4 × 4 mm, les spectres sont acquis à temps d'écho (a) TE = 30 ms et (b) TE = 135 ms. Chaque spectres est la somme de 256 répétitions (TR = 2500 ms) et est traité avec un élargissement lorentzien de 1 Hz. L'échelle verticale est la même en (a) et (b).

L'utilisation de TE court (1 ms) dans les séquences d'impulsions est limitée par la présence de courants de Foucault. On appelle courant de Foucault le courant créé par le déplacement ou le changement du champ magnétique (courant d'induction) dans une masse métallique. Ces courants peuvent créer une distorsion du spectre et une perte en rapport signal-sur-bruit. Ils sont d'autant plus intenses que la vitesse et la puissance des gradients utilisés à haut champ augmentent. Ils créent un champ magnétique additionnel d'une durée beaucoup plus longue que les gradients qui les ont générés. Pour minimiser leurs effets des systèmes hardware et software -pre-emphasis- sont mis en place sur les appareils. Néanmoins ceci limite l'utilisation de TE courts. Dans leur étude sur le cerveau de rat, Pfeuffer et coll (Pfeuffer et al, 1999b) ont utilisé un TE = 1 ms pour détecter 18 métabolites présents dans un volume d'intérêt de 65 µl.

II. 1. 2. 2. Quantification des métabolites

La nécessité d'utiliser la spectroscopie à TE long contraint bien souvent les études en RMN ^{1}H menée *in vivo* chez l'animal ou chez l'homme à ne prendre en compte que la détection de la choline, de la créatine / phosphocréatine, du NAA et parfois du lactate ainsi que du glutamate et de la glutamine. Cependant la quantification de ces métabolites se heurte à plusieurs difficultés. Tout d'abord, les singulets détectés ne correspondent pas à un seul métabolite (Miller et al, 1991). Le pic à 3,0 ppm est la somme de la créatine et de la phosphocréatine, celui à 2,0 ppm provient du NAA et du NAAG. Enfin le pic à 3,2 ppm provient de plusieurs dérivés de la choline.

Par ailleurs, la quantification absolue des métabolites nécessite une référence. Le pic de créatine a souvent été pris comme référence de concentration interne au volume d'intérêt, en exprimant les résultats sous forme d'un rapport NAA / Cr et Cho / Cr. Cependant, dans certaines pathologies, la concentration de créatine est susceptible d'être modifiée, il est alors préférable de mesurer la concentration relative des métabolites par rapport à un autre référent qui peut être le pic de l'eau tissulaire (Kreis et al, 1993).

II. 1. 3. Apports de la SRM localisée du ^{1}H lors d'études physiopathologiques

La SRM localisée du proton (^{1}H) a déjà été utilisée à plusieurs reprises *in vivo* pour étudier les modifications métaboliques dans des maladies neurodégénératives (Bonavita et al, 1999), en particulier la sclérose en plaques (pour revue De Stefano et al, 2003), la maladie de Huntington (Sanchez-Pernaute et al, 1999) et la maladie d'Alzheimer (Waldman et al, 2003). La MPI a elle-même fait l'objet de plusieurs études. Les principaux signaux métaboliques détectés dans ces études sont le NAA (acide aminé, marqueur de l'état des neurones matures), la choline (indicateur de la synthèse des lipides membranaires et de leurs dégradations), la créatine et phosphocréatine (marqueur de l'état énergétique) et parfois le complexe glutamate / glutamine (Glx) ainsi que le lactate. Le lactate est normalement non-détectable et considéré comme un index de l'oxydation anaérobie et de changements dégénératifs.

Dans leur étude, Brownell et al (Brownell et al, 1998), utilisent la SRM ^{1}H et la tomographie par émission de positons comme outils d'évaluation des profils de changement neurochimique dans le striatum du primate lors d'une intoxication chronique au MPTP. Des mesures SRM répétées au fil de l'induction du syndrome et pendant la stabilisation de l'état parkinsonien des animaux mettent en évidence une augmentation du lactate et des macromolécules dans le striatum pendant la phase d'induction. Les mesures du lactate et des macromolécules retournent à des valeurs normales après l'arrêt des administrations de MPTP. Par contre, les auteurs décrivent une augmentation dans le striatum des taux de Cho et une diminution du NAA persistantes. Enfin, une intoxication chronique au MPTP chez le chat entraîne une diminution des rapports NAA / Cr et Glx / Cr dans le striatum des chats intoxiqués au MPTP par rapport à des animaux contrôles. De plus, un pic de lactate est présent sur les spectres acquis dans le striatum de ces animaux parkinsonien (Podell et al, 2003).

Chez l'homme, certaines études SRM localisée [1]H n'ont pas pu mettre en évidence une discrimination entre patients parkinsoniens et contrôles à partir des concentrations relatives de ces métabolites, les différences n'étant pas suffisamment significatives. Federico et al (Federico et al, 1997) ne décrivent pas de différence pour les rapports NAA / Cho et NAA / tCr dans le putamen et le pallidum de patients MPI et de contrôles. De même, Axelson et al (Axelson et al, 2002) ne retrouvent pas de différence pour ces rapports de métabolites évalués dans un volume d'intérêt placé sur les noyaux lentiformes (putamen et pallidum) des ganglions de la base. La plupart des études qui mettent en évidence des modifications de ces profils métaboliques chez les patients parkinsoniens décrivent une diminution du rapport NAA / Cho ; (Holshouser et al, 1995 ; Ellis et al, 1997 ; Clarke et al, 2000). Dans l'étude de Clarke (Clarke et al, 2000), les auteurs définissent les concentrations absolues des métabolites en utilisant l'eau tissulaire comme référence interne. Ils attribuent la diminution du rapport NAA / Cho à une augmentation de la Cho dans le putamen et le pallidum.

L'absence de cohésion de ces résultats peut être liée aux conditions expérimentales de la SRM (artéfacts, correction de la ligne de base, shim, résolution, taille et position du voxel), ou bien encore aux méthodes d'analyse des données (intensité des pics, aire des pics, mesure des rapports), mais aussi au choix des patients (âge, durée de la MPI, historique du traitement, possibilité de présence d'autres pathologies, nombre de patients inclus dans l'étude). La SRM [1]H a également été appliquée à l'évaluation des changements de ces métabolites dans le cortex temporoparietal et le cortex moteur chez des patients parkinsoniens non-déments. Hu et al (Hu et al, 1999) décrivent une diminution du rapport NAA / Cr dans le cortex temporoparietal et Lucetti et al (Lucetti et al, 2001) une diminution de ce même rapport dans le cortex moteur. Cette diminution reflète une altération de la fonction neuronale chez des patients parkinsoniens *de novo* due à une perte des afférences excitatrices thalamocorticales.

Par ailleurs, la spectroscopie RMN peut être utilisée pour évaluer l'efficacité d'une neuro-transplantation fœtale dans le striatum de patients parkinsoniens. Une étude menée par Ross et al, (Ross et al, 1999) suggère que les greffes de neurones de fœtus dans le striatum de patients survivent après transplantation. En effet, les taux relatifs de NAA, marqueur de la maturité des neurones et absent dans les cellules fœtales, sont augmentés dans le striatum de patients greffés par rapport à des patients non opérés.

Il apparaît que la détection et la quantification des neuromédiateurs, glutamate et GABA, impliqués dans la physiopathologie de la MPI n'ont pas été effectuées de façon systématique et précise chez les modèles animaux de la maladie dans des volumes cibles adaptés à la taille des NGC. Dans ce contexte, il paraissait intéressant d'appliquer la SRM ^{1}H localisée à l'étude du glutamate dans le striatum de rats dont la voie nigro-striatale a été lésée à la 6-OHDA.

Si la détection et la quantification du glutamate est réalisable par SRM ^{1}H localisée, celle du GABA est rendue difficile par la faible résolution spectrale qu'offre la SRM ^{1}H et nécessite d'utiliser une séquence dite « d'édition ».

II. 2. SRM ^{1}H – édition du GABA

II. 2. 1. Généralités

L'acide γ-amino butyrique (GABA) (figure 14) est le principal neurotransmetteur inhibiteur dans le cerveau des mammifères. Il est impliqué dans de nombreuses pathologies neurologiques et psychiatriques, parmi lesquelles l'épilepsie, la maladie de Huntington, la maladie de Parkinson, la dépression, l'alcoolisme et la schizophrénie. En particulier, la MPI se traduit par une augmentation de l'activité GABAergique au sein du striatum après dénervation dopaminergique. Une hyperactivité des neurones GABAergiques appartenant aux structures de sortie des ganglions de la base a également été décrite après lésion des neurones dopaminergiques de la SNpc. La détection du GABA de manière non-invasive chez l'homme et chez l'animal présente donc un intérêt majeur pour l'étude de la physiopathologie de ces maladies et l'évaluation de nouveaux traitements neuroprotecteurs.

$$H_2N \diagdown \diagup COOH$$

$$HOOC_{(1)}\text{-}C_{(2)}H_2\text{-}C_{(3)}H_2\text{-}C_{(4)}H_2\text{-}NH_2$$

Figure 14 : *Structure de la molécule de GABA.*

La détection et la quantification du GABA par SRM ^{1}H est rendue difficile par la faible résolution spectrale. En effet, les résonances du GABA, dont la concentration dans le cerveau est de l'ordre de 1 mM, sont superposées à celles d'autres métabolites plus concentrés (Rothman et al, 1993). Le spectre RMN proton de la molécule de GABA (HOOC-C$_{(2)}$H$_2$-C$_{(3)}$H$_2$-C$_{(4)}$H$_2$-NH$_2$) comprend trois motifs de résonance centrés à 3,0 ppm, 2,3 ppm et 1,9 ppm qui correspondent respectivement aux protons des groupements C$_{(2)}$H$_2$, C$_{(4)}$H$_2$, et C$_{(3)}$H$_2$ (figure 15). Les couplages scalaires (couplage J) entre les protons subdivisent ces résonances en deux triplets à 3,0 et 2,3 ppm et un quintuplet à 1,9 ppm. Le spectre proton du cerveau est dominé par les résonances des autres métabolites plus concentrés, en particulier la choline (3,2 ppm), la créatine totale (3,0 ppm), le glutamate et la glutamine (entre 2,1 et 2,4 ppm) et le

NAA (2,0 ppm). La comparaison du spectre GABA et du spectre du cerveau obtenus par simulation (figure 15) montre que la résonance du GABA à 3,0 ppm est masquée par le singulet de la créatine totale, la résonance à 2,3 ppm par les multiplets du glutamate et de la glutamine, et la résonance à 1,9 ppm par le NAA à 2,0 ppm.

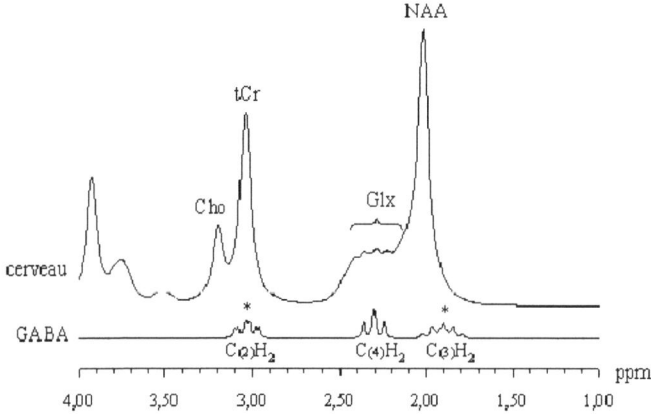

Figure 15 : *Spectres proton du GABA (spectre du bas) et d'un mélange des métabolites les plus concentrés dans le cerveau (créatine, choline, glutamate, glutamine (Glx) et NAA).*

Les simulations à 3 T ont été réalisées avec le logiciel jMRUI® et l'échelle relative des spectres correspond approximativement aux concentrations des métabolites in vivo. En particulier, la résonance du GABA à 3,0 ppm est recouverte par un pic intense de créatine. Les étoiles indiquent que la résonance du GABA à 3,0 ppm est couplée à une résonance à 1,9 ppm

Les résonances du GABA à 1,9 ppm et 2,3 ppm sont les plus difficiles à éditer à cause de la dispersion spectrale des signaux due aux couplages J, ainsi que de la présence des signaux du glutamate avec des constantes de couplage proches de celle du GABA. Par conséquent, la résonance du GABA à 3,0 ppm constitue la cible principale des méthodes de détection du GABA. A cette fréquence, le GABA est superposé à un singulet de créatine environ 10 fois plus intense. Un deuxième pic, provenant des macromolécules, est également présent à 3,0 ppm, d'intensité comparable à celle du GABA. Une technique efficace de détection du GABA à 3,0 ppm doit éliminer à la fois la contamination par le singulet du CH3 de la créatine et la contamination par les macromolécules.

II. 2. 2. Revue succincte des différentes techniques d'édition du GABA

II. 2. 2. 1. Edition du GABA par J-modulation des cohérence à un quantum

Les techniques d'édition homonucléaire distinguent les systèmes de spins couplés de ceux qui ne sont pas couplés, comme l'eau et une partie des lipides, sur la base des différences de phase induites par la J-modulation des cohérences à un quantum. Ce type d'édition utilise deux séquences d'échos de spins, son principe repose sur l'inhibition de la J-modulation des cohérences à simple quantum une acquisition sur deux. Ce résultat est obtenu classiquement par application d'une impulsion continue de découplage (Rothman et al, 1984) ou d'un 180° de refocalisation sélectif, à la fréquence du spin couplé (Rothman et al, 1993).

Le rendement des techniques d'édition par J-modulation est estimé à 50 %. La figure 16 illustre la sensibilité d'une méthode utilisant un 180° de refocalisation sélectif aux variations de GABA chez des sujets épileptiques recevant un inhibiteur de la dégradation du GABA, le vigabatrin (Rothman et al, 1993).

Une quantification correcte du signal $C_{(2)}H_2$ du GABA à 3,0 ppm requière l'élimination de la contamination du pic édité par la résonance des macromolécules à 3,0 ppm couplée avec celle des macromolécules à 1,7 ppm. L'impulsion d'édition sélectivement appliquée à 1,9 ppm n'a théoriquement aucun effet sur le reste du spectre. En pratique, cette contrainte est bien sûr impossible à réaliser. L'effet non nul de l'impulsion d'édition à la résonance 1,7 ppm entraîne la coédition partielle des macromolécules avec le GABA. D'après l'équipe de Rothman, la contamination du signal du GABA par les macromolécules peut être corrigée en répétant l'expérience de façon symétrique sur les macromolécules, c'est-à-dire en appliquant l'impulsion d'édition à 1,7 ppm. Le signal édité est alors contaminé par le GABA. La contamination du GABA par les macromolécules peut ainsi être corrigée, au prix d'un doublement de la durée de l'expérience pour la mesure du signal attribué aux macromolécules.

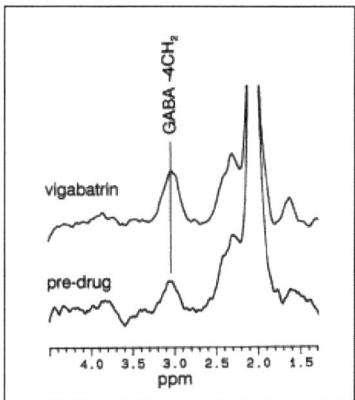

Figure 16 : *Spectres édités par J-modulation acquis à 2,1 T chez un sujet épileptique avant et pendant l'administration de vigabatrin.*
D'après Rothman et al, 1993.

Les spectres sont acquis dans un volume d'intérêt de $2 \times 4 \times 4$ cm^3 localisé sur le lobe occipital d'un patient épileptique .La localisation est réalisée au moyen d'une séquence ISIS.
Le spectre du bas est acquis avant l'administration de vigabatrin. Celui du haut est acquis pendant un traitement au vigabatrin administré à la dose de 4 g / jour. L'intensité de la résonance éditée du GABA à 3,0 ppm pendant le traitement est augmentée 2,3 fois par rapport à l'intensité obtenue avant l'administration de vigabatrin.

Afin d'apporter un gain de temps expérimental, Henry et al (Henry et al, 2001) proposent pour limiter la contamination par les macromolécules une adaptation de la méthode d'édition du GABA par J-modulation avec un 180° de refocalisation sélectif. Le principe de la méthode est de soustraire deux spectres pour lesquels l'impulsion d'édition a été appliquée à 1,9 ppm (premier spectre) et à 1,5 ppm (deuxième spectre). Si l'impulsion d'édition est symétrique, l'effet à 1,7 ppm est identique dans les deux cas, et le pic des macromolécules à 3,0 ppm subit une J-modulation identique. Par conséquent, les macromolécules disparaissent dans la différence. En revanche, le GABA est complètement inversé lorsque l'impulsion est appliquée à 1,9 ppm et n'est pas inversé lorsque l'impulsion est appliquée à 1,5 ppm. La figure 17 montre l'efficacité de cette méthode pour éliminer *in vivo* la contamination du signal du GABA par les macromolécules chez le primate. Le spectre présenté en A correspond à la soustraction d'un spectre acquis lorsque l'impulsion d'édition n'était pas appliquée ou appliquée à 1,9 ppm. Celui en B correspond à la soustraction d'un spectre acquis lorsque l'impulsion d'édition était appliquée à 1,9 ppm et d'un spectre où elle était appliquée à 1,5 ppm.

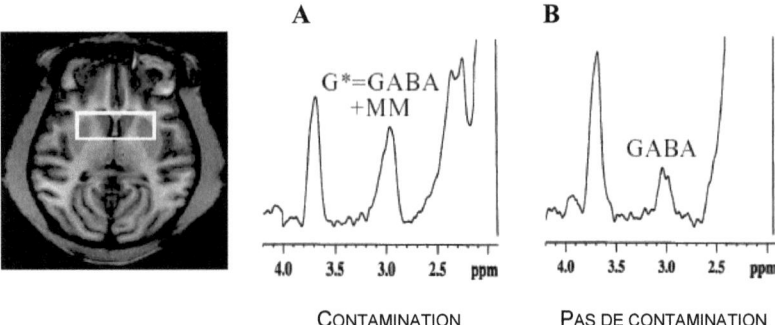

Figure 17 : *Position du volume d'intérêt sur une image axiale pondérée en T1 (à gauche) et spectres acquis sur le striatum d'un babouin anesthésié en utilisant différentes séquences d'édition du GABA.*
D'après Henry et al, 2001.

 A. *spectre correspondant à la soustraction d'un spectre acquis lorsque l'impulsion d'édition n'était pas appliquée ou appliquée à 1,9 ppm.*
 B. *spectre correspondant à la soustraction d'un spectre acquis lorsque l'impulsion d'édition était appliquée à 1,9 ppm et d'un spectre où elle était appliquée à 1,5 ppm.*
Le même nombre de répétitions (1440) a été accumulé pour chacune des deux méthodes avec un temps de répétition de 2,5 s. Les spectres ont été traités avec un élargissement lorentzien de 5 Hz.

L'édition du GABA par spectroscopie différentielle est la méthode la plus couramment utilisée, mais la qualité de détection dépend étroitement de la stabilité de l'appareil et de l'absence totale de mouvements du sujet pendant les différentes acquisitions. D'autres techniques d'édition du GABA que l'édition par différence ont ainsi été proposées.

II. 2. 2. 2. Edition du GABA par sélection des cohérences à double quanta

Les techniques d'édition par sélection des cohérences à double quanta (DQ) ont l'avantage de proposer une détection du GABA robuste en une seule acquisition. Cette technique utilise le taux d'accumulation de phase différente selon les états simple et multiple quanta afin de ne rephaser sélectivement que les aimantations qui passent à travers une cohérence à multiple quanta. La méthode permet d'éliminer toutes les résonances des métabolites non couplés (singulets) tels que la créatine, la choline et le groupe CH_3 du NAA puisque leurs résonances n'ont pas de cohérence à multiple quanta (Wilman et al, 1993 ; Keltner et al, 1997).

La possibilité de générer des cohérences à zéro et multiple quanta est une caractéristique des systèmes de spins couplés. Cela est illustré par les diagramme de niveaux d'énergie (figure 18).

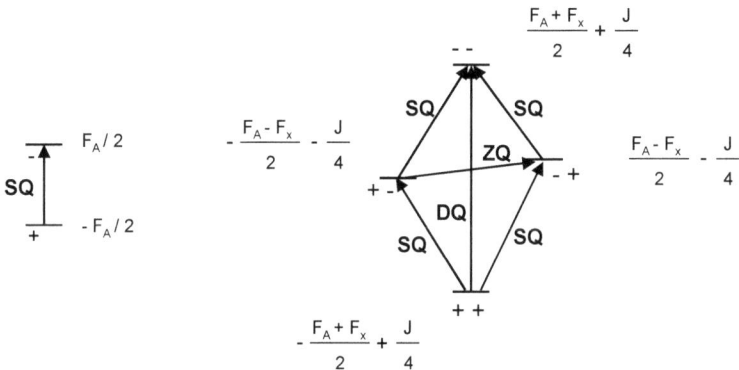

Figure 18 : *Diagramme des niveaux d'énergie pour un spin ½ isolé et pour un système de spins AX soumis à un champ magnétique.*

Quatre transitions à simple quantum (SQ, ΔM = ±1) ont lieu à $F_A + J/2$, $F_A - J/2$, $F_x + J/2$, $F_x - J/2$. Une transition à double quanta (DQ, ΔM = ±2) a lieu à $F_A + F_x$ et une transition à zéro quantum à $F_A - F_x$ (ZQ, ΔM = 0).

Une seule impulsion RF appliquée à un système de spins à l'équilibre thermique crée des cohérences SQ. Pour créer des cohérences ZQ et DQ, il faut au minimum deux impulsions RF d'excitation séparées dans le temps.

Un spin ½ isolé, non couplé, soumis à un champ magnétique, ne peut exister que dans deux états d'énergie et par conséquent ne présente que des transitions à un quantum (ΔM = ±1). Par contre, un système de spins couplés possède plusieurs états d'énergie. Cela permet l'établissement de transitions à zéro (ΔM = 0), un quantum (ΔM = ±1) et multiple quanta (ΔM < -1 ; ΔM > 1). Pour un système de spins AX, chaque noyau peut posséder deux états d'énergie ; le couplage entre les spins se traduit par l'existence de 6 transitions possibles :

- 4 transitions à un quantum aux fréquences $F_A + J/2$, $F_A - J/2$, $F_X + J/2$ et $F_X -+ J/2$
- 1 transition à double quanta (ΔM = ±2) à la fréquence $F_A + F_X$

- 1 transition à zéro quantum à la fréquence $F_A - F_X$

Les cohérences à zéro et multiple quanta ne peuvent pas être observées directement ; seules les cohérences à un quantum génèrent de l'aimantation transversale observable. Le comportement en phase et en fréquence des cohérences à zéro et double quanta est différent de celui des cohérence SQ. C'est ainsi que certaines méthodes de sélection des cohérences DQ utilisent une de ces deux propriétés :

a) Lors de la sélection des cohérences par la phase, les cohérences ne correspondant pas à l'ordre souhaité sont déphasées par un gradient de champ qui exploite leur différence de sensibilité aux inhomogénéités du champ magnétique ou éliminées par un cyclage de phase.

b) Lors de la sélection des cohérences DQ par la fréquence, des modifications de la fréquence d'émission RF sont utilisées pour améliorer la suppression des signaux non couplés.

II. 2. 3. Edition du GABA avec sélection des DQ par des gradients

La séquence utilisée pour éditer le GABA en spectroscopie localisée par sélection des cohérences à double quanta (DQ) est représentée figure 19.

Dans les métabolites couplés, les cohérences DQ sont excitées par les trois premières impulsions ($\pi/2$, π, $\pi/2$). Les cohérences à simple quantum excitées par la première impulsion $\pi/2$ évoluent sous l'influence de l'interaction de couplage J en une cohérence anti-phase, qui, en retour, est convertie en une cohérence à multiple quanta par la deuxième impulsion $\pi/2$. Ces cohérences à multiple quanta sont alors converties en des cohérences simple quantum observables par la troisième impulsion, qui est une impulsion binomiale avec un temps d'espacement de 7 ms, sélective en fréquence appliquée sur la résonance $C_{(3)}H_2$ du GABA à 1,9 ppm. L'utilisation de cette impulsion sélective de transfert d'aimantation double l'efficacité théorique de détection pour la résonance $C_{(2)}H_2$ du GABA à 3,0 ppm en transférant l'aimantation de la résonance $C_{(3)}H_2$ à 1,9 ppm sur la résonance $C_{(2)}H_2$ à 3,0 ppm (Wilman et al, 1993). Les impulsions π servent à la refocalisation des effets de déplacements chimiques et à la sélection de tranche lors de la localisation du volume d'intérêt. Les gradients G et 2G sont appliqués pour éliminer l'aimantation qui n'est pas due à une cohérence DQ. Pour un spin à un emplacement x, l'impulsion de gradient représentée par G encode les cohérences SQ et DQ avec des phases proportionnelles à G_x et $2G_x$ respectivement. Au moment de l'impulsion de gradient représentée par 2G, la totalité de l'aimantation d'intérêt a été convertie en une cohérence à SQ. Cette aimantation acquiert une phase supplémentaire position-dépendante proportionnelle à $-2G_x$.

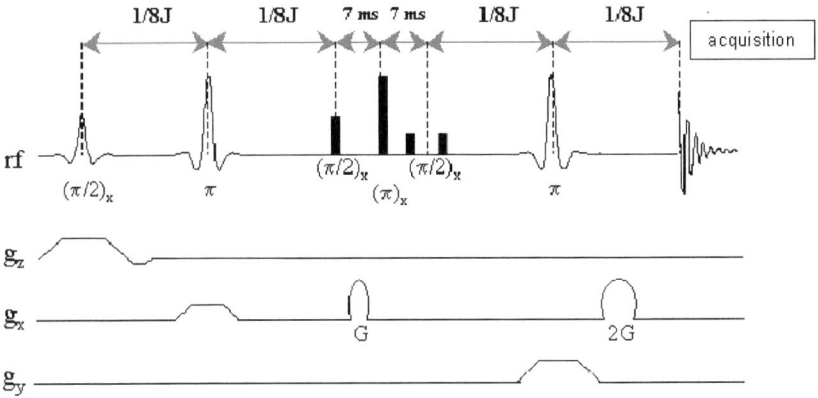

Figure 19 : *Séquence localisée « double quanta » pour l'édition du GABA.*

Pour simplifier, les gradients de spoiling symétriques autour des impulsions π ainsi que les impulsions et les gradients de spoiling impliquée dans le module de suppression de l'eau CHESS ne sont pas représentés.
Pour les métabolites ayant un couplage, les cohérences à DQ sont excitées par les trois premières impulsions (90°, 180°, 90°) (rectangles noirs). Les cohérences SQ excitées par la première impulsion 90° sont sous l'influence des interactions de couplage J et sont converties en une cohérence multiple quantum par la deuxième impulsion 90°. Cette cohérence multiple quantum était alors convertie en une cohérence SQ observable par la troisième impulsion 90°. Cette troisième impulsion est sélective en fréquence et accordée sur la résonance $C_{(3)}H_2$ à 1,9 ppm. Un transfert d'aimantation de la résonance $C_{(3)}H_2$ sur la résonance $C_{(2)}H_2$ à 3,0 ppm est ainsi obtenu.
Les gradients G et 2G sont utilisés pour éliminer les aimantations qui ne sont pas originaires d'une cohérence DQ.
Les impulsions π dans la séquence servent à la sélection de tranche pour la localisation.

Cette technique a été validée chez l'homme lors d'une mesure de GABA dans un volume d'intérêt de 27 à 55 ml localisé sur la région parieto-occipitale de cerveau. Un spectre conventionnel proton localisé est réalisé à l'aide d'une séquence PRESS ainsi qu'un spectre avec la séquence DQ (figure 20).

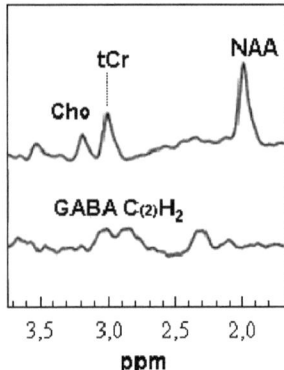

Figure 20 : *Spectres localisés proton acquis à 1,5 T in vivo dans un volume d'intérêt de 30 × 30 × 30 mm³ placé sur la région parieto-occipital d'un cerveau humain.*
D'après Keltner et al, 1997.

    a. spectre localisé acquis avec la séquence PRESS.
    b. spectre DQ.
Le même nombre de répétitions (256) a été accumulé pour chacune des deux méthodes avec un temps de répétition de 2,0 s.

L'efficacité de la détection des cohérences DQ est optimisée quand la première et la deuxième impulsion ont des phases identiques. Puisqu'une de ces impulsions est une impulsion de sélection de tranche et l'autre une impulsion $\pi/2$ « hard », la phase de radiofréquence relative est, en général, dépendante de la localisation de la région d'intérêt. La calibration systématique de cette phase permet d'améliorer l'efficacité de la séquence DQ quel que soit l'emplacement du volume d'intérêt. Jouvensal et al (Jouvensal et al, 1996) observent aussi le besoin de calibrer la phase RF de la deuxième impulsion $\pi/2$ en fonction de la position du volume d'intérêt.

Même si la méthode d'édition du GABA par la sélection des cohérences DQ est moins efficace que les techniques de soustraction, détectant seulement 38 % du signal provenant d'une espèce qui est présente dans le cerveau en faible concentration (environ 1 mM), elle permet une meilleure suppression du signal du singulet de la créatine totale (tCr) à 3,0 ppm (McLean et al, 2002 ; Shen et al, 2002). Elle permet aussi de s'affranchir des mouvements potentiels des sujets et de l'inhomogénéité de l'amplitude des champs statiques et de radiofréquence (Shen et al, 2002). L'eau est bien supprimée par la présence des gradients, et les lipides sont également bien éliminés en raison de la sélectivité de l'impulsion $\pi/2$ qui ne convertit en simple quantum que les cohérences DQ ayant un couplage J dans la région de la résonance d'intérêt. De plus, alors que la contamination par les macromolécules représentait environ 40 % de la résonance du $C_{(2)}H_2$ du GABA à 3,0 ppm avec les techniques de J-modulation (Rothman et al, 1993), elle correspond à 10 % environ de ce pic édité par la sélection des cohérences DQ (Shen et al, 2002). Dans leurs études, les auteurs rajoutent à la séquence d'édition une impulsion d'inversion hyperbolique non-sélective avec un temps d'application long (650 ms en moyenne) afin de diminuer sur le spectre la contribution des petites molécules (Behar et al, 1994). La soustraction du spectre DQ acquis sans l'impulsion d'inversion et du spectre DQ acquis en présence de cette impulsion d'inversion supplémentaire (figure 21), permet d'apprécier la contamination par les macromolécules du multiplet de résonances du $C_{(2)}H_2$ du GABA. McLean et coll (McLean et al, 2002) décrivent chez l'homme dans un volume d'intérêt fronto-parietal de $30 \times 30 \times 30$ mm^3, une contamination de la résonance $C_{(2)}H_2$ du GABA d'environ 10 % par les macromolécules. Ces résultats sont en accord avec ceux publiés par Shen et al (Shen et al, 2002) qui estiment la contamination par les macromolécules à 12 % $\pm$ 8 % (moyenne $\pm$ déviation standard, n = 7) sur des spectres DQ acquis dans un volume de même taille placé sur le lobe occipital de sept volontaires sains.

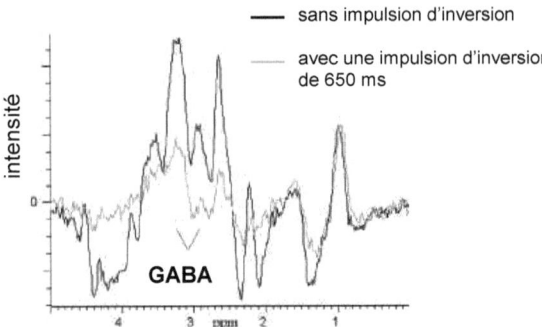

Figure 21 : *Spectres DQ localisés acquis à 1,5 T in vivo dans un volume d'intérêt fronto-parietal de 30 × 30 × 30 mm³.*
D'après McLean et al, 2002.

Les spectres DQ sont acquis avec (gris) et sans (noir) une impulsion d'inversion supplémentaire de 650 ms pour annuler le signal des petits métabolites.
De larges résonances (largeur de raie à mi-hauteur ≈ 16 Hz) sont visibles à 1,0 ; 1,6 ; 2,5 et 3,2 ppm et persistent après l'addition d'une impulsion d'inversion. La résonance du $C_{(2)}H_2$ du GABA, semble être relativement exempt de contamination par les macromolécules (≈ 10 % de l'aire mesurée du pic $C_{(2)}H_2$ du GABA peuvent être attribués aux macromolécules).

II. 2. 4. Applications *in vivo*

Chez le rat, l'édition du GABA par SRM du proton *in vivo* a mis en évidence une augmentation de GABA liée à l'administration d'un inhibiteur hautement spécifique de l'enzyme responsable de la dégradation du GABA, la GABA-transaminase (Behar et al, 1994). L'étendue de ces méthodes pourrait faciliter les évolutions expérimentales et cliniques d'inhibiteurs pharmacologiques du métabolisme GABAergique *in vivo*. L'édition du GABA a ainsi été utilisée chez l'homme afin des tester l'efficacité d'une drogue antiépileptique, le vigabatrin® (VGB®), inhibiteur de la GABA-transaminase (Petroff et al, 1996 ; 1998 ; Mueller et al, 2003).

Dans une étude récente, Wang et al (Wang et al, 2003) mesurent l'effet d'un régime cétonique chez des patients épileptiques sur les métabolites du cerveau dont le GABA en assumant que la contamination à 3,0 ppm par les macromolécules des spectres édités par la technique DQ est constante.

Nous proposons une méthode efficace d'édition du GABA par sélection des cohérences DQ, sans nécessité de calibrer les phases de radiofréquence pour s'affranchir des artéfacts dus à la localisation spatiale du volume d'intérêt.

II. 3. SRM du carbone ^{13}C et métabolisme cérébral

Suivant la nature du noyau étudié, la SRM peut donner des informations différentes. Par exemple, la SRM ^{1}H offre la possibilité de caractériser *in vitro* et *in vivo* qualitativement et quantitativement les métabolites présents dans un échantillon. La SRM du phosphore 31 (^{31}P) utilisée *in vitro* et *in vivo* permet de déterminer le statut énergétique (ATP, Pi, PCr), le pH intracellulaire et de quantifier les métabolites phosphorylés de l'organisme. L'isotope 13 du carbone (^{13}C) est aussi un noyau potentiellement observable en spectroscopie RMN puisqu'il possède un nombre de spins non nul (tableau 2). La SRM ^{13}C est souvent utilisée *in vivo* pour suivre le devenir d'une molécule au cours de son métabolisme et mettre ainsi en évidence les voies métaboliques impliquées.

Noyau	Spin I	Rapport gyromagnétique γ (rad.T^{-1}.s^{-1})	Sensibilité relative (a)	Abondance naturelle (%)	Fréquence à 4,7T (MHz)
^{1}H	1/2	$26{,}75.10^7$	$1{,}00$	$99{,}98$	200
^{2}H	1	$4{,}1.10^7$	$1{,}00$	$0{,}015$	30.7
^{13}C	1/2	$6{,}73.10^7$	$1{,}59.10^{-2}$	$1{,}108$	$50{,}28$
^{14}N	1		$1{,}01.10^{-3}$	$99{,}63$	$14{,}44$
^{15}N	1/2	$-2{,}7.10^7$	$1{,}04.10^{-3}$	$0{,}37$	$20{,}26$
^{17}O	5/2		$2{,}91.10^{-2}$	$0{,}04$	$27{,}12$
^{19}F	1/2	$25{,}2.10^7$	$8{,}30.10^{-1}$	100	$188{,}16$
^{23}Na	3/2		$9{,}25.10^{-2}$	100	$52{,}9$
^{31}P	1/2	$10{,}8.10^7$	$6{,}63.10^{-2}$	100	$80{,}96$

Tableau 2 : Noyaux potentiellement observables en RMN.

II. 3. 1. Généralités

L'abondance naturelle du carbone 13 (^{13}C) est faible (1,1 % des carbones totaux) contrairement à celle du ^{1}H (99,9 %) et du ^{31}P (100 %). Cette faible abondance naturelle limite la sensibilité de la technique SRM, ce qui fait que seuls les composés fortement concentrés et riches en carbone sont détectés (créatine, acides gras). L'apparition de substrats enrichis en ^{13}C a permis non seulement de surmonter le manque de sensibilité, mais a fait de la SRM ^{13}C une méthode de choix dans l'investigation du métabolisme intermédiaire. En effet, comme dans toutes les techniques utilisant des marqueurs, l'apparition du ^{13}C dans un composé à partir d'un précurseur enrichi, est le reflet des voies métaboliques empruntées. Cela se traduit sur les spectres par une variation de l'intensité des résonances dont les positions sur l'échelle de fréquence sont caractéristiques de chaque métabolite. L'avantage majeur de la SRM du ^{13}C réside surtout sur le fait que chaque atome de carbone d'une molécule donnée possède sa propre résonance. Il devient donc possible de préciser directement les positions qui, au sein du squelette carboné des molécules détectées, ont incorporé l'isotope. Un enrichissement multiple sur deux carbones adjacents dédouble chacune des résonances du fait du couplage $J_{^{13}C^{13}C}$. Il est alors possible de détecter la présence d'isotopomères doublement marqués ou plusieurs fois marqués.

Ainsi, la SRM du ^{13}C permet en une seule analyse d'identifier :

    a. la nature des métabolites enrichis,

    b. la position et la multiplicité des marquages au sein de ces molécules.

Le marquage sélectif d'un ou de plusieurs atomes de carbone dans une molécule et l'analyse des différents isotopomères résultants de son métabolisme offrent de nombreux renseignements sur les voies métaboliques mises en jeu. L'estimation des flux du métabolisme intermédiaire est également très importante pour la compréhension de la régulation de certaines réactions enzymatiques.

II. 3. 2. SRM ^{13}C et biochimie cérébrale

Le métabolisme cérébral *in vivo* était étudié grâce à des techniques biochimiques conventionnelles d'autoradiographie (Sokoloff, 1983) et de TEP (Herskovitch, 1987). Cependant, une résolution spatiale limitée ainsi que le manque de spécificité chimique de ces méthodes rendent impossible l'attribution des mesures aux cellules neuronales ou aux astrocytes. D'une manière alternative, les techniques histochimiques ou immunohistochimiques qui possèdent une résolution suffisante pour localiser les activités enzymatiques ou même les métabolites dans les neurones ou la glie, ne fournissent pas d'informations quantitatives sur les flux *in vivo* à travers les voies métaboliques correspondantes. La SRM ^{13}C dans ce contexte semble un outil bien adapté à l'exploration *in situ* de la compartimentation métabolique cérébrale.

L'application de la SRM ^{13}C à l'étude *in vivo* du cerveau a du relever de nombreux challenges du fait de sa sensibilité liée à la spécificité du noyau ^{13}C, en particulier sa faible abondance naturelle. Même si l'apparition de substrats enrichis en ^{13}C a permis d'améliorer le manque de sensibilité et d'apprécier le métabolisme cérébral, de nombreuses adaptations techniques ont été nécessaires pour optimiser la sensibilité de la SRM ^{13}C.

II. 3. 2. 1. SRM ^{13}C et cycle de Krebs

La spectroscopie RMN ^{13}C permet d'étudier *in vivo* le cycle de Krebs en détectant le marquage isotopique de métabolites à partir d'un précurseur marqué au ^{13}C. Le précurseur marqué peut être l'acétate de sodium [2-^{13}C], marqué en ^{13}C sur le carbone 2 de la chaîne carbonée de la molécule ou bien du glucose marqué principalement en C1. L'acétate est exclusivement métabolisé en acétyl-CoA dans les cellules gliales, puis incorporé dans le cycle de Krebs (Badar-goffer et al, 1990 ; Hassel et al, 1995). L'utilisation de l'acétate comme précurseur permet de distinguer le métabolisme glial du métabolisme neuronal. Le glucose est oxydé par la glycolyse dans les neurones et les cellules gliales puis incorporé au cycle de Krebs. A partir de l'acétate marqué au ^{13}C sur le carbone 2 ou bien du glucose marqué au ^{13}C en C1, l'analyse des réactions biochimiques mises en jeu montre que le carbone 4 du glutamate est marqué au premier tour du cycle de Krebs et que les carbones 2 et 3 sont marqués au deuxième tour (figure 22). Le glutamate ne fait pas directement partie du cycle de Krebs, mais il est marqué par la réaction d'échange entre l'α-cétoglutarate et le glutamate. La vitesse du cycle de Krebs est notée V_{TCA} et la vitesse d'échange entre l'α-cétoglutarate et le glutamate est notée V_x. De même, la glutamine est synthétisée à partir du glutamate et sa vitesse de synthèse est notée V_{gln}. Le GABA est également synthétisé à partir du glutamate. Contrairement à tous les métabolites intermédiaires du cycle de Krebs, le glutamate est très concentré dans le cerveau des mammifères (environ 10 mM) et la SRM peut mesurer le marquage progressif en ^{13}C des carbones C3 et C4 du glutamate au cours du temps pendant une perfusion de glucose marqué au ^{13}C (figure 23). Les cinétiques de marquage du glutamate C3 et C4 obtenues expérimentalement associées à une modélisation des réactions chimiques impliquées dans le métabolisme oxydatif, permettent de calculer la vitesse du cycle de Krebs, V_{TCA} (Mason et al, 1995).

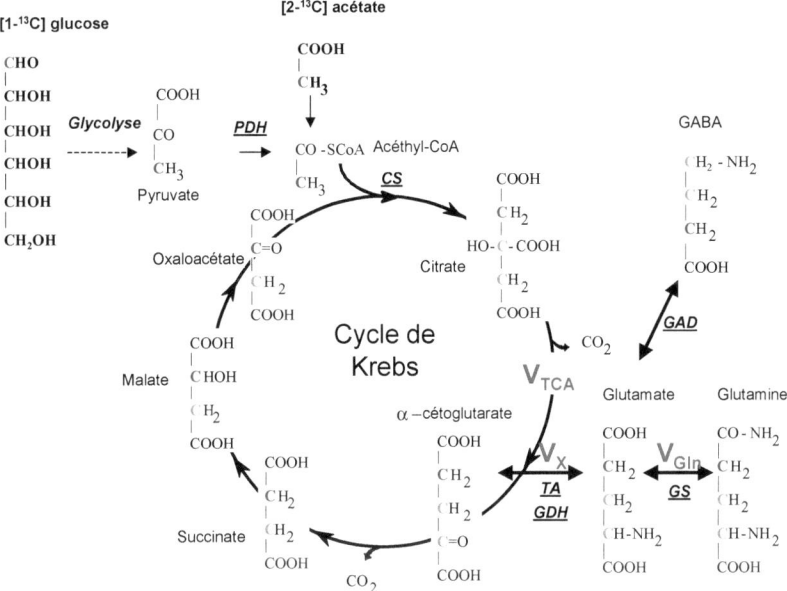

Figure 22 : *Marquage des métabolites liés au cycle de Krebs à partir de [1-^{13}C]glucose ou de [2-^{13}C] acétate.*

Le glutamate est en échange avec l'α-cétoglutarate. Le Glutamate C4, la Glutamine C4 et le GABA C2 sont marqués au premier tour du cycle de Krebs et le Glutamate C2 et C3, la Glutamine C2 et C3 et le GABA C3 et C4 au deuxième tour.

C *carbones marqués au 1er tour du cycle de Krebs.*

C *carbones marqués au 2ième / 3ième tour du cycle de Krebs.*

Notations : V_{TCA} : vitesse du cycle de Krebs ; V_x : vitesse d'échange entre l'α-cétoglutarate et le glutamate ; V_{gln} : vitesse de synthèse de la glutamine.

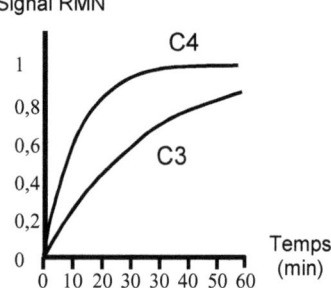

Figure 23 : *Cinétique d'incorporation du marquage ^{13}C détecté en spectroscopie RMN ^{13}C sur les carbones C4 et C3 du glutamate pendant une perfusion de glucose [1-^{13}C]*

Les techniques de détection des métabolites marqués au ^{13}C se répartissent en deux catégories : les techniques de détection ^{13}C directe et les techniques de détection indirecte des protons ^1H liés au ^{13}C.

II. 3. 2. 2. Détection ^{13}C directe

La détection directe en ^{13}C offre une grande richesse d'informations spectrales grâce à sa gamme de déplacements chimiques (Sibson et al, 1997). Elle souffre en revanche d'une mauvaise sensibilité à cause du faible rapport gyromagnétique du carbone 13. L'optimisation de la sensibilité est critique pour la réussite des expérimentations en SRM ^{13}C *in vivo*. Le découplage proton (module de découplage ^1H WALTZ), c'est-à-dire l'irradiation continue des résonances des protons liés au carbone pendant l'acquisition du signal ^{13}C, constitue une première façon d'améliorer le rapport signal-sur-bruit en supprimant la multiplicité des résonances dues au couplage hétéronucléaire $J_{13C\ H}$. L'application de puissance RF plus importantes pendant l'acquisition du fait du découplage à nécessité le développement de bobines de surface capables de recevoir le signal RMN ^{13}C et d'émettre une impulsion RF en ^1H (pour revue Gruetter et al, 2003). L'autre moyen d'augmenter le rapport signal-sur-bruit du spectre ^{13}C est l'effet Overhauser nucléaire (NOE). L'effet NOE obtenu en irradiant de manière continue le spectre proton permet d'augmenter le signal ^{13}C.

La quantification précise des métabolites exige que les signaux détectés proviennent d'une région déterminée du cerveau. Une technique de localisation directe en ^{13}C est alors nécessaire. Cette localisation est compliquée par l'étendue de la gamme de déplacement chimique, 160 ppm lorsque l'on considère le spectre ^{13}C de la résonance du groupe carboxyle autour de 180 ppm à celle du lactate à 20 ppm. Cette large gamme de déplacement chimique engendre des erreurs de localisation importantes pour des métabolites possédant des fréquences de résonance très différentes. Comme pour le proton, la sélection de tranche est en effet réalisée le plus souvent grâce à des impulsions sélectives en fréquence appliquées en présence d'un gradient. L'importance de l'augmentation de la bande passante des impulsions RF et de la taille des gradients nécessaire pour que l'erreur due aux artéfacts de déplacement chimique ne dépasse pas 10 % des dimensions du volume d'intérêt constitue un facteur limitant à la localisation ^{13}C directe (Gruetter et al, 2003). La localisation ^{13}C directe (séquence ISIS) a cependant été utilisée en restreignant l'observation des résonances à une petite bande spectrale autour de la fréquence d'émission, par exemple la région du glucose C1 vers 95 ppm (Gruetter et al, 1992a), du myo-inositol vers 75 ppm (Gruetter et al, 1992b) ou du glutamate et de la glutamine C3 et C4 vers 30 ppm (Gruetter et al, 1994). Afin de ne plus se limiter qu'à une zone restreinte du spectre ^{13}C, une nouvelle technique dite de transfert de polarisation a été proposée (pour revue Gruetter et al, 2003). Le principal avantage du transfert de polarisation *in vivo* est de pouvoir effectuer la localisation du signal en proton avant le transfert de polarisation vers le ^{13}C, réduisant ainsi considérablement les artefacts de déplacement chimique. Cependant, l'objectif initial de la technique était d'augmenter la sensibilité de la spectroscopie des noyaux peu sensibles comme le ^{13}C en transférant une partie de la sensibilité du proton vers le ^{13}C. Par conséquent, le transfert de polarisation permet d'obtenir une bonne sensibilité tout en améliorant de façon décisive la localisation. Il s'agit donc d'une technique particulièrement prometteuse pour les études localisées quantitatives par détection ^{13}C directe. Les séquences les plus classiques de transfert de polarisation hétéronucléaire sont DEPT (Distorsionless Enhancement by Polarization Transfer) (Doddrell, 1982), INEPT (Insensitive Nuclei Enhanced by Polarization Transfer) (Shen et al, 1999).

La localisation ^{13}C directe peut également être obtenue par sélection d'un volume d'intérêt au moyen des trains d'impulsions dits « Outer Volume Suppression » (OVS) ajoutés avant la séquence d'acquisition (Choi et al, 2000). Ces modules OVS peuvent être constitués de six impulsions hyperboliques sécantes (impulsions hs) qui saturent les six coupes adjacentes au volume d'intérêt. De plus, ces impulsions hs permettent d'utiliser un champ de gradients intense pour la sélection, elles permettent aussi de minimiser les artéfacts dus aux erreurs de déplacement chimique.

II. 3. 2. 3. Détection ^{13}C indirecte

A côté des techniques de détection ^{13}C directe, il existe des techniques de détection indirecte des protons ^{1}H liés au ^{13}C.

Plusieurs techniques d'édition hétéronucléaires utilisent le couplage hétéronucléaire J$_{CH}$ pour mesurer sélectivement le signal des proton liés à un carbone 13 en éliminant le signal des protons liés à un carbone 12 (figure 24). Ces techniques peuvent être vues comme un double transfert de cohérence, du proton vers le ^{13}C, puis du ^{13}C vers le proton. La détection indirecte des proton liés au ^{13}C augmente la sensibilité par rapport à la détection directe en ^{13}C.

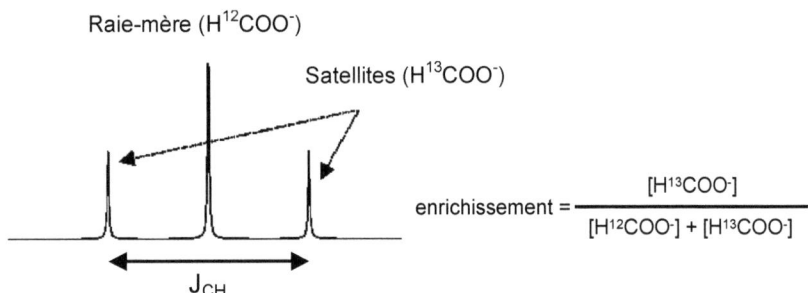

Figure 24 : *Representation du spectre d'une solution de formate partiellement marqué au ^{13}C.*
D'après Henry, thèse de doctorat, Paris 6, 2000.

La raie-mère centrale correspond aux protons liés au ^{12}C et les raies latérales (satellites) correspondent aux protons liés au ^{13}C. La mesure du spectre proton permet de calculer directement l'enrichissement en ^{13}C du mélange.

Une première famille de séquences permet de détecter sélectivement les protons couplés au ^{13}C par différence entre deux spectres. Dans ces méthodes d'édition, une impulsion ^{13}C est appliquée une acquisition sur deux pour inverser sélectivement les satellites. Par soustraction, les résonances des protons portés par un ^{12}C disparaissent et seules restent celles des protons portés par un ^{13}C. La plus utilisée de ces techniques est la méthode POCE (Proton-Observed Carbon-Edited) (Rothman et al, 1985) dans laquelle l'impulsion d'inversion ^{13}C est placée dans un écho de spin. Suivant le même principe que POCE, l'impulsion d'inversion ^{13}C a été combinée avec une séquence J-refocalisée par transfert de cohérence (Mason et al, 1999), avec une séquence PRESS (Chen et al, 1998) et avec une séquence STEAM (Pfeuffer et al, 1999a).

L'application de la SRM ^{13}C à l'étude *in vivo* du cerveau a permis de nombreuses avancées dans la compréhension du fonctionnement cérébral à l'état normal et dans le cas de pathologies neurodégénératives.

II. 3. 3. SRM ^{13}C et biochimie cérébrale

Ce sont d'abord des études *in vitro* ou *ex vivo* menées par SRM ^{13}C haute résolution sur des cultures cellulaires ou tranches de cerveau perfusées (Badar-Goffer et al, 1990) ou encore sur des extraits perchloriques de cerveaux après perfusion d'acétate marquée (Cerdan et al, 1990) ou de glucose marqué (Shank et al, 1993) qui ont permis d'établir l'incorporation du marquage ^{13}C dans les molécules de glutamate, de caractériser l'activité du cycle de Krebs et de mettre en évidence une compartimentation du métabolisme cérébral. En effet, Cerdan et coll (Cerdan et al, 1990) analysent les couplages homonucléaires ^{13}C - ^{13}C après perfusion d'acétate [2-^{13}C] sur des extraits perchloriques de cerveaux de rat. Les auteurs montrent de nombreux isotopomères pour le glutamate, la glutamine et le GABA. L'analyse des proportions relatives de ces isotopomères révèle :

a. la présence de deux compartiments différents de glutamate dans le cerveau de rat caractérisés par la localisation exclusive de certaines enzymes dans l'un des deux compartiments. Par exemple, la glutamine synthase et la pyruvate carboxylase sont présentes uniquement dans les cellules gliales ;

b. la présence de deux cycles de Krebs, l'un métabolisant exclusivement l'acétate et l'autre préférentiellement le glucose ;

c. l'existence d'un cycle inconnu jusque là permettant le recyclage du pyruvate, recyclage associé avec le cycle de Krebs ;

d. la production de GABA prédominante dans le compartiment sans activité glutamine synthase.

Par la suite, des études *in vivo* du métabolisme cérébral ont été effectuées chez le rat et ont permis d'obtenir les cinétiques de marquage du glutamate C3 ainsi que du glutamate C4 pendant une perfusion de glucose marqué. Ces données ont été utilisées pour calculer, à l'aide d'une modélisation, la vitesse du cycle de Krebs V_{TCA} et la vitesse d'échange V_x entre l'α-cétoglutarate et le glutamate (Rothman et al, 1985 ; Fitzpatrick et al, 1990 ; Mason et al, 1992). Au contraire, deux études réalisées chez le rat par Sibson et al, se sont concentrées sur la mesure *in vivo* du cycle glutamate–glutamine mettant en jeu deux compartiments, l'un neuronal et l'autre glial (figure 25) (Sibson et al, 1997; Sibson et al, 1998). La majorité du flux à travers la glutamine synthase serait attribuable au cycle glutamate-glutamine et reflèterait donc directement l'activité synaptique glutamatergique (Sibson et al, 1997) (figure 26). Par ailleurs, la vitesse du cycle de Krebs serait couplée de façon stœchiométrique à la vitesse du cycle glutamate-glutamine (V_{cycle}) (Sibson et al, 1998 ; Sibson et al, 2001). Autrement dit, selon les auteurs, la vitesse d'oxydation du glucose à travers le cycle de Krebs est proportionnelle à l'activité neuronale glutamatergique.

La plupart des résultas mis en évidences chez le rat ont été retrouvés *in vivo* chez l'homme lors de mesures en spectroscopie RMN [13]C à 2,1 T. Les premiers travaux ont mis en évidence l'incorporation du marquage en glutamate C4 après perfusion de glucose marqué sur le carbone C1 ([1-^{13}C] glucose) (Rothman et al, 1992). La vitesse du cycle de Krebs, la vitesse d'échange entre l'α-cétoglutarate et le glutamate et la vitesse de synthèse de la glutamine ont également été appréciées (Gruetter el al, 1994 ; Mason et al, 1995 ; Shen et al, 1999 ; Mason et al, 2003).

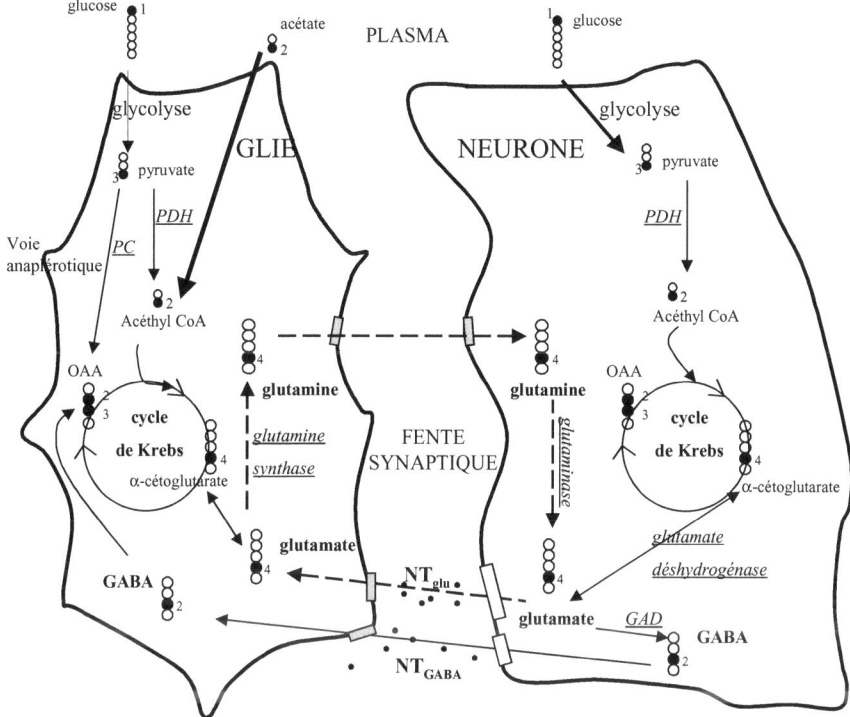

Figure 25 : *Modèle bicompartimental montrant le cycle de Krebs neuronal et le cycle de Krebs glial ainsi que le cycle glutamate-glutamine entre les neurones et la glie.*
D'après de Graaf et al, 2003 (revue).

Le marquage à partir de glucose [1-^{13}C] via les activités pyruvate déshydrogénase des deux compartiments, glial et neuronal, est noté par (●). De même, le marquage à partir d'acétate [2-^{13}C] dans le compartiment glial est indiqué. Seuls les marquages à partir du premier tour du cycle de Krebs sont indiqués pour plus de lisibilité. Par ailleurs, le cycle glutamate-glutamine qui reflète l'activité synaptique glutamatergique est indiqué en pointillés. Notations : GAD : acide glutamique décarboxylase ; OAA : oxaloacétate ; PC : pyruvate carboxylase ; PDH : pyruvate déshydrogénase ; NT : neurotransmission.

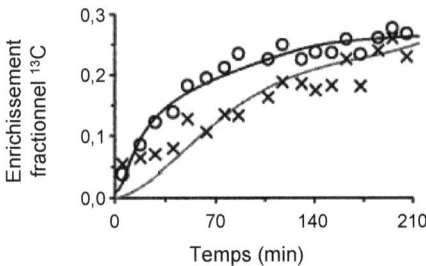

Figure 26 : *Cinétique d'incorporation in vivo du marquage ^{13}C sur le C4 du glutamate (x) et sur le C4 de la glutamine (o) suite à une modélisation mathématique.*
D'après Sibson et al, 1997.

Les spectres sont acquis à 7T à l'aide d'une bobine de surface sur le cerveau de rat. Le point zéro représente le début de la perfusion de [1-^{13}C] glucose. Les hauteurs des pics sont converties en enrichissement fractionnel au moyen d'un modèle mathématique. Les courbes représentent les moyennes des données générées par le modèles.

La spectroscopie RMN ^{13}C *in vivo* a apporté des données précieuses pour comprendre le fonctionnement normal du cerveau. Cette technique peut également être appliquée à l'étude de nombreuses maladies dans lesquelles le métabolisme énergétique cérébral pourrait être perturbé. C'est ainsi que Chateil et al (Chateil et al, 2001) montrent *in vitro* chez le rat que l'hypoxie entraîne une diminution du trafic entre les neurones et les cellules gliales et une diminution du recyclage du pyruvate par l'intermédiaire du cycle de Krebs. Dans une autre étude, Henry et al (Henry et al, 2002) montrent *in vivo* chez le rat intoxiqué à l'acide 3-nitropropionique (3-NP), modèle expérimental de la maladie de Huntington, une diminution de la vitesse du cycle de Krebs.

Ces études *in vivo* menées par SRM ^{13}C chez l'animal puis chez l'homme ont permis d'établir la cinétique d'incorporation du marquage ^{13}C dans les molécules de glutamate, de caractériser l'activité du cycle de Krebs, de mettre en évidence une compartimentation neuronale et l'existence d'un cycle glutamate-glutamine en tenant compte des conditions particulières de l'*in vivo* (barrière hémato-encéphalique, compartimentation neurones/cellules gliales). En conclusion, la SRM ^{13}C permet

d'obtenir des informations sur le métabolisme cérébral *in vivo* à l'état normal, mais aussi dans le cadre d'une pathologie. Elle peut également être appliquée à l'étude de l'efficacité d'une stratégie thérapeutique.

Malgré une faible sensibilité de la spectroscopie RMN ^{13}C, un coût important des équipements nécessaires et des isotopes marqués, l'augmentation continue de la taille des champs des spectromètres modernes, le développement de formes plus sensibles de spectroscopie RMN indirecte ^{13}C observée ^{1}H, rendent possibles les études *in vivo* avec une résolution spatiale et temporelle compatible avec le suivi du métabolisme.

Matériels et Méthodes

Matériels et méthodes

I. Spectroscopie RMN localisée du proton

Le glutamate et la glutamine sont des molécules dont la détection et la quantification dans le SNC présentent un intérêt pour la compréhension du fonctionnement cérébral en général (interactions neurones – cellules gliales, par exemple) et dans le cas de maladie neurodégénératives telle que la MPI. Le glutamate et la glutamine sont difficiles à observer par SRM [1]H *in vivo* en raison de couplages et de recouvrement de résonances avec celles d'autres métabolites plus abondants dans le SNC.

Le but de cette étude préliminaire à haut champ est d'apprécier la faisabilité de la détection *in vivo* du glutamate et de la glutamine dans le modèle rat de la MPI présentant une lésion modérée ou une lésion sévère des neurones dopaminergiques de la SNpc.

I. 1. Animaux

Trois groupes de rats mâles Sprague Dawley ont été étudiés : un groupe contrôle (n = 5), un groupe de rats présentant une lésion modérée des neurones dopaminergiques de la SNpc par injection de 6-OHDA dans le striatum (n = 5) et un groupe de rats présentant une lésion sévère des neurones dopaminergiques de la SNpc par injection de 6-OHDA dans le faisceau médian du télencéphale droit (n = 5).

Les animaux étaient âgés de 7 semaines et pesaient 220 – 240 g au début des expérimentations. Ils étaient hébergés sous conditions environnementales contrôlées (température : 22°C ; cycle lumière-obscurité de 12h) et avaient un accès libre à la nourriture et à l'eau. Toutes les procédures ont été menées en accord avec les recommandations de l'union européenne pour le bien-être et l'utilisation des animaux de laboratoire.

Les rats ont été anesthésiés avec 40 mg/kg de pentobarbital sodique administré par voie intra péritonéale (i.p.) et placés dans un casque stéréotaxique. La 6-OHDA était dissous à la concentration de 10 mg/ml dans du chlorure de sodium (NaCl) 0,9 % contenant de l'acide ascorbique (0,2 %) afin d'empêcher l'oxydation de la molécule. Une dose totale de 20 µg/2 µl était injectée par animal. La toxine était infusée à un taux constant de 0,5 µl/min. pendant 4 minutes à travers une canule en acier inoxydable jaugée 29 reliée via un tube en polyéthylène à une seringue en verre placée sur un pousse seringue électrique Harvard. La canule était d'abord placée stéréotaxiquement aux coordonnées définies et laissée en place pendant 1 minute avant le début de l'infusion. Après l'injection, la canule était maintenue en place pendant 4 minutes supplémentaires pour permettre la diffusion de la toxine avant d'être totalement retirée. Les sites d'injection unilatéral étaient définis grâce à l'atlas de Paxinos and Watson (Paxinos et Watson, 1986) et mesurés antérieurement (A) et latéralement (L) au bregma ainsi que verticalement à la dure mère (V) et étaient :

(i)   A = 0,5mm; L = 3,5mm; V = 5,5mm pour l'injection dans le striatum

(ii)   A = -3,7mm; L = 1,6mm; V = 8,8mm pour l'injection dans le faisceau nigro-striatal.

Deux semaines après l'injection stéréotaxique de 6-OHDA pour le groupe présentant une lésion sévère et cinq semaines pour le groupe avec une lésion modérée, l'efficacité de la lésion était évaluée par l'étude du comportement de rotation après administration i.p. d'apomorphine 2 mg/kg (1% Apokinon, apomorphine chlorhydrate dans NaCl + métabisulfite de sodium, 10 mg/kg, Aguettant, France). Le comportement de rotation était mesuré dans un open field (60 × 60 × 40cm). La rotation, enregistrée par une caméra vidéo placée au centre de l'open field, était analysée manuellement. Le nombre de tours ipsi- ou controlatéral au site d'injection de la 6-OHDA était évalué pendant 60 minutes sous conditions basales (comportement spontané), puis pendant 60 minutes après l'injection d'apomorphine. Les résultats représentent le nombre moyen de tours réalisés dans les deux sens pendant les sessions de 60 minutes. Puis le comportement de rotation était exprimé comme un index d'asymétrie :

[rotation ipsilatérale / (rotation ipsilatérale + rotation controlatérale)] × 100.

Seuls les animaux qui présentaient un index d'asymétrie inférieur à 50, indiquant une asymétrie vers le site intact, étaient retenus pour les expérimentations de spectroscopie RMN (Perese et al, 1989).

Cinq semaines après la lésion dopaminergique modérée, sur 10 animaux opérés, 6 présentaient un nombre de tours dans le sens controlatéral au site d'injection de la 6-OHDA supérieur à 10 tours / minute en réponse à l'apomorphine (figure 27A ; analyse de variance comparant les nombres de tours ipsi et controlatéral : F = 80,5 ; p<0,001).

L'apomorphine est un agoniste des récepteurs dopaminergiques qui stimule les deux classes de récepteurs à la dopamine (D_1 et D_2). La réponse typique à une injection d'apomorphine est un comportement de rotation dans le sens opposé au site de perfusion de la 6-OHDA qui est attribué à la stimulation des récepteurs devenus hypersensibles et présents dans le striatum non lésé. Quand les résultats étaient exprimés en index d'asymétrie, les animaux sélectionnés réalisaient significativement plus de tours controlatéraux au site d'injection de la 6-OHDA après administration d'apomorphine que dans les conditions basales (figure 27B ; ANOVA : F = 4,14 ; p<0,05).

Deux semaines après la lésion dopaminergique sévère, sur 10 animaux opérés, 6 ont été retenus (figure 27C ; analyse de variance comparant les nombres de tours ipsi et controlatéral : F = 20,4 ; p<0,001 et figure 27D ; ANOVA : F = 334,8 ; p<0,001).

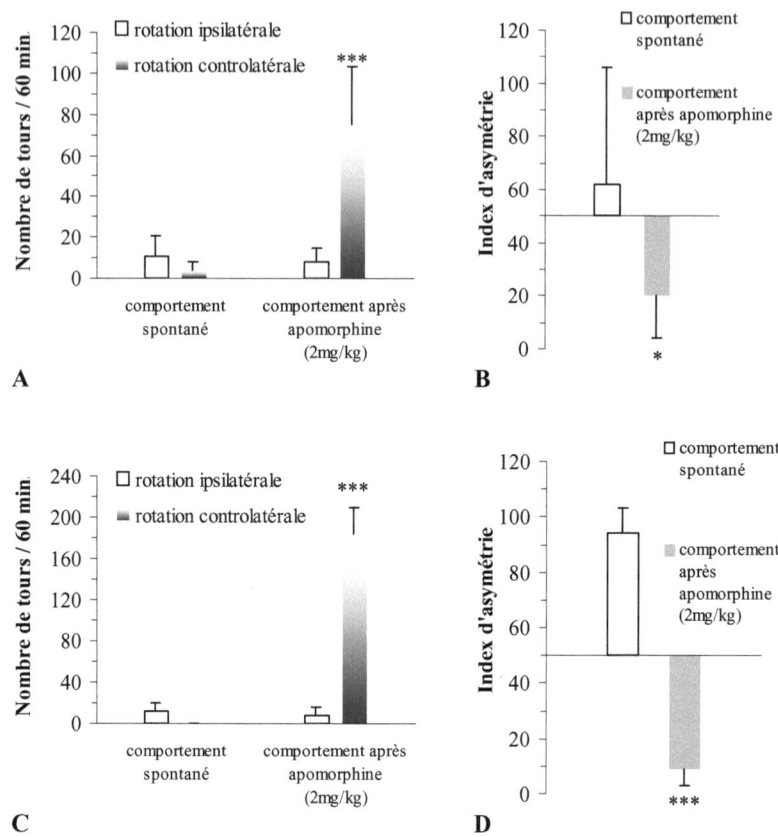

Figure 27 : *Comportement de rotation des animaux dont la voie nigro-striatale dopaminergique a été lésée par injection de la 6-OHDA dans le striatum (A et B : lésion modérée) et dans le faisceau nigro-strié (C et D : lésion sévère).*

A et C. Le comportement de rotation représente le nombre de tours réalisés pendant 60 minutes sous conditions basale (comportement spontané) et pendant 60 minutes après administration d'apomorphine (2mg/kg, i.v.).
*** p<0,001, rotation controlatérale vs rotation ipsilatérale (ANOVA suivie d'un test post-hoc si les différences sont significatives)

B et D. Le comportement de rotation spontané et le comportement après administration d'apomorphine (2mg/kg) sont exprimés comme un index d'asymétrie.
* p<0,05; *** p<0,001, comportement spontané vs comportement après apomorphine (2mg/kg).

I. 2. Spectroscopie ¹H *in vitro*, définition des paramètres les mieux adaptés

pour les études *in vivo*

Des solutions de glutamate (50 mM, dans NaCl, 9 %) et de glutamine (50 mM, dans NaCl, 9 %) dont le pH a été ajusté à 7,0, ont été utilisées afin de définir les paramètres les mieux adaptés à la détection de ces molécules à 7 teslas. Les spectres ont été acquis sur le spectromètre de la plate forme de Grenoble avec un aimant Magnex, équipé de gradients blindés (200 mT.m⁻¹) piloté par une console SMIS. Une bobine de surface ¹H en émission–réception a été utilisée et les spectres ont été obtenus dans un volume d'intérêt dont la taille était 10 × 10 × 10 mm. Une séquence PRESS, dont le temps d'écho (TE) varie de 40 ms à 300 ms a été utilisée. La figure 28 représente la modulation de l'amplitude de la résonance du glutamate en fonction du TE. Les spectres pour lesquels la résonance du glutamate était la plus importante sont ceux acquis avec un TE compris entre 100 et 140 ms. Un TE de 136 ms sera donc utilisé pour l'acquisition des spectres.

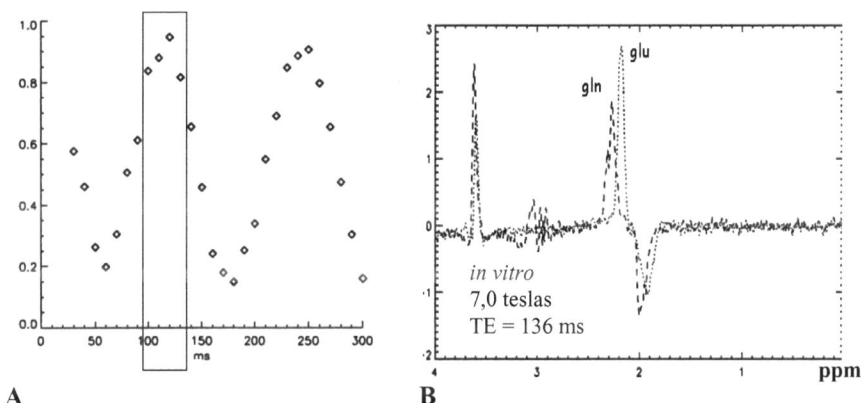

A   B

Figure 28 : *Définition des paramètres les mieux adaptés à la détection du glutamate (glu) et de la glutamine (gln) in vivo.*

A.   *Modulation de l'amplitude de la résonance du glutamate (pic à 2.35 ppm) en fonction du temps d'écho (TE) en ms (séquence PRESS) à 7T.*
B.   *Superposition des spectres acquis sur une solution de glutamate (glu) (pointillés étroits) et une solution de glutamine (gln) (pointillés plus larges) à 7T avec un TE = 136ms.*

I. 3. Spectroscopie ^{1}H *in vivo*

Les animaux ont été anesthésiés par un mélange isoflurane (2,0 %) dans 0,8 l/min d'oxygène. Ils étaient ensuite placés sur un support, la tête étant maintenue au moyen d'un casque stéréotaxique. La température des animaux était maintenue à 38°C par de l'eau chaude circulant dans le support.

Après acquisition des images de repérage par écho de spins (TR = 2500 ms ; TE = 40 ms), deux voxels dont la taille était 4 × 4 × 4 mm ont été positionnés sur le striatum de l'hémisphère cérébrale lésée et sur celui de l'hémisphère controlatérale. Les spectres étaient acquis avec une séquence PRESS, dont les paramètres étaient : TR = 3000 ms ; TE = 136 ms ; et un nombre de scans de 256. La durée de l'acquisition était 13 minutes.

I. 4. Analyses statistiques

I. 4. 1. Test comportemental

Le nombre de tours réalisés dans chacune des deux directions lors de l'évaluation du comportement spontané était comparé au nombre de tours réalisés dans chacune des deux directions lors de l'évaluation du comportement après administration d'apomorphine par une analyse de variance (ANOVA) suivie d'un test post-hoc si les différences étaient significatives ($p<0,05$). Les index d'asymétrie obtenus pour le comportement spontané et pour le comportement après administration d'apomorphine étaient comparés de la même façon par une ANOVA.

I. 4. 2. Analyse des spectres

Les aires des pics de choline (Cho ; 3,21 ppm), du complexe glutamate / glutamine (glx ; 2,35 ppm), de la créatine totale comprenant la créatine et la phosphocréatine (tCr ; 3,00 ppm) et du N-acétyl-aspartate (NAA ; 2,03 ppm) ont été obtenues par intégration entre deux bornes fréquentielles encadrant les pics correspondant dans les spectres phasés.

Les aires du glx ipsilatéral sont rapportées sur les aires de la tCr également mesurées dans le volume d'intérêt ipsilatéral. Les aires du glx ipsilatéral sont aussi rapportées sur la tCr controlatérale, puis les aires du glx controlatéral sont rapportées sur les aires de la tCr controlatérale ainsi que de la tCr ipsilatéral. Des comparaisons de ces deux rapports ont été réalisées grâce à une analyse de variance (ANOVA) suivie d'un test post-hoc lorsque les différences étaient significatives.

II. Spectroscopie RMN localisée du proton – Edition du GABA

Le GABA est le principal neurotransmetteur inhibiteur du SNC. Des modifications de sa transmission sont observées au cours de maladies neurodégénératives.

Sa faible concentration dans le SNC couplée à la faible résolution spectrale de la SRM ^{1}H rend sa détection et quantification *in vivo* par SRM difficiles. Nous avons donc réalisé une détection sélective du GABA en utilisant une séquence « double quantum » modifiée, capable de s'affranchir des artéfacts de localisation. La séquence a été testée sur une solution contenant du GABA et de la phosphocréatine (PCr) et validée *in vitro* et *in vivo* chez le rat en mesurant l'effet du vigabatrin® (VGB), inhibiteur de l'enzyme GABA-transaminase, ainsi que *in vivo* chez le primate non-humain.

II. 1. Protocole général, spectroscopie RMN

Les spectres RMN ^{1}H *in vitro* haute résolution ont été acquis sur un spectromètre Bruker Avance 400 (9,4 T) avec une séquence RMN ^{1}H classique (largeur spectrale : 1780,63 Hz, TR = 6s, un nombre de scans de 512). Les signaux de précession libre que l'on appelle FID (Free Induction Decay) sont acquis avec une impulsion 90° dont la durée est 11,5 µs. Une multiplication exponentielle de 0,1 Hz était appliquée avant la transformation de Fourier.

Les tests sur solutions et les expérimentations *in vivo* ont été réalisées sur un spectromètre Bruker Biospec (4,7 T). Une sonde de type Helmotz réalisée au laboratoire (diamètre de l'antenne : 50 mm ; taille : 360 mm) a été utilisée pour les mesures sur solution et les acquisitions réalisées chez le rat. Une sonde Bruker de type « cage à oiseaux » (birdcage, diamètre : 230 mm ; taille : 70mm) était utilisée pour les mesures chez le primate.

Une impulsion sélective 90° et deux impulsions sélectives 180° de type Hermite ont été utilisées pour la localisation, sélectionnant successivement une tranche perpendiculaire aux axes z, x et y.

Les spectres *in vivo* ont été acquis dans un volume d'intérêt de 454 mm^3 (7,32 mm × 6,52 mm × 9,52 mm) placé dans la région centrale du cerveau de rat (figure 29A) et pour le cerveau du primate dans un volume de 376 mm^3 (3,21^3 mm) placé sur les ganglions de la base (figure 29B).

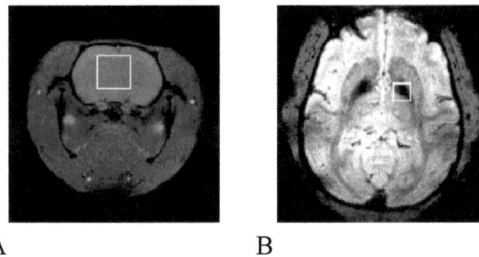

A   B

Figure 29 : *Localisation des volumes d'intérêt chez le rat (A) et chez le primate (B).*

Un volume d'intérêt de 454 mm^3 (7,32 mm × 6,52 mm × 9,52 mm) a été placé dans la région centrale du cerveau de rat. Pour le primate, un volume de 376 mm^3 (3,21^3 mm) a été placé sur les NGC.

Les spectres acquis au moyen d'une séquence PRESS conventionnelle ont été obtenus avec les paramètres suivants : une fenêtre spectrale : 5000 Hz, TR = 2 s, TE = 18,65 ms et un nombre de scans de 128. Les spectres « double quantum » ont été acquis grâce à la séquence représentée figure 29 dont les paramètres étaient : une fenêtre spectrale : 5000 Hz, TR = 2 s, TE = 68 ms et un nombre de scans de 1024.

II. 2. Séquence développée pour l'édition du GABA

La localisation a été réalisée en utilisant une impulsion sélective de type Hermite de 90° (impulsion d'excitation) et deux impulsions de 180° (impulsion de focalisation), correspondant respectivement aux directions x, z et y. Des gradients spoiler ont été appliqués pour les trois directions. La suppression du signal de l'eau a été réalisée par un module CHESS placé avant les impulsions de localisation en utilisant une impulsion gaussienne dont la durée était de 10 ms.

La détection du GABA a été réalisée au moyen d'une séquence basée sur la sélection des cohérences « double quanta » (DQ) et représentée figure 30. La cohérence DQ est convertie en une cohérence SQ par la troisième impulsion 90°, qui est une impulsion binomiale sélective dont la fréquence est celle de la résonance βCH_2 du GABA. Pour que la détection des cohérences QD soit efficace, il faut que les deux premières impulsions de 90° aient une phase identique. Lorsque le volume d'intérêt est placé en dehors du centre de l'image, l'impulsion de radio fréquence (RF) de sélection de tranche est appliquée avec une fréquence offset non nulle entraînant un déplacement du volume d'intérêt à l'origine d'une variation de l'intensité du signal du GABA. Lorsqu'une impulsion de sélection de tranche est appliquée avec un offset O_α, sa phase effective dans le champ F_{GABA} est déplacée de $\Psi_\alpha = 2\pi \, O_\alpha \, d_\alpha$ où d_α est l'intervalle de temps séparant le changement du canal A au canal B et le milieu de l'impulsion. Nous avons proposé une méthode afin de réaliser des mesures efficaces sans artéfact dû à la localisation spatiale. Entre les deux premières impulsions de 90°, la période (d_i) pendant laquelle une fréquence (O_i) est appliquée, doit être exactement identique avant et après l'impulsion RF sélective de 180°.

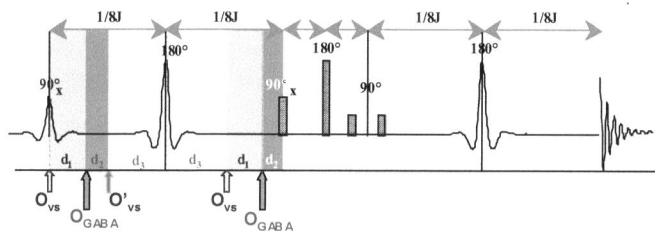

Figure 30 : *Séquence « double quanta » modifiée pour l'édition du GABA.*

Les cohérences DQ étaient excitées par les trois premiers pulses (90°, 180°, 90°) (rectangles hachurés). Les cohérences SQ excitées par la première impulsion 90° étaient sous l'influence des interactions de couplage J et étaient converties en une cohérence multiple quantum par la deuxième impulsion 90°. Cette cohérence MQ était alors convertie en une cohérence SQ observable par la troisième impulsion 90°.

Pour éliminer la modulation de phase, le temps pendant lequel une fréquence était appliquée devait être exactement identique avant et après l'impulsion 180° sélective RF.

d_i : délai pendant lequel les différents offsets étaient appliqués
O_{vs} et O'_{vs} étaient les offsets pour la sélection de volume et O_{GABA} était l'offset pour le β-CH$_2$ GABA.

II. 3. Protocoles expérimentaux

II. 3. 1. Tests sur solutions

Les tests sur solutions ont été réalisés pour valider l'efficacité de la séquence DQ en plusieurs emplacements. Un récipient sphérique de 4 cm de diamètre contenant une solution de GABA (100 mM dans NaCl 9 %) et de phosphocréatine (PCr ; 125 mM dans NaCl 9 %) a été utilisé. Les spectres ont été acquis avec une séquence PRESS et la séquence DQ modifiée dans un volume d'intérêt de 229 mm^3 placé à deux endroits différents.

II. 3. 2. Préparation des animaux et extraction perchlorique des métabolites cérébraux

Toutes les procédures ont été menées en accord avec les recommandations de l'union européenne pour le bien-être et l'utilisation des animaux de laboratoire. Des rats mâles Wistar (180-220 g) nourris *ad libitum* (n = 7) ont été utilisés et séparés en deux groupes. Dans le groupe contrôle (n = 3), les rats avaient accès à de l'eau du robinet. Les animaux de l'autre groupe (groupe rats VGB ; n = 4) avaient accès pendant trois semaines à de l'eau contenant du Vigabatrin (Sabril®, Hoechst Marion Roussel, France). A la fin de cette période, les animaux du groupe VGB avaient bu en moyenne 500 mg/kg de VGB.

Les animaux ont été anesthésiés par un mélange isoflurane (2,0 %) dans 0,8 l/min d'oxygène. Ils étaient ensuite placés sur un support et introduit dans l'aimant. La température des animaux était maintenue à 38°C grâce à une couverture contenant de l'eau chaude circulant. A la fin de la spectrométrie RMN *in vivo*, le cerveau des animaux était rapidement prélevé (< 1 min), brièvement rincé dans du sérum physiologique et plongé dans le l'azote liquide. Les échantillons étaient stockés à –80°C en vue d'une extraction perchlorique des métabolites cérébraux.

Les tissus cérébraux ont été broyés dans de l'acide perchlorique 4 % à l'aide d'un broyeur aux ultrasons. Après centrifugation à 4°C (9600 rotations par minute (rpm) ; 15 minutes), le surnageant a été prélevé, puis neutralisé avec du K_2CO_3 (3,5 M). Une nouvelle centrifugation (4°C, 9600 rpm, 10 min) a été réalisée pour éliminer l'excédent de KCl. Le surnageant a ensuite été divisé en deux parties, une première partie stockée à –20°C pour les analyses en chromatographie, la deuxième partie a été lyophilisée. Le lyophilisât a été repris dans 300 µl d'eau deutérée (D_2O), le pH ajusté à 7,4 puis stocké à –20°C pour la SRM ^{1}H.

L'étude sur le primate non-humain a été menée sur un macaque Rhésus (*macaca mulatta*) femelle âgée de 12 ans dont le poids était 5 kg. Cet animal est hébergé individuellement dans une cage pour primate standard avec un accès libre à la nourriture et à la boisson. Après une injection sédative de 15 mg/kg (i.m.) of tiletamine-zolazepam (Zoletil®, France), le singe a été anesthésié par inhalation avec un mélange sevoflurane (Ultane, Abbott) 8% et oxygène pendant quelques secondes. Une intubation orale a ensuite été réalisée avec un tube de trachéotomie n°4. Le tube était connecté à un ventilateur Monnal CFPO. Un contrôle de la ventilation (Vt 70 mL, Rr 20 / min) a été mis en place pendant toute la durée de l'expérimentation de façon à maintenir le CO_2 expiré à 35 ± 2 mmHg (Capnomac Datex). L'anesthésie était maintenue avec du sevoflurane (2%), une couverture chauffante prévenant l'hypothermie de l'animal. Le singe a été placé dans l'aimant et sa tête maintenue à l'intérieur de la sonde par un système de contention non-magnétique pour minimiser les mouvements pendant les acquisitions RMN. Le VGB (500 mg/kg) était administré par voie veineuse avant l'acquisition du spectre édité.

II. 3. 3. Chromatographie sur colonne échangeuse d'ions

Les concentrations en acides aminés libres ont été mesurées par chromatographie sur colonne échangeuse d'ions avec une révélation post-colonne au ninhydrin au moyen d'un analyseur automatique d'acide aminé (Model 6300, Beckman Instruments, Palo Alto, USA). Une solution de référence de 250 µmol/L contenant les acides aminés physiologiques (Sigma-Aldrich) a été préparée, solution à laquelle de la glutamine a été rajoutée à la même concentration. Avant l'analyse, la solution de référence et les échantillons ont été dilués (1:5 par volume) dans un tampon de citrate de lithium (pH 2,2) contenant 250 µmol/L d'acide D-glucosaminique et de S2 amino-éthylcystéine (Sigma-Aldrich) comme références internes.

II. 3. 4. Quantification du GABA

Pour quantifier les niveaux de GABA *in vivo*, le pool de créatine totale (tCr) (créatine + phosphocréatine) a été considéré comme constant et non dépendant de l'administration de VGB.

Le signal à 3,0 ppm est la contribution du γCH_2 du GABA mais aussi des macromolécules et de petits métabolites tels que l'homocarnosine ou la glutathione. Leur contribution respective a été estimée entre 10 et 30 % du signal assigné au GABA (Rothman et al, 1993 ; Rothman et al, 1997 ; Shen et al, 2002). Nous avons choisi d'utiliser la même notation (GABA$_+$) précédemment utilisée par Mc Lean et coll (McLean et al, 2002) pour définir la contamination du GABA par ces composés.

Selon ces auteurs (McLean et al, 2002), le rapport $[GABA_+]/[tCr]$ était donné par la relation :

$$[GABA_+]/[tCr]=(AIRE_{GABA})/(AIRE_{tCr})\times 3/2\times 1/Yield\ (1)$$

Le rapport 3/2 correspond au nombre de protons qui contribuent à chaque résonance (3 pour la tCr et 2 pour le GABA). Le rapport 1/Yield est un facteur qui corrige l'aire du pic en tenant compte des différences de conditions pour les mesures du GABA et de la tCr, à savoir la séquence DQ, la séquence PRESS et les TE différents.

Les pics des spectres obtenus in vivo ont été intégrés à l'aide du logiciel NMR1 (Tripos Inc), qui consiste en une déconvolution des pics (« curve fitting ») correspondant aux différents métabolites. Pour la tCr, l'ajustement a été réalisé à partir des spectres PRESS sans édition et pour le GABA, à partir des spectres DQ. La même intégration a été réalisée pour déterminer l'aire des pics de GABA et de tCr sur les spectres obtenus in vitro. Les rapports GABA/tCr obtenus in vitro sont moyennés pour le groupe contrôle et pour les rats VGB et exprimés comme une moyenne ± SEM.

Pour les analyses en chromatographie, les concentrations de GABA ont été exprimées en µmol/g de cerveau et exprimées comme une moyenne ± SEM. Le coefficient de variation a été calculé comme étant la différence entre la valeur basale et la valeur après traitement au VGB divisée par la valeur basale.

Les taux relatifs de GABA évalués par SRM ^{1}H in vivo ont été exprimés en fonction des résultats obtenus en SRM ^{1}H in vitro et en fonction des données biochimiques. Le coefficient de linéarité r a été calculé.

Les comparaisons entre les groupes des valeurs de GABA obtenus par SRM ^{1}H in vitro haute résolution et par chromatographie ont été comparés par un test de Student (test t).

III. Spectroscopie in vivo RMN du carbone ^{13}C

Dans la MPI, l'existence d'une augmentation de l'activité glutamatergique dans le striatum a été montrée ex vivo par des études anatomiques et in vivo en microdialyse. Cependant, les mécanismes responsables des changements de neurotransmission glutamatergique sont mal compris. Il serait également intéressant d'avoir un aspect dynamique de l'évolution du glutamate in vivo. La SRM ^{13}C qui permet d'acquérir des informations métaboliques semble parfaitement appropriée.

III.1. Modèle expérimental de la MPI

III. 1. 1. Animaux

Vingt-deux rats mâles Sprague Dawley (IFFA-CREDO, l'Arbresle, France), âgés de 7 semaines et pesant entre 220 et 240 g au début des expérimentations, étaient hébergés sous conditions environnementales contrôlées (température : 22°C ; cycle lumière-obscurité de 12h) et avaient un accès libre à la nourriture et à l'eau. Toutes les procédures ont été menées en accord avec les recommandations de l'union européenne pour le bien-être et l'utilisation des animaux de laboratoire.

III. 1. 2. Injection stéréotaxique de 6-OHDA

Les injections stéréotaxiques de 6-OHDA ont été réalisées comme précédemment décrit dans le faisceau nigro-striatal.

III. 1. 3. Test comportemental

Deux semaines après l'injection stéréotaxique de 6-OHDA, l'efficacité de la lésion était évaluée comme précédemment décrit par l'étude du comportement de rotation après administration i.p. d'apomorphine 2 mg/kg.

Sur les vingt animaux opérés, 16 réalisaient plus de dix tours par minutes dans le sens controlatéral au site d'injection de la 6-OHDA en réponse à l'apomorphine (figure 31A ; F = 70,4 ; p<0,001 ; après comparaison du nombre de tours dans le sens du site d'injection et dans le sens controlatéral par une analyse de variance suivie d'un test post-hoc). Lorsque le résultat était exprimé comme un index d'asymétrie, les animaux pour lesquels l'opération a été un succès, réalisaient significativement plus de tours dans le sens controlatéral après apomorphine que sous conditions basales (figure 31B ; F = 181,3 ; p<0,001 ; après comparaison de l'index d'asymétrie sous conditions basales et après administration d'apomorphine par une ANOVA suivie d'un test post-hoc).

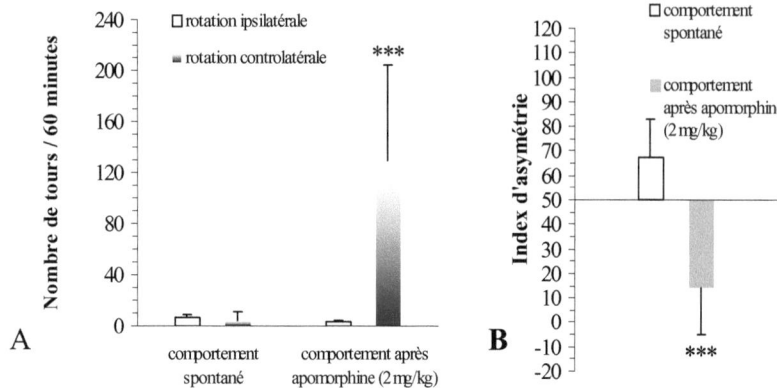

Figure 31: *Comportement de rotation des animaux dont la voie nigro-striatale dopaminergique a été lésée par injection de la 6-OHDA dans le faisceau nigro-strié.*

A. *Le comportement de rotation représente le nombre de tours réalisés pendant 60 minutes sous conditions basale (comportement spontané) et pendant 60 minutes après administration d'apomorphine (2mg/kg, i.p.).*
*** p<0,001, rotation controlatérale vs rotation ipsilatérale (ANOVA suivie d'un test post-hoc si les différences sont significatives)

B. *Le comportement de rotation spontané et le comportement après administration d'apomorphine (2mg/kg) sont exprimés comme un index d'asymétrie.*
*** p<0,001, comportement spontané vs comportement après apomorphine (2 mg/kg) (ANOVA suivie d'un test post-hoc si les différences sont significatives)

III.2. Préparation des animaux

Quatre groupes d'animaux ont été étudiés : un premier groupe d'animaux contrôles qui a reçu une administration aiguë par voie intraveineuse (i.v.) de sérum physiologique (NaCl 0,9 % ; pH = 7,4 ; 1 ml) (n = 6), un deuxième groupe d'animaux contrôles qui a reçu un traitement antiparkinsonien aigu (lévodopa, Sigma ; 50 mg/kg ; 1 ml i.v.) (n = 6), un groupe de rats parkinsoniens qui a reçu une administration aiguë de sérum physiologique (NaCl 0,9 % ; pH = 7,4 ; 1 ml i.v.) (n = 5), et un groupe de rats parkinsoniens qui a reçu de la lévodopa administrée de façon aiguë (50 mg/kg ; 1 ml i.v.) (n = 5). Les animaux ont été anesthésiés à l'isoflurane (1,9 %) mélangé à 0,8 L/min d'oxygène. La température des animaux était maintenue à ≈ 38°C grâce à un système d'eau chaude circulant. La veine jugulaire droite a été disséquée et canulée avec un cathéter en polyéthylène pour l'administration de l'acétate de sodium [2-^{13}C] (enrichi à 99,9 %, CortecNet, Paris, France) dont la concentration était 3,16 M dans du NaCl 0,9 % et le pH ajusté à 7,4. Immédiatement après l'installation du cathéter, les animaux étaient placés sur un support en plexiglas et la bobine de surface mise en contact avec la tête des animaux. Le support était alors introduit au centre du champ magnétique. Les animaux ont d'abord subit une perfusion de NaCl 0,9 % (0,5 ml) pour permettre l'acquisition d'un spectre NRM basal. La perfusion d'acétate de sodium [2-^{13}C] a alors débutée par un bolus (110 µmol/100 g/min pendant 8 minutes), suivie par une perfusion à débit constant (10 µmol/100 g/min) jusqu'à la fin de l'expérimentation, soit pendant 112 minutes. Les spectres RMN ont été acquis continuellement pendant la perfusion d'acétate.

III.3. Spectroscopie RMN ^{13}C *in vivo*

Les spectres *in vivo* ont été acquis à 4,7 tesla sur un spectromètre horizontal (Bruker, Biospec 17/40) à l'aide d'une bobine de surface en émission/réception ^{1}H/^{13}C de 30 mm de diamètre réalisée au laboratoire. Les spectres ont été acquis dans l'hémisphère cérébral lésé en utilisant une sélection de volume mettant en jeu six bandes de saturation (OVS, outer volume suppression). Quatre bandes de saturation de 18,7 mm de largeur, ont été placées graphiquement en suivant les limites de l'hémisphère cérébral lésé comme montré sur la figure 32A. Deux bandes OVS supplémentaires (18,7 mm de large) ont été placée en suivant les limites du cerveau dans le plan axial des image de repérage (figure 32B). Une limite à ce travail était le fait que le volume d'acquisition des spectres RMN défini par les six bandes de saturation recouvre plusieurs régions de l'hémisphère cérébrale sélectionnée, incluant une partie de la substance blanche, le cortex, l'hippocampe et le striatum. Cependant, comme montré sur les images de repérage, le striatum représente approximativement 70 % du volume d'intérêt RMN défini avec les six bandes OVS. Nous pouvons ainsi émettre l'hypothèse que le glutamate mesuré dans cette étude correspond majoritairement au glutamate du striatum.

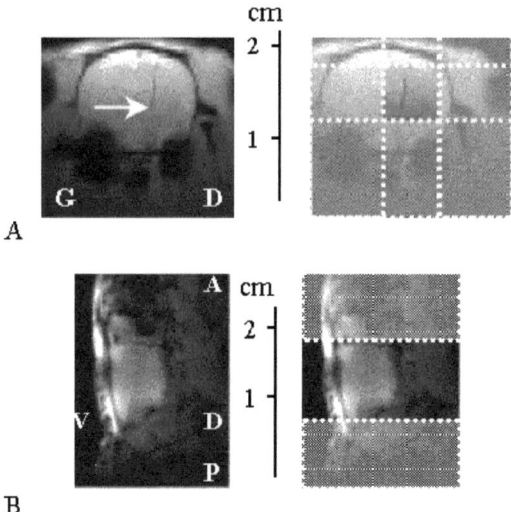

Figure 32 : *Emplacement des bandes de saturation OVS sur les images de repérage.*

A. La flèche indique le site d'injection de la 6-OHDA.
Quatre bandes de saturation OVS ont été placées sur les images de repérage coronales en suivant les limites de l'hémisphère cérébrale lésée.
Axe GD : gauche - droite.
B. Deux bandes de saturation ont également été placées sur les images de repérage axiales en suivant les limites du cerveau.
Axe AP : antéro - postérieur : Axe DV : dorso – ventral.

Même si le diamètre de la bobine de surface utilisée (30 mm) nous laisse penser qu'un fort pourcentage du signal reçu provient du striatum, afin d'être sur que la sensibilité de détection du glutamate était homogène dans la totalité du volume d'intérêt défini, quelque soit la distance par rapport à la bobine de surface, nous avons réalisé une cartographie du champ B1 pour apprécier l'homogénéité du signal dans la totalité du volume d'intérêt défini par les bandes de saturation (conditions d'acquisitions des images : fenêtre spectrale : 12500 HZ, TR = 5000 ms, TE = 18,65 ms). Les valeurs de l'angle de basculement ^{13}C de 90° ont diminué approximativement de 20 % dans les parties les plus profondes du volume RMN d'intérêt recouvrant les ganglions de la base (figure 33). Nous pouvons donc penser que la détection du glutamate réalisée dans cette étude était homogène quelque soit la distance du cortex aux parties les plus éloignées du striatum.

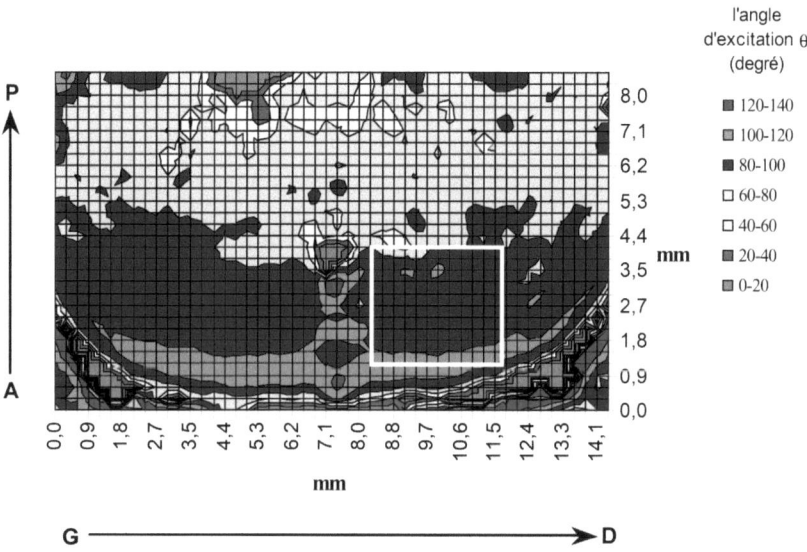

Figure 33 : *Représentation dans le cerveau de la distribution spatiale de l'angle θ*

La distribution spatiale de l'angle d'excitation θ, qui est proportionnelle au champs B1, a été réalisée à partir d'images de localisation spin-écho (conditions pour l'acquisition des images : fenêtre spectrale : 12500 Hz, TR = 5000 ms, TE = 18.65 ms, FOV = 377 mm, matrice : 128 × 64). La figure schématise la distribution spatiale de l'angle θ sur une coupe coronale passant par les NGC. Les flèches indiquent l'orientation antéro - postérieure (A-P) et l'orientation gauche – droite (GD). Le rectangle blanc représente le volume d'intérêt dans lequel les spectres RMN sont acquis.

Les spectres ont été enregistrés avec un TR = 2000 ms, une fenêtre spectrale de 12500 Hz, une taille mémoire de 4 K et 512 scans. La séquence était une séquence d'acquisition ^{13}C avec découplage ^{1}H pendant l'acquisition (waltz-16), dont la durée était de 17 minutes. Un spectre était enregistré sous conditions basales (spectre basal), et six spectres sont acquis pendant la perfusion d'acétate de sodium [2-^{13}C]. Le FID était multiplié par 20 Hz avant une transformée de Fourier. Les déplacements chimiques étaient exprimés en ppm relativement à la résonance du $(CH_2)_n$ des acides gras centrée à 30,3 ppm.

III.4. Spectroscopie RMN ^{13}C *in vitro*

A la fin de la spectrométrie RMN effectuée *in vivo*, le cerveau de chaque animaux était rapidement prélevé, en moins de 1 minute, brièvement rincé dans du sérum physiologique et plongé dans le l'azote liquide. Les échantillons étaient stockés à $-80°C$ en vue d'une extraction perchlorique des métabolites cérébraux.

Comme précédemment décrit, les tissus cérébraux ont été broyés dans de l'acide perchlorique 4 %. Après centrifugation à 4°C (9600 rotations par minute (rpm) ; 15 minutes), le surnageant a été prélevé, puis neutralisé avec du K_2CO_3 (3,5 M). Une nouvelle centrifugation (4°C, 9600 rpm, 10 min) a été réalisée pour éliminer l'excédent de KCl. Le surnageant a ensuite été lyophilisée. Le lyophilisât a été repris dans 300 µl d'eau deutérée (D_2O), le pH ajusté à 7,4 puis stocké à $-20°C$ pour la SRM ^{13}C *in vitro* haute résolution.

Les spectres RMN ^{13}C *in vitro* haute résolution ont été acquis sur un spectromètre Bruker Avance 400 (9,4 T) avec une séquence RMN ^{13}C (largeur spectrale : 20000 Hz, TR = 10s, un nombre de scans de 3072). Un découplage proton est effectué pendant l'acquisition du signal ^{13}C (Waltz 16, impulsion de découplage composite). Les signaux de précession libre que l'on appelle FID (Free Induction Decay) sont acquis avec une impulsion 90° dont la durée est 6 µs. Une multiplication exponentielle de 1 Hz était appliquée avant la transformation de Fourier.

III.5. Analyses statistiques

III. 5. 1. Test comportemental

Le nombre de tours réalisés dans chacune des deux directions lors de l'évaluation du comportement spontané était comparé au nombre de tours réalisés dans chacune des deux directions lors de l'évaluation du comportement après administration d'apomorphine par une analyse de variance (ANOVA) suivie d'un test post-hoc si les différences étaient significatives ($p < 0,05$). Les index d'asymétrie obtenus pour le comportement spontané et pour le comportement après administration d'apomorphine étaient comparés de la même façon par une ANOVA.

III. 5. 2. Analyse des spectres

III. 5. 2. 1. Intégration des pics obtenus in vivo

L'aire des pics a été mesurée grâce au logiciel d'analyse de spectres PeakFit® qui consiste en une déconvolution des pics. La forme des raies était définie par la somme d'une Gaussienne et d'une Lorentzienne. L'aire les pics de chaque métabolite était exprimé en pourcentage du pic des lipides. Les proportions relatives des métabolites pendant toute la durée de la perfusion ont été comparées entre le groupe des rats parkinsoniens et celui des animaux contrôles sous conditions stables et après administration de lévodopa au moyen d'une analyse de variance (ANOVA) pour mesures répétées, suivie d'un test post-hoc si les différences étaient significatives (p<0,05).

III. 5. 2. 2. Intégration des pics obtenus in vitro sur les spectres haute résolution

L'aire des multiplets pour les résonances du glutamate, de la glutamine et du GABA C2, C3 et C4 sur les spectres ^{13}C obtenus *in vitro* a été mesurée grâce au logiciel d'analyse de spectres PeakFit®. La forme des raies était définie par une Lorentzienne. L'aire les pics de chaque métabolite a été normalisée par rapport au pic de la créatine totale. Les proportions relatives des métabolites ont été comparées entre le groupe des rats parkinsoniens et celui des animaux contrôles sous conditions stables et après administration de lévodopa au moyen d'une analyse de variance (ANOVA), suivie d'un test post-hoc si les différences étaient significatives (p<0,05).

Résultats

Résultats

I. *Spectroscopie RMN localisée du proton*

I. 1. Validation *in vitro* des conditions expérimentales

Les mesures *in vitro* effectuées sur la solution glutamate / glutamine en fonction du temps d'écho, montrent une modulation d'amplitude du signal du glutamate passant par un maximum autour de 136 ms. Ceci a conduit à l'établissement du protocole d'acquisition *in vivo* avec un TE = 136 ms.

I. 2. Application *in vivo*

Les spectres présentaient un rapport signal-sur-bruit pour le NAA mesuré dans le volume d'intérêt placé du côté controlatéral à la lésion de la voie dopaminergique chez le rat de 58,6 ± 7,3 (n = 15). La reproductibilité a également été évaluée, à partir du rapport NAA / Cho du volume d'intérêt controlatéral, valant 0,89 ± 0,09 (n = 15).

Le réglage de l'homogénéité du champ à l'intérieur du volume d'intérêt a permis d'obtenir une largeur de raie à mi-hauteur de 15 Hz environ.

La figure 34 montre un exemple de spectre proton obtenu *in vivo* dans un volume d'intérêt placé sur les ganglions de la base du côté de la lésion et sur les ganglions de la base du côté controlatéral au site d'injection de la 6-OHDA pour un animal du groupe contrôle (figure 34A), un animal du groupe d'animaux ayant une lésion modérée du la voie dopaminergique nigro-striatale (figure 34B) et un animal du groupe d'animaux ayant une lésion sévère (figure 34C). Les résonances de la choline, de la créatine, du complexe glutamate / glutamine (Glx) et du NAA ont été mises en évidence sur les spectres avec un déplacement chimique respectif de 3,21 ppm, 3,00 ppm, 2,35 ppm et 2,03 ppm.

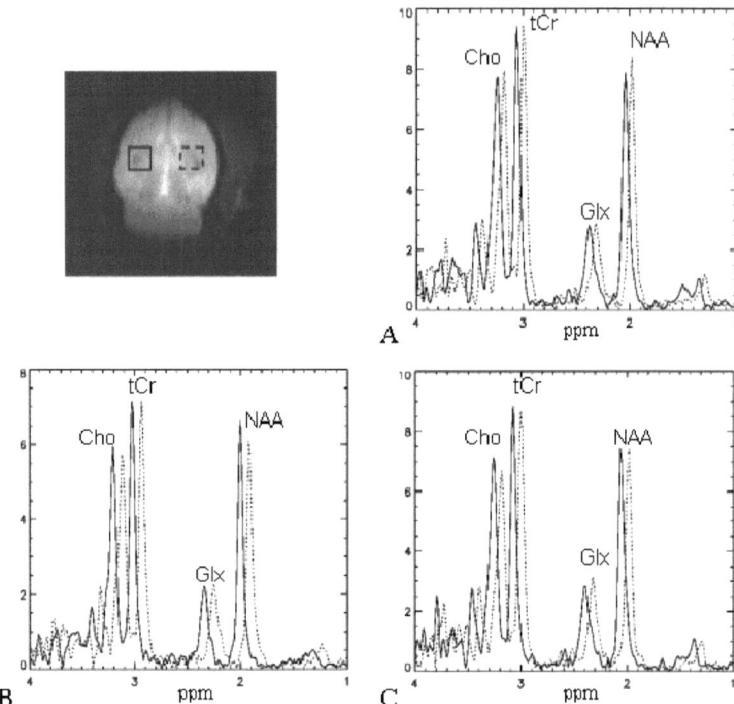

Figure 34 : *Superposition de spectres acquis dans le volume d'intérêt placé sur le site de lésion (en pointillé et décalé) et sur le striatum controlatéral (trait continu).*

Une image transversale de repérage a été acquise par écho de spins (TR = 2500 ms, TE = 40 ms). Un volume d'intérêt (4 × 4 × 4 mm) est placé sur le striatum du côté de la lésion (en pointillé), un deuxième volume d'intérêt est ensuite placé sur le striatum controlatéral (trait continu).

    A. *Superposition des spectres acquis dans le volume d'intérêt ipsilatéral (en pointillé et décalé) et dans le volume d'intérêt controlatéral (trait continu) chez un rat du groupe contrôle.*

    B. *Superposition des spectres acquis dans le volume d'intérêt ipsilatéral (en pointillé et décalé) et dans le volume d'intérêt controlatéral (trait continu) chez un rat du groupe d'animaux ayant une lésion modérée de la voie dopaminergique nigro-striatale.*

    C. *Superposition des spectres acquis dans le volume d'intérêt ipsilatéral (en pointillé et décalé) et dans le volume d'intérêt controlatéral (trait continu) chez un rat du groupe d'animaux ayant une lésion sévère de la voie dopaminergique nigro-striatale.*

Cho : choline, tCr : créatine totale, Glx : complexe glutamate / glutamine, NAA : N-acétyl-aspartate

Les rapports des métabolites d'intérêt Glx sur la créatine totale (tCr) sont résumés dans le tableau 3. Le rapport Glx ipsilatéral / tCr ipsilatéral donne, pour le groupe contrôle : 0,450 ± 0,077 ; pour le groupe d'animaux ayant une lésion modérée : 0,462 ± 0,041 et pour le groupe de rats ayant une lésion sévère : 0,474 ± 0,020. Respectivement, on obtient pour le rapport Glx ipsilatéral / tCr controlatéral : 0,437 ± 0,088 ; 0,486 ± 0,068 et 0,471 ± 0.029. En ce qui concerne le rapport Glx controlatéral / tCr controlatéral, les valeurs obtenues sont les suivantes : 0,516 ± 0,091 ; 0,471 ± 0,034 et 0,496 ± 0.024 et pour le rapport Glx controlatéral / tCr ipsilatéral, elles sont : 0,534 ± 0,096 ; 0,453 ± 0,064 et 0,499 ± 0.035.

	$Glx_{ipsilatéral}$ / $tCr_{ipsilatérale}$	$Glx_{ipsilatéral}$ / $tCr_{contolatérale}$
Rats contrôles (n = 5)	0,450 ± 0,077	0,437 ± 0,088
Rats ayant une lésion modérée (n = 5)	0,462 ± 0,041	0,486 ± 0,068
Rats ayant une lésion sévère (n = 5)	0,474 ± 0,020	0,471 ± 0,029
	$Glx_{contolatéral}$ / $tCr_{contolatérale}$	$Glx_{contolatéral}$ / $tCr_{ipsilatérale}$
Rats contrôles (n = 5)	0,516 ± 0,091	0,534 ± 0,096
Rats ayant une lésion modérée (n = 5)	0,471 ± 0,034	0,453 ± 0,064
Rats ayant une lésion sévère (n = 5)	0,496 ± 0,024	0,499 ± 0,035

Tableau 3 : *Rapports des métabolites d'intérêt Glx sur la créatine totale (tCr)*.

Dans chacun des trois groupes, les valeurs représentent les moyennes ± SEM pour 5 animaux.
L'aire du complexe glx mesurée dans le volume d'intérêt placé du côté du site d'injection de la 6-OHDA (ipsilatéral) est rapportée à l'aire de la tCr mesurée dans le volume d'intérêt ipsilatéral et à l'aire de la tCr mesurée dans le volume d'intérêt placé du côté opposé.
L'aire du complexe glx mesurée dans le volume d'intérêt placé du côté opposé au site d'injection de la 6-OHDA (controlatéral) est rapportée à l'aire de la tCr mesurée dans le volume d'intérêt controlatéral et à l'aire de la tCr mesurée dans le volume d'intérêt placé du côté de la lésion (ipsilatéral).

Aucune différence statistiquement significative n'a pu être mise en évidence dans cette étude préliminaire, entre volumes d'intérêt placés dans la région lésée et ceux placés dans la région non lésée. De même, aucune différence significative n'a pu être déterminée entre les groupes d'animaux (figure 35 et figure 36).

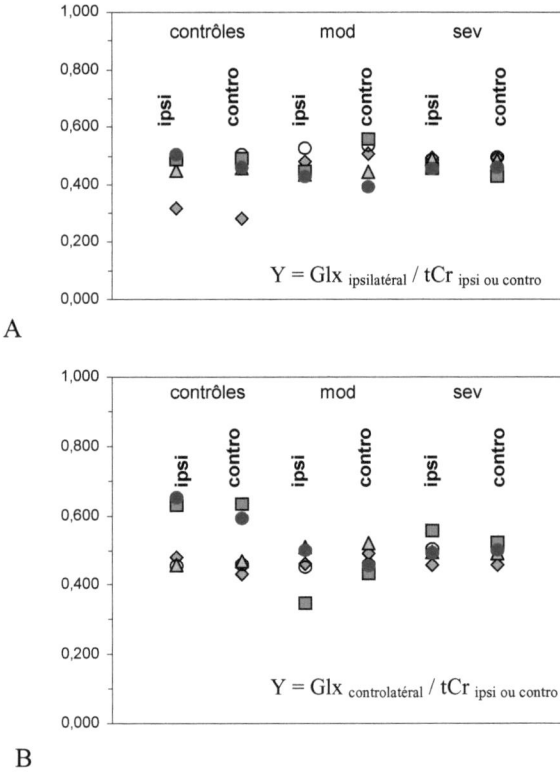

Figure 35 : *Représentation graphique pour chaque animal des rapports Glx / tCr selon l'emplacement des volumes d'intérêt*.

    A. *Rapport de l'aire du pic Glx mesuré dans le volume d'intérêt placé sur la lésion sur l'aire du pic de la créatine totale (tCr) dans le même volume (ipsi) ou dans le volume d'intérêt placé à l'opposé de la lésion (contro).*

    B. *Rapport de l'aire du pic Glx mesuré dans le volume d'intérêt placé à l'opposé de la lésion sur l'aire du pic de la créatine totale (tCr) dans le même volume (contro) ou dans le volume d'intérêt placé sur la lésion (ipsi).*

mod : animaux ayant une lésion modérée, sev : animaux ayant une lésion sévère.

(Glx ipsi/tCr ipsi)/(Glx contro/tCr ipsi)

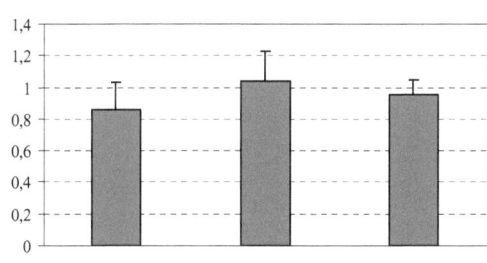

Figure 36 : *Comparaison pour chacun des trois groupes des valeurs de Glx obtenues dans le volume d'intérêt placé sur le site d'injection de la 6-OHDA (Glx $_{ipsi}$) avec celles obtenues dans le volume opposé (Glx $_{contro}$).*

De même, les rapports des métabolites d'intérêt choline (Cho) et NAA sur la créatine totale (tCr) sont résumés dans le tableau 4. Le rapport Cho ipsilatéral / tCr ipsilatéral donne, pour le groupe contrôle : $1,035 \pm 0,024$; pour le groupe d'animaux ayant une lésion modérée : $1,048 \pm 0,075$ et pour le groupe de rats ayant une lésion sévère : $1,063 \pm 0,074$. Respectivement, on obtient pour le rapport Cho ipsilatéral / tCr controlatéral $1,001 \pm 0,067$; $1,106 \pm 0,186$ et $1,058 \pm 0,098$. En ce qui concerne le rapport Cho controlatéral / tCr controlatéral, les valeurs obtenues sont les suivantes : $1,069 \pm 0,072$; $1,038 \pm 0,032$ et $1,068 \pm 0,109$ et pour le rapport Cho controlatéral / tCr ipsilatéral, elles sont : $1,108 \pm 0,073$; $0,999 \pm 0,129$ et $1,074 \pm 0,099$.

Pour le rapport NAA ipsilatéral / tCr ipsilatéral, les valeurs sont : pour le groupe contrôle : $1,002 \pm 0,076$; pour le groupe d'animaux ayant une lésion modérée : $0,951 \pm 0,059$ et pour le groupe de rats ayant une lésion sévère : $0,942 \pm 0,065$. Respectivement, on obtient pour le rapport NAA ipsilatéral / tCr controlatéral $0,966 \pm 0,054$; $1,000 \pm 0,138$ et $0,936 \pm 0,055$. En ce qui concerne le rapport NAA controlatéral / tCr controlatéral, les valeurs obtenues sont les suivantes : $0,944 \pm 0,065$; $0,932 \pm 0,040$ et $0,925 \pm 0,041$ et pour le rapport NAA controlatéral / tCr ipsilatéral, elles sont : $0,980 \pm 0,108$; $0,894 \pm 0,079$ et $0,931 \pm 0,031$.

	Cho$_{ipsilatéral}$ / tCr$_{ipsilatérale}$	Cho$_{ipsilatéral}$ / tCr$_{contolatérale}$
Rats contrôles (n = 5)	1,035 ± 0,024	1,001 ± 0,067
Rats ayant une lésion modérée (n = 5)	1,048 ± 0,075	1,106 ± 0,186
Rats ayant une lésion sévère (n = 5)	1,063 ± 0,074	1,058 ± 0,098
	Cho$_{contolatéral}$ / tCr$_{controlatérale}$	Cho$_{contolatéral}$ / tCr$_{ipsilatérale}$
Rats contrôles (n = 5)	1,069 ± 0,072	1,108 ± 0,073
Rats ayant une lésion modérée (n = 5)	1,038 ± 0,032	0,999 ± 0,129
Rats ayant une lésion sévère (n = 5)	1,068 ± 0,109	1,074 ± 0,099
	NAA$_{ipsilatéral}$ / tCr$_{ipsilatérale}$	NAA$_{ipsilatéral}$ / tCr$_{contolatérale}$
Rats contrôles (n = 5)	1,002 ± 0,076	0,966 ± 0,054
Rats ayant une lésion modérée (n = 5)	0,951 ± 0,059	1,000 ± 0,138
Rats ayant une lésion sévère (n = 5)	0,942 ± 0,065	0,936 ± 0,055
	NAA$_{contolatéral}$ / tCr$_{controlatérale}$	NAA$_{controlatéral}$ / tCr$_{ipsilatérale}$
Rats contrôles (n = 5)	0,944 ± 0,065	0,980 ± 0,108
Rats ayant une lésion modérée (n = 5)	0,932 ± 0,040	0,894 ± 0,079
Rats ayant une lésion sévère (n = 5)	0,925 ± 0,041	0,931 ± 0,031

Tableau 4 : *Rapports des métabolites d'intérêt Choline et NAA sur la créatine totale (tCr).*

Dans chacun des trois groupes, les valeurs représentent les moyennes ± SEM pour 5 animaux.

Les aires des résonances de la choline (Cho) et celle du NAA mesurées dans le volume d'intérêt placé du côté du site d'injection de la 6-OHDA (ipislatéral) sont rapportées à l'aire de la tCr mesurée dans le volume d'intérêt ipsilatéral et à l'aire de la tCr mesurée dans le volume d'intérêt placé du côté opposé.

Les aires des résonances de la choline (Cho) et celle du NAA mesurées dans le volume d'intérêt placé du côté opposé au site d'injection de la 6-OHDA (controlatéral) est rapportée à l'aire de la tCr mesurée dans le volume d'intérêt controlatéral et à l'aire de la tCr mesurée dans le volume d'intérêt placé du côté de la lésion (ipsilatéral).

II. Spectroscopie RMN localisée du ^{1}H / Edition du GABA

II. 1. Validation *in vitro* de la séquence d'édition DQ modifiée

La séquence d'édition du GABA par sélection des cohérences DQ modifiée a été testée sur une solution de GABA (100 mM) et de phosphocréatine (125 mM). Les volumes d'intérêt ont été placés en deux endroits différents hors du centre de l'image de repérage (figure 37). Il n'y a pas de variation statistiquement significative pour l'intensité des signaux de GABA édités en fonction de l'emplacement du volume d'intérêt. En ajustant de façon symétrique le temps pendant lequel les différents offsets étaient appliqués, aucune phase n'était dépendante de la position du volume d'intérêt. Dans ce contexte, quelque soit l'emplacement du volume d'intérêt, aucun ajustement de phase n'était nécessaire. La figure 37B montre l'efficacité de l'édition du GABA par cette séquence.

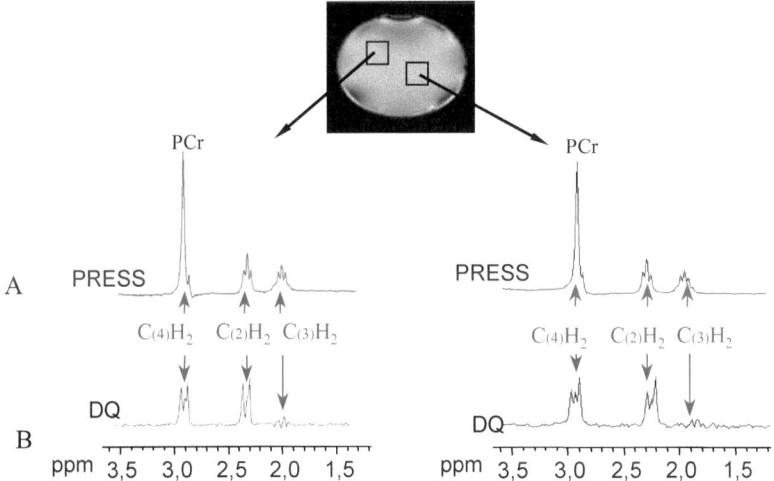

Figure 37 : *Spectres localisés obtenus lors des tests sur solution.*

Les tests ont été réalisés sur un récipient sphérique de 4 cm de diamètre contenant une solution de GABA (100 mM dans NaCl 9 %) et de phosphocréatine (PCr ; 125 mM dans NaCl 9 %). Deux volumes d'intérêt (229 mm³) étaient placés en deux endroits différents hors du centre de la sphère.

Les spectres en A sont acquis avec une séquence de spectroscopie localisée(PRESS) conventionnelle à simple quantum (fenêtre spectrale de 5000 Hz, TR = 2 s, TE = 18,65 ms, nombre de scans : 128). Les spectres en B sont acquis avec une séquence de spectroscopie localisée DQ (fenêtre spectrale de 5000 Hz, TR = 2 s, TE = 68 ms, nombre de scans : 1024). Sur les spectres en B, seules les résonances du GABA sont détectées.

Le rapport [GABA$_+$] / [tCr] était supposé égal à 0,8 (= 100 / 125). A partir de l'intégration des pics de tCr et de GABA sur les spectres *in vitro* de la solution, le facteur « Yield », facteur qui corrige l'aire du pic en tenant compte des différences de conditions pour les mesures du GABA et de la tCr, à savoir la séquence DQ, la séquence PRESS et les TE différents, a été trouvé égal à 0,64. Cette valeur a été utilisée pour déterminer les rapports [GABA$_+$] / [tCr] *in vivo*.

II. 2. Validation *in vivo* de la séquence d'édition chez le rat

La figure 38 montre un spectre acquis avec la séquence DQ localisée sur le cerveau d'un rat ayant ingéré du VGB. Le spectre DQ *in vivo* présente la résonance du C$_{(2)}$H$_2$ du GABA à 3,00 ppm. Le signal n'était pas détecté chez les animaux contrôles. Pour les rats VGB, l'aire des résonances des deux métabolites (GABA$_+$ et tCr) ont été déterminées et le rapport [GABA$_+$] / [tCr] a été trouvé égal à 0,72 ± 0,38.

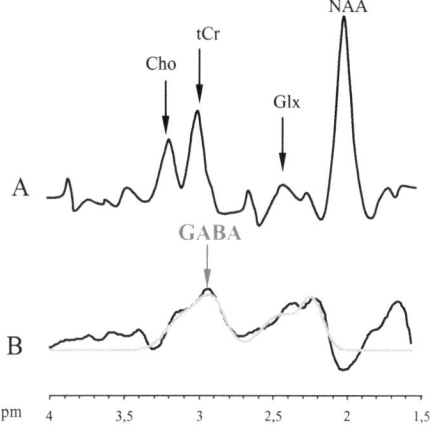

Figure 38 : *Spectres ¹H obtenus in vivo dans la région centrale d'un cerveau de rat traité au VGB (500 mg/kg).*

A. *Spectre acquis avec une séquence de spectroscopie localisée PRESS, correspondant à la somme de 128 scans (fenêtre spectrale de 5000 Hz, TR = 2 s, TE = 18,65 ms).*

B. *Spectre acquis avec la séquence d'édition du GABA DQ, correspondant à la somme de 1024 scans scans (fenêtre spectrale de 5000 Hz, TR = 2 s, TE = 68 ms).*

La courbe en gris est la courbe de déconvolution des pics correspondant aux différents métabolites.

Les résonances sont assignées comme suit : Cho : choline (3,14 ppm) ; tCr : créatine totale (3,04 ppm) ; GABA : acide γ-amino butyrique (3,00 ppm) ; Glx : complexe glutamate / glutamine (2,35 ppm) ; NAA : acide N-acetylasparte (2,00 ppm).

II. 3. SRM ¹H haute résolution

La figure 39 montre un exemple de spectre proton haute résolution obtenu sur extrait de cerveau d'un rat contrôle (figure 39A) et d'un rat VGB (figure 39B). Les aires des résonances des métabolites (GABA$_+$ et tCr) ont été déterminées et le rapport [GABA$_+$] / [tCr] a été calculé. Ce rapport est significativement supérieur pour les rats traités au VGB(n = 4) (1,57 ± 0,55) que pour les animaux contrôles (n = 3) (0,41 ± 0,08 ; p<0,01).

II. 4. Chromatographie

Les résultats obtenus par une méthode classique de quantification des acides aminés présents dans les extraits de cerveau d'animaux montrent que les concentrations en GABA du cerveau sont augmentées par le traitement VGB (1,23 μmol.g^{-1} ± 0,06 μmol.g^{-1} pour les rats contrôles et 4.89 μmol.g^{-1} ± 1,60 μmol.g^{-1} pour les rats VGB ; p<0,01).

II. 5. Corrélations

Le rapport [GABA$_+$] / [tCr] évalué par SRM *in vitro* haute résolution était hautement corrélé avec les mesures réalisées par chromatographie (r = 0,99, p<0,001 ; figure 40A). L'efficacité de la spectroscopie RMN ^{1}H localisée *in vivo* a été démontrée par une corrélation significative avec les résultats obtenus par la technique biochimique classique (r = 0,98 ; p<0,01 ; figure 40B) et avec les résultats obtenus en spectroscopie RMN ^{1}H *in vitro* haute résolution (r = 0,99, p<0,01 ; figure 40C).

II. 6. Application *in vivo* chez le primate non-humain

La figure 41 montre les spectres obtenus *in vivo* sur les NGC d'un cerveau de singe. La figure 41A représente un spectre acquis avec la séquence PRESS et la figure 41B, un spectre acquis avec la séquence DQ. Le signal du GABA a été détecté chez le primate et le rapport [GABA$_+$] / [tCr] a été trouvé égal à 0,35.

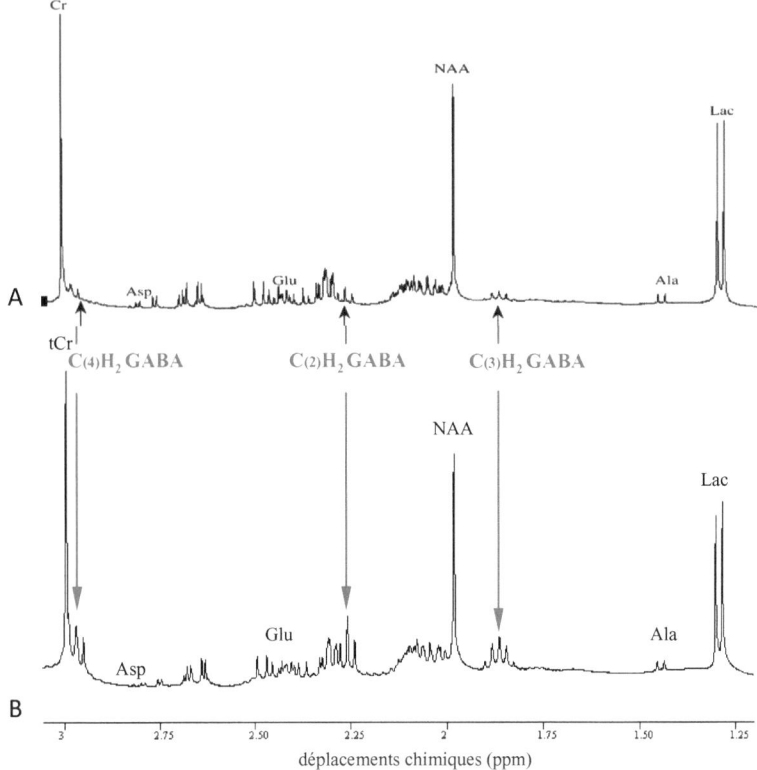

Figure 39: *Spectres ^{1}H haute resolution d'extraits percholriques de cerveaux.*

A: spectre obtenu pour un cerveau de rat contrôle; B: spectre obtenu pour un cerveau de rat traité au VGB (500 mg/kg).
Les spectres représentent la somme de 512 scans avec un TR = 6 s et une fenêtre spectrale de 1780,63 Hz.
Les résonances sont désignées comme suit : tCr: créatine totale (3,04 ppm); GABA: acide γ-amino butyrique (C(2)H₂ GABA: 2,3 ppm; C(3)H₂ GABA: 1,9 ppm; C(4)H₂ GABA: 3,0 ppm); Asp: aspartate (2,80 ppm); Glu: glutamate (2,35 ppm); NAA: acide N-acetylaspartique (2,0 ppm); Ala: alanine (1,5 ppm); Lac: acide lactique (1,34 ppm).

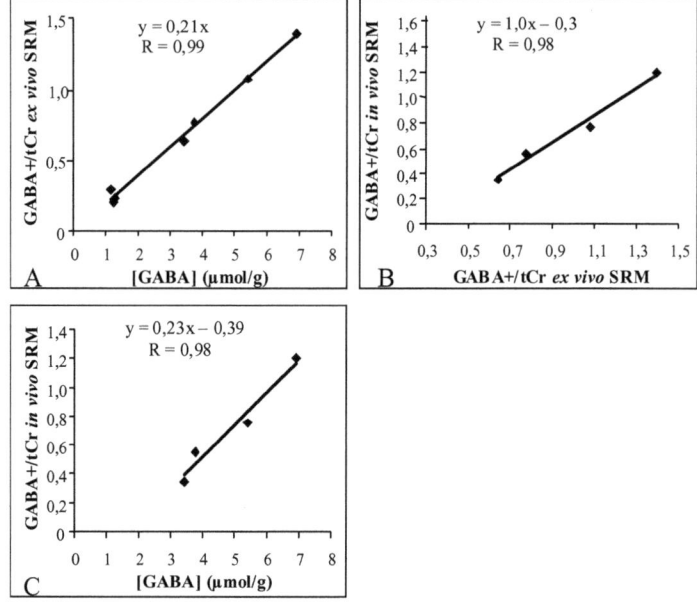

Figure 40 : *Corrélation entre les niveaux de GABA mesurés*

    A: corrélation entre les niveaux de GABA mesurés par spectroscopie RMN ^{1}H haute résolution et par chromatographie (r = 0.,99, p<0,001).
    B: corrélation entre les niveaux de GABA mesurés par spectroscopie RMN ^{1}H localisée et par chromatographie(r = 0,98, p<0,01).
    C: corrélation entre les niveaux de GABA mesurés par spectroscopie RMN ^{1}H localisée et par spectroscopie RMN ^{1}H haute résolution (r = 0,99, p<0,01).

Les concentrations en GABA mesurées par chromatographie sont exprimées en µmol/g de cerveau. Pour les mesures en spectroscopie RMN ^{1}H haute résolution, les données représentent le rapport GABA+ / tCr pour le groupe des animaux contrôles (n = 3) et pour les rats traités au VGB (n = 4). Les mesures en spectroscopie RMN ^{1}H localisée représentent le rapport GABA+ / tCr pour les rats VGB (n = 4).

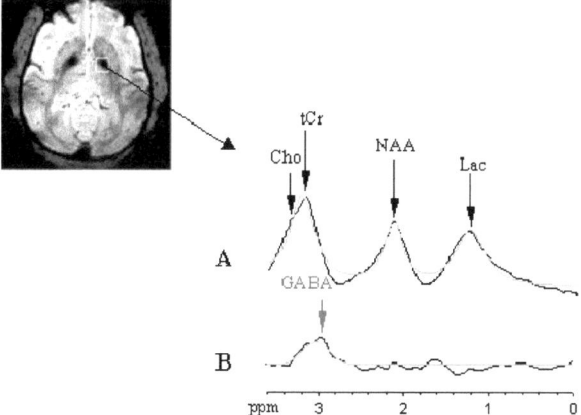

Figure 41 : *Spectres ^{1}H obtenus in vivo dans un volume d'intérêt (376 mm[3]) placé sur les NGC d'un cerveau primate.*

> A. *Spectre acquis avec une séquence de spectroscopie localisée PRESS, correspondant à la somme de 128 scans (fenêtre spectrale de 5000 Hz, TR = 2 s, TE = 18,65 ms).*
>
> B. *Spectre acquis avec la séquence d'édition du GABA DQ, correspondant à la somme de 1024 scans scans (fenêtre spectrale de 5000 Hz, TR = 2 s, TE = 68 ms).*
>
> *La courbe en gris est la courbe de déconvolution des pics correspondant aux différents métabolites.*
>
> *Les résonances sont assignées comme suit : Cho : choline (3,14 ppm) ; tCr : créatine totale (3,04 ppm) ; GABA : acide γ-amino butyrique (3,00 ppm) ; Glx : complexe glutamate / glutamine (2,35 ppm) ; NAA : acide N-acetylasparte (2,00 ppm).*

III. Spectroscopie RMN du ^{13}C in vivo

III. 1. Description des spectres [13]C *in vivo*

Les spectres obtenus *in vivo* en utilisant une séquence d'acquisition ^{13}C avec découplage ^{1}H pendant l'acquisition dans un des hémisphères cérébraux d'un rat contrôle pendant la perfusion de sérum physiologique, NaCl 9 ‰ (conditions basales) et en fin de perfusion d'acétate de sodium [2-^{13}C] (fin de l'expérimentation) sont représentés sur la figure 42. Sur le spectre enregistré pendant la perfusion de NaCl 9 ‰, sont représentées les résonances des molécules présentes liées à l'abondance naturelle du carbone ^{13}C, à savoir, les lipides (30,3 ppm), les groupes de carbones méthylène (-CH$_2$-COO) (vers 34 ppm) et la partie α-CH$_2$ des acides gras (-CH$_2$-CH=CH) (vers 28 ppm). Après perfusion d'acétate de sodium [2-^{13}C] différents acides aminés apparaissent. La résonance du glutamate (Glu) et de la glutamine (Gln) dont le carbone C2 est marqué en ^{13}C, est détectée à 55,0 ppm sous le pic de la tCr. Les résonances du Glu marqué en C4 (34,16 ppm) et du Glu / Gln marqués en C3 (proche de 27,0 ppm) émergent respectivement sous les résonances des . L'acétate de sodium [2-^{13}C] apparaît à 24,4 ppm. Dans nos conditions expérimentales, la résonance de la Gln marquée en C4 (31,4 ppm) était influencée par la résonance des lipides à 30,3 ppm. De plus, compte tenu de la résolution spectrale (environ 80 Hz), il n'était pas possible de distinguer la contribution relative du Glu et de la Gln des signaux C2 et C3. Ainsi, seule la résonance du Glu C4 a été étudiée.

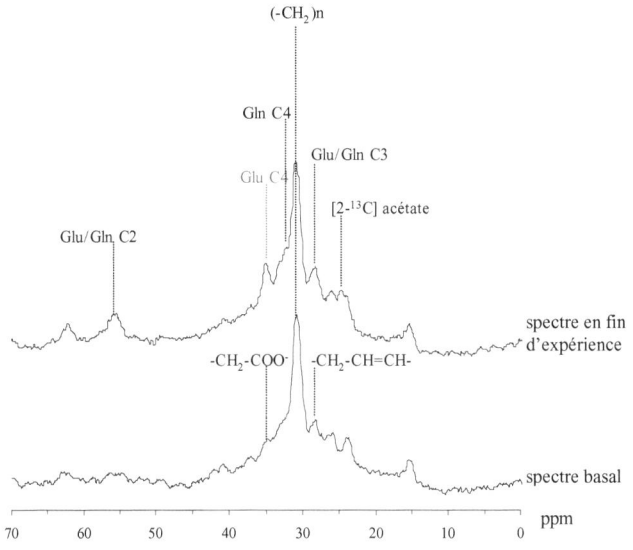

Figure 42 : *Spectres RMN in vivo ^{13}C acquis dans un volume d'intérêt recouvrant un hémisphère cérébral chez un rat contrôle en utilisant une séquence d'acquisition ^{13}C avec découplage ^{1}H pendant l'acquisition à 4,7 Tesla.*

Le spectre basal est une accumulation de of 512 scans, dont la durée est de 17 minutes, pendant la perfusion de NaCl 9‰.
Le spectre obtenu à la fin de l'expérience est accumulation de 512 scans (17 minutes) en fin de perfusion d'acétate de sodium [2-^{13}C].
Les résonances représentées sur le spectre basal sont : le groupement –CH₂-CH=CH à 27 ppm, le groupement (–CH₂)ₙ des lipides à 30,3 ppm, et le groupement –CH₂-COO⁻ à 34 ppm. Les résonances présentes sur le spectre obtenu en fin d'expérience représentent l'acétate [2-^{13}C] à 24,4 ppm, le complexe Glu/Gln C3 proche de 27 ppm, la Gln C4 à 31,6 ppm, le Glu C4 à 34,16 ppm et le complexe Glu/Gln C2 proche de 55 ppm.

III. 2. Cinétique du marquage en ^{13}C du Glu C4

Les aires des résonances du Glu C4 et de l'acétate sont intégrées et exprimées en pourcentage de l'aire du pic des lipides pour chaque spectre et la cinétique d'évolution du marquage ^{13}C du Glu en C4 est représentée sur la figure 43A. La production de Glu C4 est continue puis atteint un maximum 34 minutes après le début de la perfusion d'acétate pour les groupes d'animaux suivants : groupe rats contrôles + sérum physiologique, groupe rats contrôles + lévodopa, groupe rats parkinsoniens + lévodopa. Pour le groupe rats parkinsoniens + sérum physiologique, le Glu C4 exprimé en pourcentage de l'aire du pic des lipides est significativement plus important que pour le groupe des animaux contrôles + sérum physiologique (F = 12,28 ; p<0,01). Après 34 minutes de perfusion d'acétate [2-^{13}C], la proportion relative de Glu C4 formée est plus importante pour le groupe rats parkinsoniens recevant du sérum physiologique (45,1 % ± 12.8 %) que pour le groupe rats contrôles recevant du sérum physiologique (32,0 % ± 3,7 %; p<0,05). Il en est de même après 51 minutes de perfusion (49,0 % ± 5,6 % vs 29,8 % ± 4,0 %; p<0,001), ainsi qu'après 68 minutes (48,4 % ± 11,9 % vs 27,1 % ± 4,3 %; p<0,01)et 85 minutes (46,8 % ± 5,8 % vs 27,4 % ± 7,4 %; p<0,05). En ce qui concerne le groupe des rats parkinsoniens recevant une unique injection de lévodopa (50 mg/kg, par voie veineuse), administrée juste avant le début de la perfusion d'acétate, la proportion relative de Glu C4 est significativement plus faible que celle obtenue chez les animaux parkinsoniens recevant du sérum physiologique (F = 4,17 ; p<0,05). Après 51 minutes de perfusion d'acétate de sodium [2-^{13}C], le taux de Glu marqué en ^{13}C sur son carbone C4 chez les rats parkinsoniens est égal à 49,0 % ± 5,6 % après injection de sérum physiologique, il est égal à 29,3 % ± 16,5 % après l'injection de lévodopa (p<0,05). Après 68 minutes de perfusion d'acétate, le taux de Glu C4 est égal à 48,4 % ± 11,9 % après injection de sérum physiologique, et à 32,3 % ± 18,6 % après l'injection de lévodopa (p<0,05). De même, après 85 minutes de perfusion d'acétate, le taux de Glu C4 est égal à 46,8 % ± 5,8 % après injection de sérum physiologique, et à 31,5 % ± 12,5 % après lévodopa (p<0,05).

Les niveaux d'acétate [2-^{13}C] exprimés en pourcentage de l'aire de la résonance des lipides augmentent pendant les 34 premières minutes suivant le début de la perfusion, puis diminuent et deviennent indétectables après 85 minutes de perfusion (figure 43B).

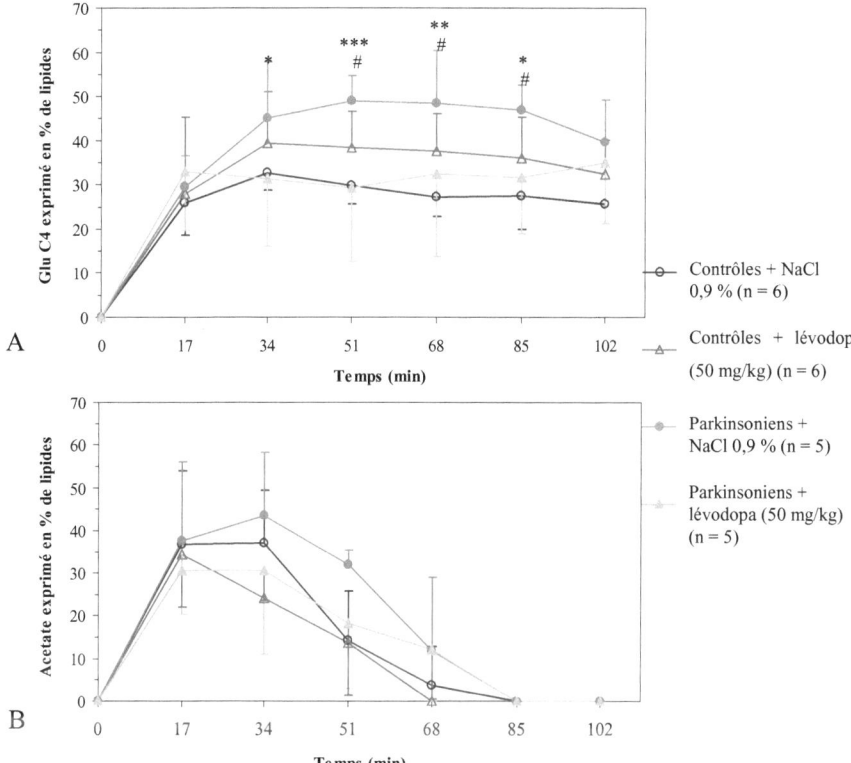

Figure 43 : *Cinétique d'apparition in vivo du marquage du glutamate en C4 (A) et de l'acétate [2-^{13}C] (B) dans l'hémisphère cérébral de rats contrôles et parkinsoniens recevant une injection de NaCl 0,9 % ou de lévodopa (50 mg/kg).*

Les aires des résonances d'intérêt sont exprimées en pourcentage de l'aire du pic des lipides à 30,3 ppm.
Avant le début de la perfusion d'acétate [2-^{13}C], la valeur obtenue pour le Glu C4 exprimé en pourcentage de lipides était constante pour chaque groupe. La valeur obtenue pour le spectre basal a été soustraite aux valeurs obtenues pour les spectres aux différents temps d'analyse.
Les données représentent la moyenne ± SEM pour les groupes suivants :
contrôles + NaCl, 0,9 % (n = 6), contrôles + lévodopa (50 mg/kg i.v.) (n = 6), parkinsoniens + NaCl, 0,9 % (n = 5) et parkinsoniens + lévodopa (50 mg/kg i.v.) (n = 5). Le point 0 représente le début de la perfusion d'acétate [2-^{13}C].
* p<0,05, ** p<0,01, ***p<0,001 vs contrôles + NaCl, 0,9 %.
 # p<0,05 vs parkinsoniens + lévodopa.

III. 3. Spectres ^{13}C *in vitro*

La figure 44 montre un spectre RMN ^{13}C haute résolution obtenu sur un extrait perchlorique d'un hémisphère cérébral obtenu pour un rat parkinsonien.

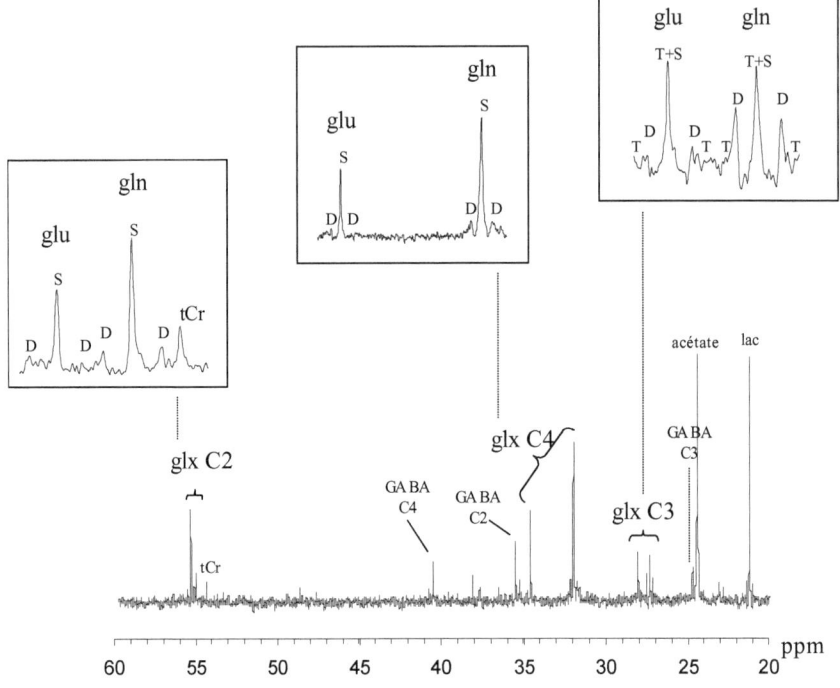

Figure 44 : *Spectres RMN ^{13}C haute résolution d'un hémisphère cérébral chez un rat parkinsonien.*

Les médaillons représentent les multiplets dus aux couplage $J_{^{13}C^{13}C}$ pour les résonances du glutamate (glu) et de la glutamine (gln) C2, C3 et C4.
Les déplacements chimiques sont exprimés en ppm et seule la gamme de déplacements chimiques compris entre 20 et 60 ppm est représentée sur la figure.
lac : lactate C3 (20,98 ppm) ; acétate C2 (24,2 ppm) ; GABA C3 (24,29 ppm) glx C3 (glutamine C3 ; 26,87 ppm et glutamate C3 ; 27,8 ppm) ; GABA C2 (35,07 ppm) ; glx C4 (glutamine C4 ; 31,6 ppm et glutamate C4 ; 34,16 ppm) ; GABA C4 (39,9 ppm) ; tCr (54,7 ppm) ; glx C2 (glutamine C2 ; 54,96 ppm et glutamate C2 ; 55,35 ppm)

La résonance majeure située à 24,2 ppm est attribuée au [2-^{13}C] acétate et apparaît sous la forme d'une seule raie car cette molécule est simplement marquée. Le pic de la créatine totale est également détecté dans les extraits perchloriques et est situé à 54,7 ppm. Le glutamate est enrichi sur plusieures positions carbonées, C2, C3 et C4 dont les résonances sont les suivantes : 55,35 ppm, 27,8 ppm et 34,16 ppm. De même, nous observons de la glutamine marquée sur les carbones 2, 3 et 4 qui sont respectivement situés à 54,96 ppm, 26,87 ppm et 31,6 ppm, ainsi que du GABA marqué sur les carbones 2, 3 et 4, respectivement situés à 35,07 ppm, 24,29 ppm et 39,9 ppm. Les contributions relatives des singulets, doublets et/ou triplets du glutamate et de la glutamine sont représentées en médaillon sur la figure 44. Ainsi, pour les résonances C2, C3 et C4 du glutamate, la contribution la plus importante est celle du singulet qui correspond à un enrichissement sur un seul carbone. Pour les résonances C2, C3 et C4 de la glutamine, la contribution la plus importante est également celle du singulet qui correspond à un enrichissement sur un seul carbone. La contribution du doublet qui correspond à un enrichissement sur les carbones C2C3 et C3C4 est plus importante pour la glutamine que pour le glutamate.

Les contributions relatives des singulets, doublets et/ou triplets du glutamate, de la glutamine et du GABA sont identiques quelque soit le groupe d'animaux étudiés.

Les aires des multiplets du glutamate, de la glutamine et du GABA C2, C3 et C4 sont intégrées et normalisées par rapport à l'aire de la résonance de la créatine totale (tCr). Elles sont représentées sur la figure 45. Les proportions de glutamate C4 et glutamine C4 sont quelque soient les groupes plus importantes que les proportions de ces molécules marquées en C2 ou en C3. Ceci est en accord avec les voies métaboliques mises en jeu puisque le marquage en C4 se fait dès le premier tour du cycle de Krebs et que les marquages C2 et C3 apparaissent aux tours suivants de façon équiprobable. Il n'y a pas de différences entre les groupes pour les trois résonances du glutamate. Par contre en ce qui concerne les résonances de la glutamine, la proportion relative de Gln C4 est significativement plus importante chez les animaux parkinsoniens recevant du sérum physiologique que chez les animaux contrôles recevant également du sérum physiologique (8,83 ± 4,01 vs 2,99 ± 2,31 ; F = 9,60 ; p<0,01). Il en est de même pour les marquages en C3 (2,36 ± 1,84 vs 1,34 ± 0,56 ; F = 3,67 ; p<0,05) et en C2 (2,38 1,59 vs 1,40 0,62 ; F = 4,56 ; p<0,05). En ce qui concerne le groupe des rats parkinsoniens recevant une unique injection de lévodopa (50 mg/kg, par voie veineuse), la proportion relative de Gln C4 est significativement plus faible que celle obtenue chez les animaux parkinsoniens recevant du sérum physiologique (2,75 ± 1,68 vs 8,83 ± 4,01 ; F =

9,60 ; p<0,01). Il en est de même pour les marquages en C3 (0,74 ± 0,50 vs 2,36 ± 1,84 ; F = 3,67 ; p<0,05) et en C2 (1,05 ± 0,62 vs 2,38 ± 1,59 ; F = 4,56 ; p<0,05).

En ce qui concerne le GABA, il y a significativement plus de GABA C2 chez les animaux parkinsoniens recevant du sérum physiologique que chez les rats contrôles (0,96 ± 0,68 vs 0,37 ± 0,29 ; F = 4,12 ; p<0,05) ainsi que du GABA C4 (0,97 ± 0,68 vs 0,25 ± 0,13 ; F = 4,21 ; p<0,05). Le traitement à la lévodopa diminue les valeurs de GABA C2 (rats parkinsoniens + NaCl : 0,96 ± 0,68 vs rats parkinsoniens + lévodopa : 0,50 ± 0,27 ; F = 4,12 ; p<0,05) et les valeurs de GABA C4 (rats parkinsoniens + NaCl : 0,97 ± 0,68 vs rats parkinsoniens + lévodopa : 0,58 ± 0,20 ; F = 4,21 ; p<0,05).

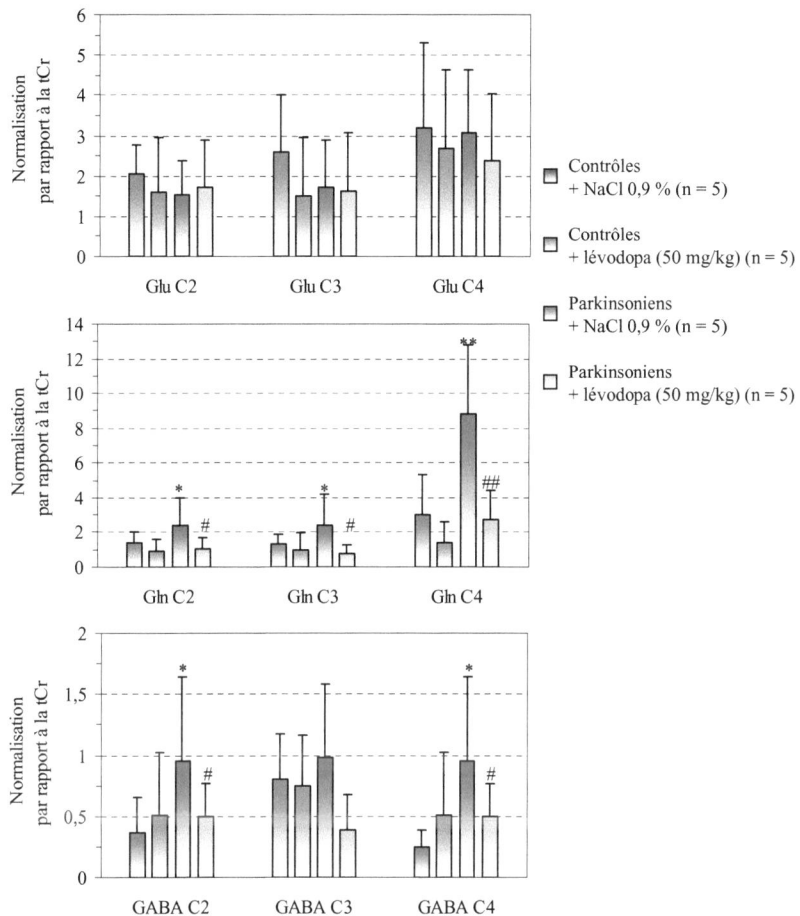

Figure 45 : *Normalisation de l'aire des résonances des isotopomères des trois métabolites d'intérêt (glutamate C2, C3 et C4 ; glutamine C2, C3 et C4 ; GABA C2, C3 et C4) par rapport à l'aire de la résonance de la créatine totale (tCr).*

Les données représentent la moyenne ± SEM pour les groupes suivants :
contrôles + NaCl, 0,9 % (n = 5), contrôles + lévodopa (50 mg/kg i.v.) (n = 5), parkinsoniens + NaCl, 0,9 % (n = 5) et parkinsoniens + lévodopa (50 mg/kg i.v.) (n = 5).
L'aire des pics a été mesurée à partir des spectres ^{13}C obtenus in vitro à 9,4T grâce au logiciel d'analyse de spectres PeakFit® qui consiste en une déconvolution des pics. La forme des raies était définie par une Lorentzienne.
* p<0,05, ** p<0,01 vs contrôles + NaCl, 0,9 %.
 # p<0,05, ## p<0,01 vs parkinsoniens + lévodopa.

Discussion

Discussion

I. Spectroscopie RMN localisée du proton

Les résultats obtenus dans cette étude préliminaire ne mettent pas en évidence de différence pour les métabolites d'intérêt mesurés en spectroscopie RMN ^{1}H dans un volume d'intérêt localisé dans le striatum de rats contrôles par rapport à ceux d'animaux ayant subi une lésion modérée ou sévère de la voie dopaminergique nigro-striatale.

Les principaux métabolites cérébraux observés en SRM ^{1}H sont le NAA qui est un marqueur de l'intégrité des neurones matures, la créatine totale (créatine + phosphocréatine), marqueur du statut énergétique et la choline, qui est un marqueur de la synthèse membranaire et de sa dégradation. D'autre molécules cérébrales peuvent aussi être observée en spectroscopie RMN proton, le glutamate, la glutamine, l'aspartate, le myo-inositol. Dans notre étude les concentrations relatives de quatre métabolites majeurs, le NAA, le complexe glutamate/glutamine, la créatine (tCr) et la choline (Ch) sont quantifiées dans le striatum de rats contrôles, de rats ayant subi une lésion modérée de la voie dopaminergique nigro-striatale et de rats ayant subi une lésion sévère de cette voie. Les études en spectroscopie RMN ^{1}H des métabolites des ganglions de la base chez les modèles animaux de la MPI et chez les patients parkinsoniens sont controversées. Brownell et al (Brownell et al, 1998) décrivent une diminution modérée du rapport NAA / tCr ainsi qu'une augmentation également modérée du rapport Ch / tCr dans le striatum de singes après intoxication au MPTP. Les résultats publiés obtenus en SRM ^{1}H suggèrent qu'il n'y a généralement pas de différence significative pour les métabolites mesurés dans les ganglions de la base entre les patients parkinsoniens et les sujets sains. De plus, lorsqu'il y a des différences, elles ne sont pas suffisamment importantes pour permettre une discrimination efficace des patients parkinsoniens. Par exemple, Hoang et al (Hoang et al, 1998) mettent en évidence une diminution du NAA et de la Cr et une augmentation de la Cho. Ces variations sont insuffisantes pour permettre un diagnostic efficace de la MPI. Davie et al (Davie et al, 1995) décrivent une petite diminution du rapport NAA / Cr mesuré dans un volume d'intérêt localisé sur les ganglions de la base de patients parkinsoniens par rapport à des contrôles. De même, Choe et al (Choe et al, 1998) mettent en évidence une diminution du rapport NAA / Cr dans la substance noire et le putamen-globus pallidus de patients parkinsoniens avec des symptômes unilatéraux.

D'autres auteurs (Clarke et al, 1997 ; Tedeschi et al, 1997) ne décrivent pas de différence entre patients parkinsoniens et sujets sains. Par contre, lorsque les métabolites sont mesurés dans des volumes d'intérêt localisées dans le cortex cérébral, les études mettent en évidence une diminution du rapport NAA / tCr chez les patients parkinsoniens ne présentant pas de démence (Hu et al, 1999 : Lucetti et al, 2001). Cette réduction du rapport NAA / tCr pourrait refléter une fonction neuronale altérée due à la perte des afférences excitatrices thalamo-corticales. La grande hétérogénéité des résultats pourrait être liée à différents facteurs tels que la qualité des spectres (correction de phase, présence d'artéfacts, qualité des shims, de la ligne de base, la résolution spectrale, la taille du volume d'intérêt, son emplacement), ou bien la méthode d'analyse des données. Le choix des patients parkinsoniens peut également influencer les résultats (âge, durée de la maladie, historique du traitement, diagnostic différentiel).

Dans la maladie de Parkinson, l'existence d'une augmentation de l'activité glutamatergique dans le striatum a été montrée *ex vivo* par des études anatomiques (Anglade et al, 1996 ; Ingham et al, 1998 ; Meshul et al, 1999) et *in vivo* en microdialyse (Lindefors et al, 1990 ; Meshul et al, 1999 ; Jonkers et al, 2002). Les études RMN *in vitro* en fonction du temps d'écho montrent une modulation d'amplitude du signal du glutamate passant par un maximum autour de 136 ms, ce qui a conduit à l'établissement de notre protocole d'acquisition *in vivo*. Les pics de glutamate et glutamine autour de 2,3 ppm peuvent être distingués à 7 T dans le cas d'une bonne homogénéité. Avec une homogénéité d'environ 0,05 ppm, le pic visible à 2,35 ppm a été attibué majoritairement au glutamate, le pic de glutamine devant apparaître comme un épaulement pour cette résolution fréquentielle.

L'absence de modification des concentrations de Glx dans ce travail préliminaire est en accord avec un précédent travail où les auteurs évaluent les taux de glutamate exprimés relativement à la créatine dans le noyau lentiforme de patients parkinsoniens et ne décrivent pas de différence entre patients et sujets sains. L'absence de variation peut-être expliquée par la difficulté de séparer les spectres de glutamate et de glutamine, l'évolution de l'intensité des spectres pour chaque molécule pouvant se faire de façon opposée. En effet, le métabolisme du Glu et de la Gln est fortement lié (cycle Glu), la synthèse d'une molécule se faisant à partir de l'autre et inversement. Ainsi, l'augmentation de la concentration de Glu entraîne une diminution de celle de la Gln. La poursuite de cette étude implique l'amélioration de la résolution spectrale en spectroscopie du proton pour mieux séparer Glu de Gln.

Compte tenu des difficultés de mise en œuvre de la détection du Glu et de la Gln en SRM du ^{1}H, il est nécessaire d'améliorer la méthodologie afin de différencier la résonance du Glu de celle de la Gln. La spectroscopie RMN à temps d'écho court pourrait permettre d'améliorer le rapport signal-sur-bruit et de mieux séparer ces deux métabolites. La figure 46 présente un spectre [1]H réalisé à la plate-forme de Grenoble en utilisant un TE court (8 ms). Le spectre est acquis *in vivo* avec une séquence STEAM dans un volume d'intérêt de $4 \times 4 \times 4$ mm placé sur le striatum d'un rat témoin.

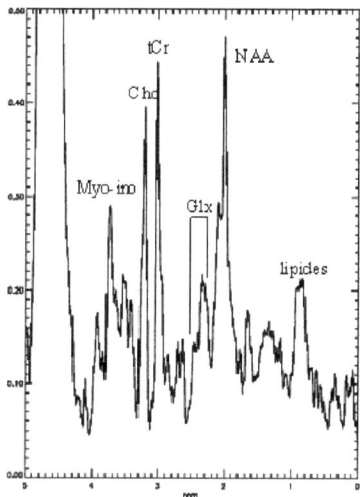

Figure 46 : *Spectre ^{1}H obtenu à 7 T avec un temps d'écho court (8 ms) dans un volume d'intérêt (4 × 4 × 4 mm) placé sur le striatum d'un rat témoin.*

Le spectre a été acquis avec une séquence STEAM dont la durée d'acquisition était 13 minutes.
Une bobine de volume en quadrature avec excitation en volume et réception en quadrature a été utilisée.
Abréviations utilisées :NAA : N-acéthylaspartate, Glx : glutamate / glutamine, tCr : créatine totale, Cho : choline, Myo-ino : Myo-inositol.

L'application de la spectroscopie RMN à TE courts nécessite de nombreuses mises au point pour diminuer la contamination du spectre par les macromolécules, améliorer la ligne de base et faire en sorte que les acquisitions produisent des résultats reproductibles.

De bons shims permettent d'obtenir une résolution spectrale la plus optimale possible. La mise en place de réglage automatique des shims (FASTMAP) devrait permettre d'améliorer cette résolution spectrale et favoriser la dispersion des déplacements chimiques des molécules couplées. Des systèmes hardware et software de pré-emphasis mis en place sur les spectromètres doivent être les plus performants possible afin de minimiser les effets des courants de Foucault à l'origine de déformations des résonances. Enfin un travail de traitement du signal est nécessaire afin de diminuer la contamination des spectres par les macromolécules. Des méthodes permettant de modéliser la ligne de base et ainsi de minimiser la contribution des macromolécules sont en cours de développement.

Après optimisation de la technique, la spectroscopie RMN du ^{1}H sera appliquée à l'étude des variations des taux de Glu et de Gln dans les NGC chez des modèles expérimentaux de la maladie de Parkinson, rats et primates. L'étude chez le primate devrait permettre une différentiation plus facile des NGC du fait de leur taille plus importante. La méthode pourra être aussi appliquée à la mesure des variations de Glu et de Gln dans les NGC après un traitement antiparkinsonien.

La spectroscopie RMN localisée donne une mesure figée, fixe des neurotransmetteurs glutamate et glutamine pouvant masquer d'éventuelles variations de molécules dont les métabolismes sont étroitement liés. La nécessité d'avoir une mesure dynamique permettant de suivre un flux métabolique nous a conduit à utiliser la spectroscopie RMN du carbone ^{13}C chez le rat parkinsonien.

Il ne faut cependant pas abandonner la SRM localisée du ^{1}H puisqu'il s'agit d'une méthode de mise en œuvre plus simple, ne nécessitant pas l'administration d'un précurseur pas toujours anodin et dont le coût financier n'est pas négligeable. De plus, la SRM localisée du ^{1}H est une méthode plus sensible dont la résolution spectrale est meilleure et qui permet de réaliser des mesures dans de petits volumes d'intérêt.

II. Spectroscopie RMN localisée du [1]H / Edition du GABA

Nous avons décrit une méthode pour détecter le GABA basée sur la sélection des cohérences double quanta (DQ) sans la nécessité de calibrer la phase de la deuxième impulsion RF $\pi/2$ en fonction de l'emplacement de la région d'intérêt.

L'édition du GABA par la technique DQ permet la suppression en une seule acquisition des métabolites qui ne possèdent pas de couplage, elle a été validée in vitro sur des solutions tests et in vivo chez l'animal et l'homme (Wilman et al, 1993 ; Keltner et al, 1997). Cette séquence a l'avantage par rapport aux autres techniques de spectroscopie différentielle basées sur la J-modulation, d'être indépendante des mouvements et de l'effet Bloch-Siegert comme discuté récemment par Shen et al (Shen et al, 2002). Bien que la technique de soustraction développée pour l'édition du GABA soit plus efficace que la technique DQ localisée pour détecter la résonance $C_{(2)}H_2$ du GABA à 3,0 ppm sur des solutions tests, elle est plus sensible aux erreurs dues aux mouvements et aux variations de champ magnétique, qui peuvent produire de petites variations d'une acquisition à l'autre. La méthode DQ surmonte cette difficulté en réalisant l'édition du GABA en une seule acquisition. Cependant, afin d'améliorer l'efficacité de l'édition du GABA par cette technique, il est nécessaire de calibrer la phase de l'impulsion RF en fonction de l'emplacement du volume d'intérêt pour s'affranchir des erreurs dues à cette phase position-dépendante (Jouvensal et al, 1996). Dans la séquence d'impulsions DQ, les impulsions de 180° ont deux effets : (i) elles permettent la sélection de tranches pour la localisation et (ii) elles refocalisent l'effet de déplacement chimique δ. Nous avons utilisé cette capacité de refocalisation pour résoudre les problèmes inhérents à l'emplacement des régions d'intérêt sélectionnées. L'utilisation de temps pendant lesquels les différents offsets sont appliqués de façon parfaitement symétriques de part et d'autre de la première impulsion 180° permet des mesures efficaces dans n'importe quel volume d'intérêt placé en dehors du centre de l'image de repérage.

La séquence de sélection des DQ a été testée dans cette étude *in vivo* chez le rat et le primate non-humain. Chez le rat, les spectres DQ acquis *in vivo* sont reproductibles et la séquence permet l'édition du GABA dont la concentration était en moyenne de 1,7 mM (Keltner et al, 1996) dans un volume d'intérêt de relativement petite taille (453 mm^3). Cette méthode permet aussi des mesures efficaces du GABA cérébral comme le montre les corrélations avec les autres techniques de mesure du GABA telles que la spectroscopie RMN ^{1}H *in vitro* haute résolution ou bien la chromatographie. Cette méthode est validée sur un petit nombre d'animaux (n = 4), mais les mesures réalisées sont bien corrélées avec les résultats obtenus par des méthodes biochimiques classiques de détermination des taux d'acides animés cérébraux (chromatographie et SRM ^{1}H haute résolution).

A partir des courbes de régression linéaire entre les valeurs mesurées *in vivo* chez le rat et celles mesurées *in vitro*, nous avons défini une pente de 1,0 ± 0,1 et une intersection avec les axes non nulle. Ces valeurs sont d'une part dépendantes du facteur « Yield ». Ce dernier a été déterminé *in vitro* sur les solutions tests, nous pouvons penser que cette valeur doit être différente lors de mesures sur des tissus *in vivo* du fait de temps de relaxation T2 différents. Il peut également y avoir des sources d'erreurs pour la quantification des différents métabolites dues à la perte des cohérences des spins couplées lors de l'utilisation d'une séquence PRESS (Thompson et al, 1999). De plus, les concentrations de certains métabolites cérébraux sont très sensibles aux changements *post-mortem*. En effet, il a été montré chez le rat, une augmentation des taux de GABA de 23 % pendant les 2 minutes qui suivent la mort de l'animal (Perry et al, 1981). Dans cette étude *post-mortem*, les animaux subissent une euthanasie par dislocation cervicale et sont laissés à température ambiante pendant 2, 5, 10, 30 et 60 minutes. Leurs cerveaux sont ensuite prélevés et plongés dans de l'azote liquide. Dans nos conditions expérimentales, le cerveau des animaux était prélevé très rapidement après la mort (moins d'une minute), rincé dans du sérum physiologiques très froid et immédiatement plongé dans l'azote liquide. L'enzyme acide glutamique décarboxylase (GAD), impliquée dans la synthèse de GABA *post-mortem*, est beaucoup plus active à température ambiante que dans nos conditions expérimentales. Ainsi, la synthèse supplémentaire de GABA après la mort peut dans nos conditions expérimentales être supposée inférieure à 23 %.

Une certaine contamination de la résonance du GABA à 3,0 pmm par les macromolécules doit également être prise en compte. Cette contamination est plus importante lors de l'édition du GABA par la technique impliquant les couplages homonucléaires J (40 %) (Rothman et al, 1993) que lors de l'édition par sélection des DQ (10 %) (McLean et al, 2002 ; Shen et al, 2002). Dans un travail récent, Wang et al, (Wang et al, 2003) étudient par sélection des DQ en 2D les variations du GABA *in vivo* dans le cerveau en émettant l'hypothèse d'une contamination constante de la résonance du GABA par les macromolécules.

Afin de valider nos résultats obtenus *in vivo* chez le rat, nous avons réalisé l'édition du GABA *in vivo* dans un volume d'intérêt placé sur les noyaux gris centraux d'un cerveau de primate non-humain. Les taux de GABA peuvent être appréciés chez le singe sans traitement préalable par le VGB, alors que chez le rat, du VGB doit être administré afin de bloquer l'enzyme responsable de la dégradation du GABA, *la GABA transaminase*, et ainsi d'augmenter les taux de GABA d'un facteur 5 dans notre études, en accord avec des travaux précédents (Preece et al, 1994 ; 1996).

La localisation profonde des NGC à l'origine d'une diminution du rapport signal sur bruit, rend difficile la détection du GABA et nécessite d'optimiser la méthodologie d'édition du GABA par SRM du ^{1}H. Le rapport signal sur bruit et la résolution spectrale dépendent en premier lieu de l'intensité du champ magnétique principal B_0. Travailler avec des champs plus élevés améliorera l'édition du GABA. De plus, la mise en place de réglage automatique des shims (FASTMAP) devrait permettre d'améliorer cette résolution spectrale.

En parallèle, le désir d'avancer sur l'exploration du métabolisme GABAergique nous a poussé à envisager l'utilisation de microsondes RMN de réception (500 µm à 1 mm de diamètre ; figure 47).

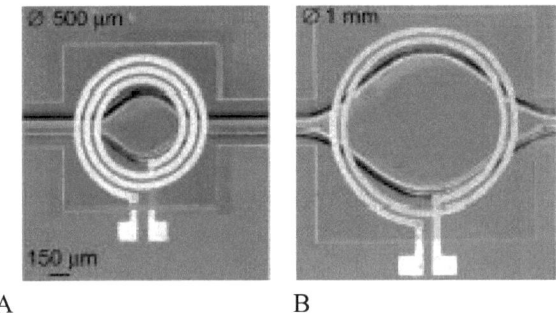

A   B

Figure 47 : *Microsondes RMN de réception de 500 µm de diamètre (A) et 1 mm de diamètre (B).*

Ces microsondes seront implantées dans différents constituants des NGC chez le primate intoxiqué au MPTP (putamen, GPe, GPi, NST) afin de caractériser l'évolution du neurotransmetteur GABA dans ces différentes structures en relation avec l'induction du syndrome parkinsonien. Des mesures seront réalisées avant les premières injections de MPTP, puis après chaque administration dans les différentes structures des NGC. Des informations pourront être apportées quant aux variations d'activité du GPe, encore mal comprises. Une meilleure compréhension des interactions entre les NGC pourra aussi être obtenue. Ces mesures en SRM seront corrélées avec une évaluation comportementale clinique classique réalisée également après chaque injection de MPTP. La SRM pourra montrer des variations de GABA dans ces structures dans un état présymptomatique et ainsi être dans l'avenir un outil de diagnostic précoce de la maladie. L'édition du GABA pourra être aussi appliquée à la mesure des variations de GABA dans les NGC après un traitement antiparkinsonien et notamment lors de la présence de complications motrices.

Les microsondes permettant d'augmenter le rapport signal sur bruit, pourront être utilisées pour essayer de différencier le glutamate de la glutamine et même pourront être utilisées en SRM ^{13}C afin d'améliorer la résolution spectrale.

En conclusion, nous avons décrit une adaptation de la méthode de sélection des cohérences double quanta pour l'édition du GABA *in vivo* efficace chez le rat et le primate non-humain. Cette technique pourrait être un outil intéressant pour l'appréciation *in vivo* des changements GABAergiques cérébraux chez des modèles expérimentaux de maladies neurodégénératives telles que la maladie de Parkinson ainsi que chez l'homme.

Cependant, l'édition du GABA *in vivo* chez le primate est de mise en œuvre difficile du fait de la localisation intracérébrale profonde des NGC. Cette localisation profonde influence le rapport signal-sur-bruit obtenu en SRM ^{1}H, diminue la sensibilité de la technique. Le développement et l'utilisation de microsondes RMN (500μm à 1mm de diamètre) implantées dans les NGC (putamen, Gpi, Gpe, NST) devraient corriger cette difficulté et permettre une mesure reproductible des neurotransmetteurs *in vivo* dans chaque composante des NGC.

III. Spectroscopie RMN du ^{13}C in vivo

Nous avons mis en évidence des modifications significatives du métabolisme glutamatergique cérébral après une lésion unilatérale de la voie nigro-striatale chez le modèle rat de la MPI en utilisant la spectroscopie RMN du carbone [13]C. L'incorporation du marquage en ^{13}C sur le carbone C4 du glutamate (C4 Glu) est plus importante dans le striatum ipsilatéral au site d'injection de la 6-OHDA que dans le striatum de rats contrôles recevant du sérum physiologique et de rats contrôles recevant une injection unique d'un agent antiparkinsonien, la lévodopa. De plus, dans le striatum déficient en dopamine, la lévodopa, rétablit des valeurs relatives de C4 Glu identiques à celles obtenues pour le groupe des animaux contrôles. Les résultats présentés ici constituent, à notre connaissance, la première observation *in vivo* du métabolisme glutamatergique en RMN ^{13}C chez un modèle expérimental de la MPI à l'aide d'une technique différente de la microdialyse. De plus, cette méthode est non-destructrice et potentiellement applicable à l'homme.

L'augmentation du signal du C4 Glu détectée en RMN ^{13}C chez les rats parkinsoniens pourrait être reliée à des changements du métabolisme glutamatergique ou bien à une augmentation des taux d'utilisation du précurseur marqué au ^{13}C, l'acétate de sodium [2-^{13}C].

Une surestimation de l'augmentation du C4 Glu due à un changement du taux des lipides, utilisés comme référence pour calculer les proportions relatives de C4 Glu, semble peu probable. En effet, la 6-OHDA est une neurotoxine sélective induisant une dénervation dopaminergique striatale (Glinka et al, 1997), qui n'est pas connue pour modifier le métabolisme lipidique.

L'augmentation du métabolisme glutamatergique dans le striatum après dégénération de la voie nigro-striatale décrite ici est en accord avec de précédents travaux. Plusieurs études anatomiques chez le modèle rat parkinsonien ainsi que chez le patient parkinsonien révèlent des changements adaptatifs au niveau des synapses glutamatergiques striatales suggérant une augmentation de l'activité synaptique après lésion de la voie dopaminergique nigro-striatale (Anglade et al, 1996 ; Ingham et al, 1998 ; Meshul et al, 1999). L'enrichissement du marquage à l'or colloïdal des boutons synaptiques asymétriques en utilisant un antisérum contre le L-glutamate confirme la nature glutamatergique de la plupart de ces synapses dans le néostriatum du rat (Ingham et al, 1998). De plus, Meshul et Allen (Meshul et Allen, 2000) décrivent une diminution de la densité de l'immunomarquage du glutamate dans les terminaisons nerveuses striatales après une lésion unilatérale de la voie nigro-striatale par la 6-OHDA chez le rat. Les auteurs suggèrent une augmentation de l'activité synaptique glutamatergique.

Une hyperactivité de la voie glutamatergique cortico-striatale après lésion dopaminergique est aussi en accord avec des résultats obtenus *in vivo* par microdialyse (Lindefors et al, 1990 ; Meshul et al, 1999 ; Jonkers et al 2002). Ces travaux décrivent une augmentation du glutamate extracellulaire dans le striatum de rats parkinsoniens. La diminution des taux de glutamate dans le striatum lésé après un traitement dopaminergique décrite dans notre étude est également en accord avec les travaux de Yamamoto et al réalisés *in vivo* en microdialyse (Yamamoto et al, 1992). Par contre, dans leur étude, Jonkers et coll (Jonkers et al, 2002) rapportent une augmentation du glutamate extracellulaire dans le striatum lésé après une administration unique de lévodopa.

Les précédentes études menées *in vitro* et *in vivo* décrivent la dopamine comme un inhibiteur de la libération de glutamate dans le striatum (Mitchell et al, 1980; Harsing et al, 1991; Yamamoto et al, 1992; Morari et al, 1998). Classiquement, il est admis que la dopamine a un effet inhibiteur sur la libération cellulaire basale de glutamate dans le striatum. L'inhibition de l'activité glutamatergique striatale par la dopamine serait liée à une action sur les récepteurs pré-synaptiques D_2 présents sur les terminaisons nerveuses glutamatergiques cortico-striatales. La présence dans le striatum du rat des récepteurs à la dopamine de type D_2 sur les terminaisons axoniques glutamatergiques et le fait qu'un agoniste sélectif des récepteurs D_2, le quinpirol, inhibe la libération de glutamate confirment cette hypothèse (Yamamoto et al, 1992). L'effet du quinpirol est annulé par l'administration simultanée d'un antagoniste sélectif des récepteurs D2, le s-sulpiride. Dans la MPI, la diminution des taux de dopamine extracellulaire liée à la dégénérescence de la voie nigro-striatale libère les voies glutamatergiques de l'influence inhibitrice de la dopamine et induit une augmentation de la libération de glutamate.

Les études menées *in vivo* par microdialyse décrivent une augmentation du pool de glutamate extracellulaire, qui reflète une libération accrue de glutamate par les terminaisons synaptiques striatales mais n'apporte pas d'information sur les changements du métabolisme glutamatergique intracellulaire mis en jeu. D'une manière complémentaire, la spectroscopie RMN ^{13}C qui mesure le glutamate dans les deux compartiments, intracellulaire et extracellulaire, met en évidence dans notre étude, une augmentation de l'incorporation du marquage ^{13}C sur le carbone C4 du glutamate. Du fait de l'existence d'un équilibre entre les taux de glutamate extracellulaires et intracellulaires, l'augmentation des proportions relatives de glutamate C4 suggère une augmentation du marquage de ce métabolite au niveau intracellulaire. Le compartiment glial utilise le glucose ou l'acétate comme substrat et contient l'enzyme *glutamine synthase* qui permet la production de glutamine (Bachelard et al, 1993; Zwingmann et al, 2003) (figure 48). La glutamine est alors transportée dans le compartiment neuronal et métabolisée en glutamate puis en GABA. Le neurone utilise exclusivement le glucose comme substrat et contient deux enzymes, la *glutaminase* et la *GAD* (*glutamic acid decarboxylase*), produisant respectivement du glutamate et du GABA. L'acétate est synthétisé en acétyl-CoA [2-^{13}C] qui entre dans le cycle de Krebs (cycle TCA) puis via un échange avec l'α-cétoglutarate, il y a synthèse de glutamate C4. Ce dernier est rapidement métabolisé en glutamine C4 par l'enzyme gliale *glutamine synthase*. La glutamine marquée sur son carbone C4 est recyclée dans le neurone où du glutamate C4 et du GABA C2 sont formés. Lors des tours suivants du cycle de Krebs, de la glutamine C2 et C3 et du glutamate C2 et C3 sont synthétisés (figure 48).

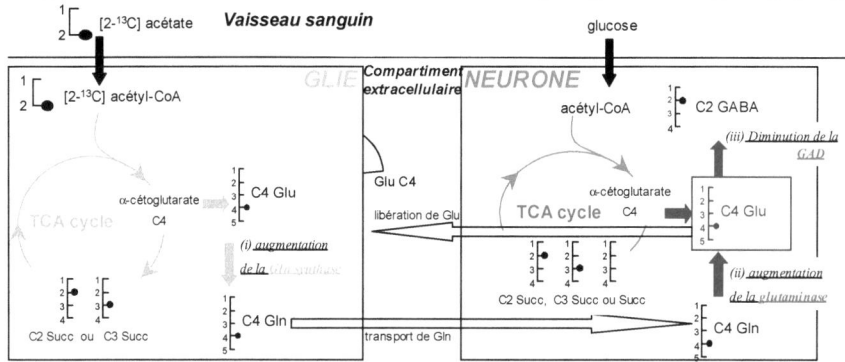

Figure 48 : *Schéma de l'incorporation du marquage ^{13}C des acides aminés à partir de l'acétate de sodium [2-^{13}C] dans les compartiments glial et neuronal.*
(d'après Sibson et al, 1997; Pascual et al, 1998; Chapa et al, 2000)

Deux compartiments métaboliques correspondent respectivement aux cellules gliales (à gauche) et aux neurones (à droite) existent dans le cerveau des mammifères.
L'acétate de sodium [2-^{13}C] est métabolisé en acétyl-CoA [2-^{13}C], qui entre dans le cycle de Krebs (TCA) glial et permet la synthèse de C4 glutamate (C4 Glu) via l'α-cétoglutarate. Le C4 Glu est rapidement métabolisé en C4 glutamine (C4 Gln) par l'enzyme gliale glutamine synthase. La Gln marquée est recyclée dans le neurone où du C4 Glu et du C2 GABA sont produits respectivement par la glutaminase et la GAD.
Les cercles pleins indiquent au sein des molécules la position des atomes de carbone marqués au ^{13}C.
Les abréviations sont les suivantes : C2 GABA: C2 acide gamma-aminobutyrique; C4 Glu: C4 glutamate; C4 Gln: C4 glutamine; C4 succ: C4 succinate; GAD: glutamic acid decarboxylase; Gln synthase: glutamine synthase.

La contribution du glutamate glial est trop faible pour que des variations du glutamate glial soient détectées en spectroscopie RMN ^{13}C (Cruz et al, 1999). Ainsi le marquage en C4 du glutamate détecté dans ce travail est attribué au pool neuronal de glutamate C4.

L'augmentation de l'incorporation du marquage ^{13}C en C4 du glutamate mesuré *in vivo* pourrait être reliée soit à (i) une augmentation du marquage du précurseur du glutamate C4 neuronal, qui est la glutamine C4 présente dans le compartiment glial du fait d'une hyperactivité du cycle de Krebs glial ou d'une augmentation de l'activité enzymatique *glutamine synthase*. L'amplification du marquage en C4 du glutamate pourrait également être associée à (ii) une augmentation de la voie de synthèse du produit à partir du précurseur via une hyperactivité de l'enzyme neuronale, la *glutaminase*. Finalement, elle pourrait être liée à

(iii) une augmentation de la taille du pool neuronal de glutamate due à la diminution de la conversion de glutamate en GABA par l'enzyme neuronale, _GAD_, ou bien à une modification des taux d'utilisation des métabolites dérivés du cycle de Krebs impliqués dans d'autres voies métaboliques au profit de la synthèse de glutamate. Le fait de n'avoir accès dans notre étude _in vivo_, qu'au marquage en C4 du glutamate nous empêche d'identifier les voies impliquées dans l'augmentation de l'incorporation du marquage ^{13}C sur le carbone C4 du glutamate après lésion dopaminergique nigro-striatale. Par contre, nos premiers résultats obtenus _in vitro_ sur les extraits perchloriques de cerveau de rats prélevés en fin de l'expérimentation _in vivo_ mettent en évidence des quantités relatives de glutamine C4 plus importantes chez les rats parkinsoniens que chez les rats contrôles, alors que les quantités relatives de glutamine C4 sont normales _in vivo_ pendant les 100 premières minutes de l'expérimentation. Le traitement à la lévodopa des rats parkinsoniens restaure des quantités relatives de glutamine C4 identiques à celles obtenues pour les animaux contrôles. L'évolution temporelle différente des quantités relatives de glutamate et de glutamine suggère que les quantités de glutamine C4 plus importantes chez les rats parkinsoniens seraient liées à un recyclage du glutamate C4 en glutamine C4 dans la glie. Le cycle glutamate-glutamine serait ainsi favorisé chez ces animaux. Cependant, l'existence d'une augmentation des quantités de glutamine C4 _in vivo_ ne peut être exclue compte tenu des problèmes techniques de quantification de la glutamine C4 _in vivo_.

Les résultats _in vitro_ mettent également en évidence des quantités relatives de GABA supérieures chez les rats parkinsoniens par rapport aux animaux contrôles. Ces résultats permettent de rejeter l'hypothèse qui impliquait une diminution de la conversion de glutamate en GABA liée à une diminution de l'activité enzymatique _GAD_. De plus, il est bien établit dans la littérature que l'expression de l'ARNm codant pour l'enzyme _GAD_ est augmenté dans le striatum de singes intoxiqués au MPTP (Levy et al, 1995 ; Soghomonian et al, 1997) (figure 49).

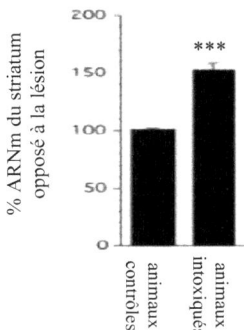

Figure 49 : *ARNm codant pour l'enzyme GAD67 mesurée dans le striatum lésé et exprimée en pourcentage de l'ARNm du striatum opposé à la lésion.*

Plusieurs prolongements de l'étude peuvent être ainsi envisagés. Tout d'abord, la modélisation des résultats obtenus *in vitro* en SRM haute résolution sur les extraits tissulaires prélevés en fin d'expérience devrait permettre l'estimation des flux métaboliques des réactions biochimiques mises en jeu et aider à la compréhension des mécanismes enzymatiques aboutissant à l'augmentation de synthèse de glutamate. Ensuite, des développements méthodologiques seront nécessaires afin d'améliorer la localisation, la résolution spectrale et le rapport signal sur bruit. D'abord la localisation des volumes d'intérêt sera améliorée en utilisant des bandes de saturation de type OVS avec des impulsions adiabatiques ou bien en utilisant une séquence de localisation ^{13}C directe. Ensuite, la résolution spectrale sera améliorée par le développement de séquences de mesure indirecte [1]H découplé [13]C. La mise en place de réglage automatique des shims (FASTMAP) devrait permettre également d'améliorer cette résolution spectrale ainsi que le rapport signal sur bruit, rapport également amélioré avec l'augmentation de l'intensité des champs magnétiques B0.

De plus, la réalisation de mesures *in vivo* en spectroscopie RMN ^{13}C en utilisant du glucose marqué sur son carbone C1 [1-^{13}C] comme précurseur devrait permettre de mesurer les cinétiques de marquage des différents isotopomères (C2, C3 et C4) du glutamate, de la glutamine et du GABA et ainsi d'identifier l'ensemble des voies métaboliques neuronales. En utilisant le glucose comme précurseur, l'état d'activité des neurones sera également évalué puisque la vitesse d'oxydation du glucose à travers le cycle de Krebs est proportionnelle à l'activité neuronale.

Enfin, après les expériences effectuées chez le rat, les mesures des voies métaboliques de la synthèse du glutamate seront mises en œuvre chez le singe. En effet, chez le singe, les NGC sont des structures plus volumineuses que chez le rat, la mesure des cinétiques de marquage en SRM du carbone ^{13}C après perfusion de précurseur marqué (glucose marqué sur son carbone C1, [1-^{13}C] glucose) sera appréciée séparément dans les différents noyaux des ganglions de la base. Une application pourra également être envisagée en clinique, notamment pour apprécier les modifications du métabolisme glutamatergique liées à la présence de mouvements involontaires après traitement chronique à la lévodopa du syndrome parkinsonien.

En conclusion, cette étude en spectroscopie RMN ^{13}C montre *in vivo* chez le rat de façon non-destructrice une augmentation du métabolisme du glutamate C4 dans le striatum déficient en dopamine qui est annulée par l'administration unique d'un agent anti-parkinsonien, la lévodopa. Puisque la SRM ^{13}C est une technique non-invasive, elle pourrait être utilisée chez les patients parkinsoniens et ainsi améliorer la compréhension des modifications du métabolisme glutamatergique impliquées dans la MPI et ses modifications liées au traitement anti-parkinsonien.

Conclusion générale

Conclusion générale

Le but de ce travail de thèse était d'appliquer la spectroscopie RMN du cerveau *in vivo* à l'étude des modèles expérimentaux (rat et primate) de la maladie de Parkinson idiopathique. Il a fallu valider les nombreux développements méthodologiques nécessaires à la mise au point de cette méthode d'exploration. Une étude préliminaire réalisée sur l'aimant 7 T de la plate-forme de Grenoble chez le rat dont la voie nigro-striatale dopaminergique est lésée de façon modérée et sévère par administration de 6-OHDA confirme certains résultats de la littérature en ne décrivant pas de variation significative entre les animaux contrôles et les rats parkinsoniens pour les principaux métabolites, NAA, créatine et choline mesurés dans le striatum. Cette étude a également mis en évidence la difficulté de séparer efficacement *in vivo* la résonance du glutamate et celle de la glutamine. Ensuite, une adaptation de la méthode de sélection des cohérences à double quanta a été proposée pour mesurer directement la résonance du GABA à 3,0 ppm. Cette méthode apporte un gain de temps d'acquisition et de précision de mesure du fait de l'édition du GABA en une seule acquisition. De plus, elle permet l'édition du GABA dans n'importe quel volume d'intérêt placé hors du centre de l'image de repérage sans nécessité de calibrer la phase de l'impulsion de radio-fréquence en fonction de l'emplacement du volume d'intérêt. Une étude menée *in vivo* chez le rat traité de façon chronique par du VGB, un inhibiteur de l'enzyme de dégradation du GABA, la *GABA transaminase*, a permis de valider cette séquence d'impulsions. En effet, les mesures de GABA réalisée *in vivo* sont parfaitement corrélées avec des mesures réalisées *in vitro* en SRM proton haute résolution ainsi qu'avec les concentrations de GABA déterminées par une méthode biochimique classique, la chromatographie sur colonne. La difficulté de séparer le glutamate de la glutamine en SRM localisée du proton et la difficulté à éditer le GABA dans des structures cérébrales profondes nous a conduit à développer des microsondes implantées dans les NGC. Le lien étroit entre le métabolisme de ces trois molécules nous a conduit à développer la SRM du carbone ^{13}C qui après administration d'un précurseur marqué et le suivi du marquage dans de nouvelles molécules est le reflet des voies métaboliques empruntées. Enfin, la détection du marquage isotopique du glutamate C4 pendant une perfusion d'acétate de sodium [2-^{13}C] en utilisant la spectroscopie ^{13}C a permis de montrer que l'incorporation du marquage ^{13}C sur le carbone C4 du glutamate est plus importante dans le striatum de rats dont la voie nigro-striatale dopaminergique est lésée que dans le striatum de rats contrôles. L'administration de façon unique d'un agent anti-parkinsonien, la lévodopa, restaure chez ces rats parkinsoniens des valeurs identiques à celles obtenues pour les rats contrôles. Il s'agit à notre connaissance de la première étude du métabolisme cérébral par spectroscopie RMN ^{13}C *in vivo* dans un modèle expérimental de la MPI.

L'application de la spectroscopie RMN *in vivo* à l'étude du cerveau dans les modèles animaux de la MPI au laboratoire STIM n'en est qu'à ses débuts. Les études envisagées pour l'avenir peuvent être réparties en deux catégories : d'une part, la quantification en spectroscopie proton des principaux métabolites impliqués dans la MPI, notamment le glutamate et le GABA, et d'autre part, les mesures de flux métaboliques par marquage isotopique. La spectroscopie proton localisée permet aujourd'hui d'obtenir à temps d'écho long les concentrations de choline, créatine, NAA et lactate dans le cortex et le striatum chez le rat et le singe. Pour profiter de la richesse d'informations présentes dans le spectre ^{1}H et accéder à d'autres métabolites, il faut développer la quantification à temps d'écho court en collaboration avec la plate-forme de Grenoble. La spectroscopie RMN ^{1}H permet aussi d'éditer le GABA dans le striatum chez le rat et les noyaux gris centraux (NGC) chez le primate. Il serait intéressant d'appliquer la spectroscopie proton localisée dans les différentes structures composant les NGC afin de quantifier séparément dans ces structures le glutamate et le GABA. La petite taille des différentes structures composant les NGC chez le rat rend difficile leur distinction en RMN. L'utilisation du modèle primate de la MPI (singe intoxiqué au MPTP) dont les structures des NGC sont plus volumineuses facilite leur étude en SRM. Cependant, les techniques de SMR localisée sont de mises en œuvre difficiles du fait de la localisation intracérébrale profonde des NGC. Le développement et l'utilisation de microsondes RMN (500µm à 1mm de diamètre) implantées dans les NGC (putamen, Gpi, Gpe, NST) devraient corriger cette difficulté et permettre une mesure des neurotransmetteurs *in vivo* dans chaque composante des NGC.

Le deuxième type d'étude est constitué par les mesures *in vivo* en SRM ^{13}C du métabolisme cérébral par marquage isotopique pendant la perfusion d'un précurseur marqué. La première étude que nous avons réalisée chez le rat après intoxication aiguë à la 6-OHDA pourrait être poursuivie d'une part en utilisant comme précurseur le glucose marqué en position 1 de sa chaîne carbonée. Le glucose [1-^{13}C] est un marqueur du cycle neuronal impliqué dans la synthèse de glutamate, il devrait permettre d'explorer plus spécifiquement les activités enzymatiques du compartiment neuronal modifiées après lésion de la voie dopaminergique. De plus, la vitesse d'oxydation du glucose à travers le cycle de Krebs est proportionnelle à l'activité neuronale glutamatergique, l'analyse des flux métaboliques à travers ce cycle de Krebs devrait apporter des informations sur le dysfonctionnement du métabolisme énergétique chez les modèles expérimentaux de la MPI. Par ailleurs, une mesure plus localisée dans les différentes structures des NGC chez le primate pourrait améliorer la compréhension des modifications enzymatiques mises en jeu dans chaque composant des NGC après dénervation dopaminergique.

En conclusion, la mesure par spectroscopie RMN des concentrations des molécules cérébrales et des voie métaboliques mises en jeu apporte des données précieuses pour la compréhension du fonctionnement du cerveau à l'état normal et lors de pathologies neurodégénératives. Les développements méthodologiques en cours, ainsi que l'augmentation continu de la taille des champs magnétiques des spectromètres modernes devraient faire de la spectroscopie RMN une technique de référence pour l'étude du métabolisme cérébral.

Références bibliographiques

Références bibliographiques

1. **Ackerman JJ, Grove TH, Wong GG, Gadian DG, Radda GK.** (1980). Mapping of metabolites in whole animals by ^{31}P NMR using surface coils. Nature 283:167-70.

2. **Agid Y.** (1990). The biochemistry of Parkinson's disease. *Parkinson's disease (Stern GM ed), London: Chapman and Hall Ltd.* 99-125.

3. **Alexander GE, Crutcher MD.** (1990). Functional architecture of basal ganglia circuits: neural substrates of parallel processing. Trends Neurosci 13:266-71.

4. **Anglade P, Mouatt-Prigent A, Agid Y, Hirsch E.** (1996). Synaptic plasticity in the caudate nucleus of patients with Parkinson's disease. Neurodegeneration 5:121-8.

5. **Aubert I, Ghorayeb I, Normand E, Bloch B.** (2000). Phenotypical characterization of the neurons expressing the D1 and D2 dopamine receptors in the monkey striatum. J Comp Neurol 418:22-32.

6. **Axelson D, Bakken IJ, Susann Gribbestad I, Ehrnholm B, Nilsen G, Aasly J.** (2002). Applications of neural network analyses to in vivo ^{1}H magnetic resonance spectroscopy of Parkinson disease patients. J Magn Reson Imaging 16:13-20.

7. **Bachelard H, Badar-Goffer R.** (1993). NMR spectroscopy in neurochemistry. J Neurochem 61:412-29.

8. **Badar-Goffer RS, Bachelard HS, Morris PG.** (1990a). Cerebral metabolism of acetate and glucose studied by ^{13}C-NMR. spectroscopy. A technique for investigating metabolic compartmentation in the brain. Biochem J 266:133-9.

9. **Baron MS, Wichmann T, Ma D, DeLong MR.** (2002). Effects of transient focal inactivation of the basal ganglia in parkinsonian primates. J Neurosci 22:592-9.

10. **Beal MF.** (2003). Mitochondria, oxidative damage, and inflammation in Parkinson's disease. Ann N Y Acad Sci 991:120-31.

11. **Behar KL, Ogino T.** (1993). Characterization of macromolecule resonances in the ^{1}H NMR spectrum of rat brain. Magn Reson Med 30:38-44.

12. **Behar KL, Rothman DL, Spencer DD, Petroff OA.** (1994). Analysis of macromolecule resonances in 1H NMR spectra of human brain. Magn Reson Med 32:294-302.

13. **Bergman H, Wichmann T, Karmon B, DeLong MR.** (1994). The primate subthalamic nucleus. II. Neuronal activity in the MPTP model of parkinsonism. J Neurophysiol 72:507-20.

14. **Bezard E, Dovero S, Prunier C, Ravenscroft P, Chalon S, Guilloteau D, Crossman AR, Bioulac B, Brotchie JM, Gross CE.** (2001). Relationship between the appearance of symptoms and the level of nigrostriatal degeneration in a progressive 1-methyl-4-phenyl-1,2,3,6-tetrahydropyridine-lesioned macaque model of Parkinson's disease. J Neurosci 21:6853-61.

15. **Blanchet PJ, Konitsiotis S, Whittemore ER, Zhou ZL, Woodward RM, Chase TN.** (1999). Differing effects of N-methyl-D-aspartate receptor subtype selective antagonists on dyskinesias in levodopa-treated 1-methyl-4-phenyl-tetrahydropyridine monkeys. J Pharmacol

Exp Ther 290:1034-40.

16. **Blandini F, Garcia-Osuna M, Greenamyre JT.** (1997). Subthalamic ablation reverses changes in basal ganglia oxidative metabolism and motor response to apomorphine induced by nigrostriatal lesion in rats. Eur J Neurosci 9:1407-13.

17. **Blandini F, Greenamyre JT, Fancellu R, Nappi G.** (2001). Blockade of subthalamic glutamatergic activity corrects changes in neuronal metabolism and motor behavior in rats with nigrostriatal lesions. Neurol Sci 22:49-50.

18. **Blandini F, Porter RH, Greenamyre JT.** (1995). Autoradiographic study of mitochondrial complex I and glutamate receptors in the basal ganglia of rats after unilateral subthalamic lesion. Neurosci Lett 186:99-102.

19. **Blum D, Torch S, Lambeng N, Nissou M, Benabid AL, Sadoul R, Verna JM.** (2001). Molecular pathways involved in the neurotoxicity of 6-OHDA, dopamine and MPTP: contribution to the apoptotic theory in Parkinson's disease. Prog Neurobiol 65:135-72.

20. **Bonavita S, Di Salle F, Tedeschi G.** (1999). Proton MRS in neurological disorders.Eur J Radiol 30: 125-31.

21. **Bottomley PA.** (1987). Spatial localization in NMR spectroscopy in vivo. Ann N Y Acad Sci 508:333-48.

22. **Brownell AL, Jenkins BG, Elmaleh DR, Deacon TW, Spealman RD, Isacson O.** (1998). Combined PET/MRS brain studies show dynamic and long-term physiological changes in a primate model of Parkinson disease. Nat Med 4:1308-12.

23. **Calabresi P, Mercuri NB, Sancesario G, Bernardi G** (1993). Electrophysiology of dopamine-denervated striatal neurons. Implications for Parkinson's disease. Brain 116 (Pt 2):433-52.

24. **Carta AR, Fenu S, Pala P, Tronci E, Morelli M.** (2003). Selective modifications in GAD67 mRNA levels in striatonigral and striatopallidal pathways correlate to dopamine agonist priming in 6-hydroxydopamine-lesioned rats. Eur J Neurosci 18:2563-72.

25. **Ceballos-Baumann AO, Obeso JA, Vitek JL, Delong MR, Bakay R, Linazasoro G, Brooks DJ.** (1994). Restoration of thalamocortical activity after posteroventral pallidotomy in Parkinson's disease. Lancet 344:814.

26. **Cerdan S, Kunnecke B, Seelig J.** (1990). Cerebral metabolism of $[1,2-^{13}C2]$acetate as detected by in vivo and in vitro ^{13}C NMR.. J Biol Chem 265:12916-26.

27. **Chapa F, Cruz F, Garcia-Martin ML, Garcia-Espinosa MA, Cerdan S.** (2000). Metabolism of (1-(13)C) glucose and (2-(13)C, 2-(2)H(3)) acetate in the neuronal and glial compartments of the adult rat brain as detected by [(13)C, (2)H] NMR spectroscopy. Neurochem Int 37: 217-28.

28. **Chase TN, Oh JD.** (2000). Striatal dopamine- and glutamate-mediated dysregulation in experimental parkinsonism. Trends Neurosci 23:S86-91.

29. **Chassain C, Eschalier A, Durif F.** (2003). Antidyskinetic effect of magnesium sulfate in MPTP-lesioned monkeys. Exp Neurol 182:490-6.

30. **Chateil J, Biran M, Thiaudiere E, Canioni P, Merle M.** (2001). Metabolism of [1-(13)C)glucose and [2-(13)C]acetate in the hypoxic rat brain. Neurochem Int 38:399-407.

31. **Chen W, Adriany G, Zhu XH, Gruetter R, Ugurbil K**. (1998). Detecting natural abundance carbon signal of NAA metabolite within 12-cm3 localized volume of human brain using ^{1}H-[^{13}C] NMR spectroscopy. Magn Reson Med 40:180-4.

32. **Choe BY, Park JW, Lee KS, Son BC, Kim MC, Kim BS, Suh TS, Lee HK, Shinn KS.** (1998). Neuronal laterality in Parkinson's disease with unilateral symptom by in vivo ^{1}H magnetic resonance spectroscopy. Invest Radiol 33:450-5.

33. **Choi IY, Tkac I, Gruetter R.** (2000). Single-shot, three-dimensional "non-echo" localization method for in vivo NMR spectroscopy. Magn Reson Med 44:387-94.

34. **Clarke CE, Lowry M.** (2000). Basal ganglia metabolite concentrations in idiopathic Parkinson's disease and multiple system atrophy measured by proton magnetic resonance spectroscopy. Eur J Neurol 7:661-5.

35. **Clarke CE, Lowry M, Horsman A.** (1997). Unchanged basal ganglia N-acetylaspartate and glutamate in idiopathic Parkinson's disease measured by proton magnetic resonance spectroscopy. Mov Disord 12:297-301.

36. **Crossman AR, Mitchell IJ, Sambrook MA.** (1985). Regional brain uptake of 2-deoxyglucose in N-methyl-4-phenyl-1,2,3,6-tetrahydropyridine (MPTP)-induced parkinsonism in the macaque monkey. Neuropharmacology 24:587-91.

37. **Cruz F, Cerdan S.** (1999). Quantitative ^{13}C NMR studies of metabolic compartmentation in the adult mammalian brain. NMR Biomed 12:451-62.

38. **Dautry C, Vaufrey F, Brouillet E, Bizat N, Henry PG, Conde F, Bloch G, Hantraye P.** (2000). Early N-acetylaspartate depletion is a marker of neuronal dysfunction in rats and primates chronically treated with the mitochondrial toxin 3-nitropropionic acid. J Cereb Blood Flow Metab 20: 789-99.

39. **Davie CA, Wenning GK, Barker GJ, Tofts PS, Kendall BE, Quinn N, McDonald WI, Marsden CD, Miller DH.** (1995). Differentiation of multiple system atrophy from idiopathic Parkinson's disease using proton magnetic resonance spectroscopy. Ann Neurol 37:204-10.

40. **Davis GC, Williams AC, Markey SP, Ebert MH, Caine ED, Reichert CM, Kopin IJ.** (1979). Chronic Parkinsonism secondary to intravenous injection of meperidine analogues. Psychiatry Res 1:249-54.

41. **De Stefano N, Guidi L, Stromillo ML, Bartolozzi ML, Federico A.** (2003). Imaging neuronal and axonal degeneration in multiple sclerosis. Neurol Sci 24 Suppl 5:S283-6.

42. **Decorps M.** (1992). Localized spectroscopy using static magnetic field gradients: comparison of techniques. *NMR Basic Principles nad Progress.* 27: 119-49.

43. **Delong M.** (1990). Primate models of movement disorders of basal ganglia origin. *Trends Neurosci.* 13: 281-5.

44. **Doddrell DM, Pegg DT, Bendall MR.** (1982). Distortionless enhancement of NMR signals by polarization transfer. *Journal of Magnetic Resonance.* 48: 323-7.

45. **Eidelberg D, Edwards C.** (2000). Functional brain imaging of movement disorders. Neurol Res 22:305-12.

46. **Ellis CM, Lemmens G, Williams SC, Simmons A, Dawson J, Leigh PN, Chaudhuri KR.** (1997). Changes in putamen N-acetylaspartate and choline ratios in untreated and levodopa-

treated Parkinson's disease: a proton magnetic resonance spectroscopy study. Neurology 49: 438-44.

47. **Elsworth JD, Taylor JR, Sladek JR, Collier TJ, Redmond DE, Roth RH.** (2000). Striatal dopaminergic correlates of stable parkinsonism and degree of recovery in old-world primates one year after MPTP treatment. Neuroscience 95: 399-408.

48. **Federico F, Simone IL, Lucivero V, Iliceto G, De Mari M, Giannini P, Mezzapesa DM, Tarantino A, Lamberti P.** (1997). Proton magnetic resonance spectroscopy in Parkinson's disease and atypical parkinsonian disorders. Mov Disord 12:903-9.

49. **Fenelon G.** (1997). [Diagnosis and course (under treatment) of Parkinson disease]. Rev Prat 47:1062-7.

50. **Filion M, Tremblay L, Bedard PJ.** (1991). Effects of dopamine agonists on the spontaneous activity of globus pallidus neurons in monkeys with MPTP-induced parkinsonism. Brain Res 547:152-61.

51. **Fine J, Duff J, Chen R, Chir B, Hutchison W, Lozano AM, Lang AE.** (2000). Long-term follow-up of unilateral pallidotomy in advanced Parkinson's disease. N Engl J Med 342:1708-14.

52. **Fitzpatrick SM, Hetherington HP, Behar KL, Shulman RG.** (1990). The flux from glucose to glutamate in the rat brain in vivo as determined by 1H-observed, 13C-edited NMR spectroscopy. J Cereb Blood Flow Metab 10:170-9.

53. **Gerfen CR.** (2000). Molecular effects of dopamine on striatal-projection pathways. Trends Neurosci 23:S64-70.

54. **Glinka Y, Gassen M, Youdim MB.** (1997). Mechanism of 6-hydroxydopamine neurotoxicity. J Neural Transm Suppl 50:55-66.

55. **Gomez-Mancilla B, Boucher R, Gagnon C, Di Paolo T, Markstein R, Bedard PJ.** (1993). Effect of adding the D1 agonist CY 208-243 to chronic bromocriptine treatment. I: Evaluation of motor parameters in relation to striatal catecholamine content and dopamine receptors. Mov Disord 8:144-50.

56. **Goulet M, Grondin R, Morissette M, Maltais S, Falardeau P, Bedard PJ, Di Paolo T.** (2000). Regulation by chronic treatment with cabergoline of dopamine D1 and D2 receptor levels and their expression in the striatum of Parkinsonian-monkeys. Prog Neuropsychopharmacol Biol Psychiatry 24:607-17.

57. **Graybiel AM, Hirsch EC, Agid Y.** (1990). The nigrostriatal system in Parkinson's disease. Adv Neurol 53:17-29.

58. **Graybiel AM, Canales JJ, Capper-Loup C.** (2000). Levodopa-induced dyskinesias and dopamine-dependent stereotypies: a new hypothesis. Trends Neurosci 23:S71-7.

59. **Gruetter R, Novotny EJ, Boulware SD, Rothman DL, Mason GF, Shulman GI, Shulman RG, Tamborlane WV.** (1992a). Direct measurement of brain glucose concentrations in humans by ^{13}C NMR spectroscopy. Proc Natl Acad Sci U S A 89:1109-12.

60. **Gruetter R, Rothman DL, Novotny EJ, Shulman RG.** (1992b). Localized ^{13}C NMR spectroscopy of myo-inositol in the human brain in vivo. Magn Reson Med 25:204-10.

61. **Gruetter R, Novotny EJ, Boulware SD, Mason GF, Rothman DL, Shulman GI, Prichard JW, Shulman RG**. (1994). Localized ^{13}C NMR spectroscopy in the human brain of amino acid labeling from D-[1-^{13}C]glucose. J Neurochem 63:1377-85.

62. **Gruetter R, Weisdorf SA, Rajanayagan V, Terpstra M, Merkle H, Truwit CL, Garwood M, Nyberg SL, Ugurbil K**. (1998). Resolution improvements in in vivo ^{1}H NMR spectra with increased magnetic field strength. J Magn Reson 135:260-4.

63. **Gruetter R, Adriany G, Choi IY, Henry PG, Lei H, Oz G**. (2003). Localized in vivo ^{13}C NMR spectroscopy of the brain. NMR Biomed 16:313-38.

64. **Haase A, Frahm J, Hanicke W, Matthaei D**. (1985). ^{1}H NMR chemical shift selective (CHESS) imaging. Phys Med Biol 30:341-4.

65. **Hamada I, DeLong MR**. (1992). Excitotoxic acid lesions of the primate subthalamic nucleus result in transient dyskinesias of the contralateral limbs. J Neurophysiol 68:1850-8.

66. **Harsing LG Jr, Vizi ES** (1991a). Alpha 2-adrenoceptors are not involved in the regulation of striatal glutamate release: comparison to dopaminergic inhibition. J Neurosci Res 28:376-81.

67. **Hassani OK, Mouroux M, Feger J**. (1996). Increased subthalamic neuronal activity after nigral dopaminergic lesion independent of disinhibition via the globus pallidus. Neuroscience 72:105-15.

68. **Hassel B, Sonnewald U, Fonnum F**. (1995). Glial-neuronal interactions as studied by cerebral metabolism of. J Neurochem 64:2773-82.

69. **Henry PG, Dautry C, Hantraye P, Bloch G**. (2001). Brain GABA editing without macromolecule contamination. Magn Reson Med 45:517-20.

70. **Henry PG, Lebon V, Vaufrey F, Brouillet E, Hantraye P, Bloch G**. (2002). Decreased TCA cycle rate in the rat brain after acute 3-NP treatment measured by in vivo ^{1}H-[^{13}C] NMR spectroscopy. J Neurochem 82:857-66.

71. **Herrero MT, Augood SJ, Asensi H, Hirsch EC, Agid Y, Obeso JA, Emson PC**. (1996). Effects of L-DOPA-therapy on dopamine D2 receptor mRNA expression in the striatum of MPTP-intoxicated parkinsonian monkeys. Brain Res Mol Brain Res 42:149-55.

72. **Herrero MT, Augood SJ, Hirsch EC, Javoy-Agid F, Luquin MR, Agid Y, Obeso JA, Emson PC**. (1995). Effects of L-DOPA on preproenkephalin and preprotachykinin gene expression in the MPTP-treated monkey striatum. Neuroscience 68:1189-98.

73. **Herskovitch**. (1987). Measurement of regional cerebral hemodynamics and metabolism by positron emission tomography. *Neuromethods 8. Imaging and Correlative Physicochemical Techniques, Lauder, P. S. Timiras, E. Giacobini eds. Nihoff, Boston, MA.*

74. **Hirsch EC, Perier C, Orieux G, Francois C, Feger J, Yelnik J, Vila M, Levy R, Tolosa ES, Marin C, Trinidad Herrero M, Obeso JA, Agid Y**. (2000). Metabolic effects of nigrostriatal denervation in basal ganglia. Trends Neurosci 23:S78-85.

75. **Hoang TQ, Bluml S, Dubowitz DJ, Moats R, Kopyov O, Jacques D, Ross BD**. (1998). Quantitative proton-decoupled 31P MRS and 1H MRS in the evaluation of Huntington's and Parkinson's diseases. Neurology 50:1033-40.

76. **Holshouser BA, Komu M, Moller HE, Zijlmans J, Kolem H, Hinshaw DB Jr, Sonninen P, Vermathen P, Heerschap A, Masur H, et al**. (1995). Localized proton NMR

spectroscopy in the striatum of patients with idiopathic Parkinson's disease: a multicenter pilot study. Magn Reson Med 33:589-94.

77. **Hu MT, Taylor-Robinson SD, Chaudhuri KR, Bell JD, Morris RG, Clough C, Brooks DJ, Turjanski N.** (1999). Evidence for cortical dysfunction in clinically non-demented patients with Parkinson's disease: a proton MR spectroscopy study. J Neurol Neurosurg Psychiatry 67:20-6.

78. **Ingham CA, Hood SH, Taggart P, Arbuthnott GW.** (1998). Plasticity of synapses in the rat neostriatum after unilateral lesion of the nigrostriatal dopaminergic pathway. J Neurosci 18:4732-43.

79. **Ingham CA, Hood SH, van Maldegem B, Weenink A, Arbuthnott GW.** (1993). Morphological changes in the rat neostriatum after unilateral 6-hydroxydopamine injections into the nigrostriatal pathway. Exp Brain Res 93:17-27.

80. **Jonkers N, Sarre S, Ebinger G, Michotte Y.** (2002). MK801 suppresses the L-DOPA-induced increase of glutamate in striatum of hemi-Parkinson rats. Brain Res 926:149-55.

81. **Jouvensal L, Carlier PG, Bloch G.** (1996). Practical implementation of single-voxel double-quantum editing on a whole-body NMR spectrometer: localized monitoring of lactate in the human leg during and after exercise. Magn Reson Med 36:487-90.

82. **Kanamatsu T, Tsukada Y.** (1999). Effects of ammonia on the anaplerotic pathway and amino acid metabolism in the brain: an ex vivo ^{13}C NMR spectroscopic study of rats after administering [2-13C] glucose with or without ammonium acetate. Brain Res 841:11-9.

83. **Keltner JR, Wald LL, Christensen JD, Maas LC, Moore CM, Cohen BM, Renshaw PF.** (1996). A technique for detecting GABA in the human brain with PRESS localization and optimized refocusing spectral editing radiofrequency pulses. Magn Reson Med 36:458-61.

84. **Keltner JR, Wald LL, Frederick BD, Renshaw PF.** (1997). In vivo detection of GABA in human brain using a localized double-quantum filter technique. Magn Reson Med 37:366-71.

85. **Konitsiotis S, Blanchet PJ, Verhagen L, Lamers E, Chase TN.** (2000). AMPA receptor blockade improves levodopa-induced dyskinesia in MPTP monkeys. Neurology 54:1589-95.

86. **Kreis R, Ernst T, Ross BD.** (1993). Development of the human brain: in vivo quantification of metabolite and water content with proton magnetic resonance spectroscopy. Magn Reson Med 30:424-37.

87. **Levy R, Hazrati LN, Herrero MT, Vila M, Hassani OK, Mouroux M, Ruberg M, Asensi H, Agid Y, Feger J, Obeso JA, Parent A, Hirsch EC.** (1997). Re-evaluation of the functional anatomy of the basal ganglia in normal and Parkinsonian states. Neuroscience 76:335-43.

88. **Levy R, Herrero MT, Ruberg M, Villares J, Faucheux B, Guridi J, Guillen J, Luquin MR, Javoy-Agid F, Obeso JA, et al.** (1995). Effects of nigrostriatal denervation and L-dopa therapy on the GABAergic neurons in the striatum in MPTP-treated monkeys and Parkinson's disease: an in situ hybridization study of GAD67 mRNA. Eur J Neurosci 7:1199-209.

89. **Limousin P, Pollak P, Benazzouz A, Hoffmann D, Le Bas JF, Broussolle E, Perret JE, Benabid AL.** (1995). Effect of parkinsonian signs and symptoms of bilateral subthalamic nucleus stimulation. Lancet 345:91-5.

90. **Lindefors N, Brene S, Persson H.** (1990). Increased expression of glutamic acid

decarboxylase mRNA in rat substantia nigra after an ibotenic acid lesion in the caudate-putamen. Brain Res Mol Brain Res 7:207-12.

91. **Lindefors N, Ungerstedt U.** (1990). Bilateral regulation of glutamate tissue and extracellular levels in caudate-putamen by midbrain dopamine neurons. Neurosci Lett 115:248-52.

92. **Lopez-Martin E, Rozas G, Guerra MJ, Labandeira-Garcia JL.** (1999). Recovery after nigral grafting in 6-hydroxydopamine lesioned rats is due to graft function and not significantly influenced by the remaining ipsilateral or contralateral host dopaminergic system. Brain Res 842:119-31.

93. **Lucetti C, Del Dotto P, Gambaccini G, Bernardini S, Bianchi MC, Tosetti M, Bonuccelli U.** (2001). Proton magnetic resonance spectroscopy (^{1}H-MRS) of motor cortex and basal ganglia in de novo Parkinson's disease patients. Neurol Sci 22:69-70.

94. **Marsden CD.** (1994). Problems with long-term levodopa therapy for Parkinson's disease. Clin Neuropharmacol 17 Suppl 2:S32-44.

95. **Mason GF, Falk Petersen K, de Graaf RA, Kanamatsu T, Otsuki T, Shulman GI, Rothman DL.** (2003). A comparison of (^{13})C NMR measurements of the rates of glutamine synthesis and the tricarboxylic acid cycle during oral and intravenous administration of. Brain Res Brain Res Protoc 10:181-90.

96. **Mason GF, Gruetter R, Rothman DL, Behar KL, Shulman RG, Novotny EJ.** (1995). Simultaneous determination of the rates of the TCA cycle, glucose utilization, alpha-ketoglutarate/glutamate exchange, and glutamine synthesis in human brain by NMR. J Cereb Blood Flow Metab 15:12-25.

97. **Mason GF, Pan JW, Chu WJ, Newcomer BR, Zhang Y, Orr R, Hetherington HP.** (1999). Measurement of the tricarboxylic acid cycle rate in human grey and white matter in vivo by ^{1}H-[^{13}C] magnetic resonance spectroscopy at 4.1T. J Cereb Blood Flow Metab 19:1179-88.

98. **Mason GF, Rothman DL, Behar KL, Shulman RG.** (1992). NMR determination of the TCA cycle rate and alpha-ketoglutarate/glutamate exchange rate in rat brain. J Cereb Blood Flow Metab 12:434-47.

99. **McLean MA, Busza AL, Wald LL, Simister RJ, Barker GJ, Williams SR.** (2002). In vivo GABA+ measurement at 1.5T using a PRESS-localized double quantum filter. Magn Reson Med 48:233-41.

100. **Meshul CK, Allen C.** (2000). Haloperidol reverses the changes in striatal glutamatergic immunolabeling following a 6-OHDA lesion. Synapse 36:129-42.

101. **Meshul CK, Emre N, Nakamura CM, Allen C, Donohue MK, Buckman JF.** (1999). Time-dependent changes in striatal glutamate synapses following a 6-hydroxydopamine lesion. Neuroscience 88:1-16.

102. **Miller BL.** (1991). A review of chemical issues in 1H NMR spectroscopy: N-acetyl-L-aspartate, creatine and choline. NMR Biomed 4:47-52.

103. **Miller WC.** (1987). Altered tonic activity of neurons in the globus pallidus and subthalamic nucleus in the primate MPTP model of parkinsonism. *MB Carpenter and A Jayaraman, Eds (Plenum, New York).* 415-27.

104. **Mink JW.** (1996). The basal ganglia: focused selection and inhibition of competing motor programs. Prog Neurobiol 50:381-425.

105. **Mitchell PR, Doggett NS**. (1980). Modulation of striatal [^{3}H]-glutamic acid release by dopaminergic drugs. Life Sci 26:2073-81.

106. **Morari M, Marti M, Sbrenna S, Fuxe K, Bianchi C, Beani L.** (1998). Reciprocal dopamine-glutamate modulation of release in the basal ganglia. Neurochem Int 33:383-97.

107. **Mueller SG, Weber OM, Duc CO, Meier D, Russ W, Boesiger P, Wieser HG.** (2003). Effects of vigabatrin on brain GABA+/Cr signals in focus-distant and focus-near brain regions monitored by 1H-NMR spectroscopy. Eur J Neurol 10:45-52.

108. **Nash JE, Brotchie JM.** (2002). Characterisation of striatal NMDA receptors involved in the generation of parkinsonian symptoms: intrastriatal microinjection studies in the 6-OHDA-lesioned rat. Mov Disord 17:455-66.

109. **Obeso JA, Rodriguez-Oroz MC, Rodriguez M, Lanciego JL, Artieda J, Gonzalo N, Olanow CW.** (2000). Pathophysiology of the basal ganglia in Parkinson's disease. Trends Neurosci 23:S8-19.

110. **Pan HS, Walters JR.** (1988). Unilateral lesion of the nigrostriatal pathway decreases the firing rate and alters the firing pattern of globus pallidus neurons in the rat. Synapse 2:650-6.

111. **Parent A, Sato F, Wu Y, Gauthier J, Levesque M, Parent M.** (2000). Organization of the basal ganglia: the importance of axonal collateralization. Trends Neurosci 23:S20-7.

112. **Parkinson J.** (1817). Essay on the shaking palsy. *Neely and Jones ed, London.*

113. **Pascual JM, Carceller F, Roda JM, Cerdan S.** (1998). Glutamate, glutamine, and GABA as substrates for the neuronal and glial compartments after focal cerebral ischemia in rats. *Stroke* 29:1048-57.

114. **Paxinos G, Watson C.** (1986). The rat brain in stereotaxic coordinates. *2nd edn. Academic, San Diego, CA.*

115. **Perese DA, Ulman J, Viola J, Ewing SE, Bankiewicz KS.** (1989). A 6-hydroxydopamine-induced selective parkinsonian rat model. Brain Res 494:285-93.

116. **Perry TL, Hansen S, Gandham SS.** (1981). Postmortem changes of amino compounds in human and rat brain. J Neurochem 36:406-10.

117. **Petroff OA, Behar KL, Mattson RH, Rothman DL.** (1996). Human brain gamma-aminobutyric acid levels and seizure control following initiation of vigabatrin therapy. J Neurochem 67:2399-404.

118. **Petroff OA, Rothman DL.** (1998). Measuring human brain GABA in vivo: effects of GABA-transaminase inhibition with vigabatrin. Mol Neurobiol 16:97-121.

119. **Pfeuffer J, Tkac I, Choi IY, Merkle H, Ugurbil K, Garwood M, Gruetter R.** (1999a). Localized in vivo 1H NMR detection of neurotransmitter labeling in rat brain during infusion of. Magn Reson Med 41:1077-83.

120. **Pfeuffer J, Tkac I, Provencher SW, Gruetter R.** (1999b). Toward an in vivo neurochemical profile: quantification of 18 metabolites in short-echo-time (^{1})H NMR spectra of the rat brain. J Magn Reson 141:104-20.

121. **Podell M, Hadjiconstantinou M, Smith MA, Neff NH.** (2003). Proton magnetic resonance

imaging and spectroscopy identify metabolic changes in the striatum in the MPTP feline model of parkinsonism. Exp Neurol 179:159-66.

122. **Preece NE, Cerdan S.** (1996). Metabolic precursors and compartmentation of cerebral GABA in vigabatrin-treated rats. J Neurochem 67:1718-25.

123. **Preece NE, Jackson GD, Houseman JA, Duncan JS, Williams SR.** (1994). Nuclear magnetic resonance detection of increased cortical GABA in vigabatrin-treated rats in vivo. Epilepsia 35:431-6.

124. **Przedborski S, Jackson-Lewis V.** (1998). Mechanisms of MPTP toxicity. Mov Disord 13 Suppl 1:35-8.

125. **Przedborski S, Jackson-Lewis V, Naini AB, Jakowec M, Petzinger G, Miller R, Akram M.** (2001). The parkinsonian toxin 1-methyl-4-phenyl-1,2,3,6-tetrahydropyridine (MPTP): a technical review of its utility and safety. J Neurochem 76:1265-74.

126. **Rascol O, Sabatini U, Chollet F, Fabre N, Senard JM, Montastruc JL, Celsis P, Marc-Vergnes JP, Rascol A.** (1994). Normal activation of the supplementary motor area in patients with Parkinson's disease undergoing long-term treatment with levodopa. J Neurol Neurosurg Psychiatry 57:567-71.

127. **Robledo P, Feger J.** (1990). Excitatory influence of rat subthalamic nucleus to substantia nigra pars reticulata and the pallidal complex: electrophysiological data. Brain Res 518:47-54.

128. **Ross BD, Hoang TQ, Bluml S, Dubowitz D, Kopyov OV, Jacques DB, Lin A, Seymour K, Tan J.** (1999). In vivo magnetic resonance spectroscopy of human fetal neural transplants. NMR Biomed 12:221-36.

129. **Rothman DL, Behar KL, Hetherington HP, Shulman RG.** (1984). Homonuclear ^{1}H double-resonance difference spectroscopy of the rat brain in vivo. Proc Natl Acad Sci U S A 81:6330-4.

130. **Rothman DL, Behar KL, Hetherington HP, den Hollander JA, Bendall MR, Petroff OA, Shulman RG.** (1985). ^{1}H-Observe/^{13}C-decouple spectroscopic measurements of lactate and glutamate in the rat brain in vivo. Proc Natl Acad Sci U S A 82:1633-7.

131. **Rothman DL, Novotny EJ, Shulman GI, Howseman AM, Petroff OA, Mason G, Nixon T, Hanstock CC, Prichard JW, Shulman RG.** (1992). ^{1}H-[^{13}C] NMR measurements of. Proc Natl Acad Sci U S A 89:9603-6.

132. **Rothman DL, Petroff OA, Behar KL, Mattson RH.** (1993). Localized ^{1}H NMR measurements of gamma-aminobutyric acid in human brain in vivo. Proc Natl Acad Sci U S A 90:5662-6.

133. **Rothman DL, Behar KL, Prichard JW, Petroff OA.** (1997). Homocarnosine and the measurement of neuronal pH in patients with epilepsy. Magn Reson Med 38:924-9.

134. **Sanchez-Pernaute R, Garcia-Segura JM, del Barrio Alba A, Viano J, de Yebenes JG.** (1999). Clinical correlation of striatal ^{1}H MRS changes in Huntington's disease. *Neurology 53: 806-12.*

135. **Schneider J.** (1991). Neurochemical evaluation of the striatum in symptomatic and recovered MPTP-treated cats. *Neuroscience.* 44: 421-9.

136. **Schwarting RK, Huston JP.** (1996). The unilateral 6-hydroxydopamine lesion model in

behavioral brain research. Analysis of functional deficits, recovery and treatments. Prog Neurobiol 50:275-331.

137. **Sedelis M, Hofele K, Auburger GW, Morgan S, Huston JP, Schwarting RK.** (2000). MPTP susceptibility in the mouse: behavioral, neurochemical, and histological analysis of gender and strain differences. Behav Genet 30:171-82.

138. **Shank RP, Leo GC, Zielke HR.** (1993). Cerebral metabolic compartmentation as revealed by nuclear magnetic resonance analysis of D-[1-^{13}C]glucose metabolism. J Neurochem 61:315-23.

139. **Shen J, Petersen KF, Behar KL, Brown P, Nixon TW, Mason GF, Petroff OA, Shulman GI, Shulman RG, Rothman DL.** (1999). Determination of the rate of the glutamate/glutamine cycle in the human brain by in vivo ^{13}C NMR. Proc Natl Acad Sci U S A 96:8235-40.

140. **Shen J, Rothman DL, Brown P.** (2002a). In vivo GABA editing using a novel doubly selective multiple quantum filter. Magn Reson Med 47:447-54.

141. **Sibson NR, Dhankhar A, Mason GF, Behar KL, Rothman DL, Shulman RG.** (1997). In vivo ^{13}C NMR measurements of cerebral glutamine synthesis as evidence for glutamate-glutamine cycling. Proc Natl Acad Sci U S A 94:2699-704.

142. **Sibson NR, Dhankhar A, Mason GF, Rothman DL, Behar KL, Shulman RG.** (1998). Stoichiometric coupling of brain glucose metabolism and glutamatergic neuronal activity. Proc Natl Acad Sci U S A 95:316-21.

143. **Sibson NR, Mason GF, Shen J, Cline GW, Herskovits AZ, Wall JE, Behar KL, Rothman DL, Shulman RG.** (2001). In vivo (^{13})C NMR measurement of neurotransmitter glutamate cycling, anaplerosis and TCA cycle flux in rat brain during. J Neurochem 76:975-89.

144. **Soghomonian JJ, Chesselet MF.** (1992). Effects of nigrostriatal lesions on the levels of messenger RNAs encoding two isoforms of glutamate decarboxylase in the globus pallidus and entopeduncular nucleus of the rat. Synapse 11:124-33.

145. **Soghomonian JJ, Laprade N.** (1997). Glutamate decarboxylase (GAD67 and GAD65) gene expression is increased in a subpopulation of neurons in the putamen of Parkinsonian monkeys. Synapse 27:122-32.

146. **Soghomonian JJ, Martin DL.** (1998). Two isoforms of glutamate decarboxylase: why? Trends Pharmacol Sci 19:500-5.

147. **Sokoloff.** (1983). The (^{14}C) deoxyglucose method for measurement of local cerebral glucose utilization. *Neuromethods 11. Carbohydrates and Energy Metabolism. Boulton, A. A., Baker, G. B., Butterworth, R. F. eds. The Humana Press, Clifton, NJ.* 195-232.

148. **Tedeschi G, Litvan I, Bonavita S, Bertolino A, Lundbom N, Patronas NJ, Hallett M.** (1997). Proton magnetic resonance spectroscopic imaging in progressive supranuclear palsy, Parkinson's disease and corticobasal degeneration. Brain 120 (Pt 9):1541-52.

149. **Thompson RB, Allen PS.** (1999). Sources of variability in the response of coupled spins to the PRESS sequence and their potential impact on metabolite quantification. Magn Reson Med 41:1162-9.

150. **Tillerson JL, Caudle WM, Reveron ME, Miller GW.** (2002). Detection of behavioral impairments correlated to neurochemical deficits in mice treated with moderate doses of 1-

methyl-4-phenyl-1,2,3,6-tetrahydropyridine. Exp Neurol 178:80-90.

151. **Tkac I, Starcuk Z, Choi IY, Gruetter R.** (1999). In vivo ^{1}H NMR spectroscopy of rat brain at 1 ms echo time. Magn Reson Med 41:649-56.

152. **Tzagournissakis M, Dermon CR, Savaki HE.** (1994). Functional metabolic mapping of the rat brain during unilateral electrical stimulation of the subthalamic nucleus. J Cereb Blood Flow Metab 14:132-44.

153. **Vila M, Levy R, Herrero MT, Ruberg M, Faucheux B, Obeso JA, Agid Y, Hirsch EC.** (1997). Consequences of nigrostriatal denervation on the functioning of the basal ganglia in human and nonhuman primates: an in situ hybridization study of cytochrome oxidase subunit I mRNA. J Neurosci 17:765-73.

154. **Waldman AD, Rai GS.** (2003). The relationship between cognitive impairment and in vivo metabolite ratios in patients with clinical Alzheimer's disease and vascular dementia: a proton magnetic resonance spectroscopy study. Neuroradiology 45:507-12.

155. **Wang ZJ, Bergqvist C, Hunter JV, Jin D, Wang DJ, Wehrli S, Zimmerman RA.** (2003). In vivo measurement of brain metabolites using two-dimensional double-quantum MR spectroscopy--exploration of GABA levels in a ketogenic diet. Magn Reson Med 49:615-9.

156. **Watts RL, Mandir AS.** (1992). The role of motor cortex in the pathophysiology of voluntary movement deficits associated with parkinsonism. Neurol Clin 10:451-69.

157. **Wichmann T, Bergman H, DeLong MR.** (1994). The primate subthalamic nucleus. III. Changes in motor behavior and neuronal activity in the internal pallidum induced by subthalamic inactivation in the MPTP model of parkinsonism. J Neurophysiol 72:521-30.

158. **Wichmann T, DeLong MR.** (2003). Functional neuroanatomy of the basal ganglia in Parkinson's disease. *Adv Neurol 91: 9-18.*

159. **Wilman.** (1993). *In vivo* NMR detection for -aminobutyric acid, utilizing proton spectroscopy and coherence-pathway filtering with gradients. *Journal of Magnetic Resonance, Series B .* 101: 165-71.

160. **Wilson.** (1995). Models of Information Processing in the Basal Ganglia. *eds. Houk, J. C., Davies, J. L. & Beiser, D. G. (MIT Press, Cambridge, MA).* 29-50.

161. **Yamamoto BK, Davy S.** (1992). Dopaminergic modulation of glutamate release in striatum as measured by microdialysis. J Neurochem 58:1736-42.

162. **Yung KK, Bolam JP, Smith AD, Hersch SM, Ciliax BJ, Levey AI.** (1995). Immunocytochemical localization of D1 and D2 dopamine receptors in the basal ganglia of the rat: light and electron microscopy. Neuroscience 65:709-30.

163. **Zwingmann C, Leibfritz D.** (2003). Regulation of glial metabolism studied by ^{13}C-NMR. NMR Biomed 16:370-99.

Publications

Publications

Ce travail de thèse a fait l'objet des publications suivantes.

Articles.

Bielicki G, Chassain C, Renou JP, Farges MC, Vasson MP, Eschalier A, Durif F. (2004). Brain GABA editing by localized in vivo ^{1}H magnetic resonance spectroscopy (MRS). *NMR in Biomedicine.* 17: 60-8.

Chassain C, Bielicki G, Donnat JP, Renou JP, Eschalier A, Durif F. (2004). Cerebral glutamate metabolism in Parkinson's disease: an in vivo dynamic ^{13}C NMS study in the rat. *Experimental Neurology* (sous presse).

Communications orales et posters.

Bielicki G, Chassain C, Renou JP, Farges MC, Vasson MP, Eschalier A, Durif F. (2002). Brain GABA editing by localized in vivo ^{1}H magnetic resonance spectroscopy (MRS). *European Society for Magnetic Resonance in Medicine and Biology,* p. 171. Cannes. Poster.

Chassain C, Bielicki G, Donnat JP, Renou JP, Eschalier A, Durif F. (2003). Cerebral glutamate metabolism in Parkinson's disease: an in vivo dynamic ^{13}C NMS study in the rat. *European Society for Magnetic Resonance in Medicine and Biology,* p. 83. Rotherdam. Poster.

Chassain C, Durif F, Farion R, Renou JP, Ziegler A. (2003). Mesures du glutamate en spectroscopie ^{1}H à 7T chez le rat parkinsonien : étude préliminaire. *Journées « Imagerie du Petit Animal »,* p. 15. Marseille. Poster.

Chassain C, Bielicki G, Donnat JP, Renou JP, Eschalier A, Durif F. (2004). Etude du métabolisme glutamatergique dans la maladie de Parkinson : une étude dynamique in vivo en spectroscopie RMN ^{13}C chez le rat. *Société française de Neurologie.* Paris. Communication orale.

Chassain C, Bielicki G, Donnat JP, Renou JP, Eschalier A, Durif F. (2004). Cerebral glutamate metabolism in Parkinson's disease: an in vivo dynamic ^{13}C NMS study in the rat. *4th Forum of European Neuroscience,* p. 114. Lisbon. Poster.

I.   Publication I

NMR IN BIOMEDICINE
NMR Biomed. 2004;**17**:60–68
Published online in Wiley InterScience (www.interscience.wiley.com). DOI:10.1002/nbm.863

Brain GABA editing by localized *in vivo* ¹H magnetic resonance spectroscopy

G. Bielicki,[1] C. Chassain,[2] JP. Renou,[1]* MC Farges,[3] MP Vasson,[3] A. Eschalier[2] and F. Durif[2]

[1]Unité STIM, INRA Clermont-Ferrand/Theix, 63122 St Genès Champanelle, France
[2]Unité INSERM EMI 9904, Faculté de Médecine et Pharmacie, 28 place Henri-Dunant, 63001 Clermont-Ferrand, France
[3]Laboratoire de biochimie, biologie moléculaire et nutrition, Faculté de Pharmacie, 28 place Henri-Dunant-B.P. 38, 63001 Clermont-Ferrand, France

Received 4 November 2002; Revised 11 December 2003; Accepted 16 December 2003

ABSTRACT: Editing of GABA by ¹H MRS in a specific brain area is a unique tool for *in vivo* non-invasive investigation of neurotransmission disorders. Selective GABA detection is achieved using sequences based on double quantum coherence (DQC). Our pulse sequence makes accurate measurements without artefacts due to spatial localization. The sequence was tested on a phantom solution. The effect of vigabatrin, a specific inhibitor of GABA transaminase, was measured in rat brain and GABA detection was performed *in vivo* in monkey brain using this procedure. Rats were spilt into two groups. In the control group, the rats had access to water and, in the other group (vigabatrin, VGB, rats), animals were allowed free access to drinking water containing vigabatrin. After 3 weeks of treatment, rats were anesthetized for *in vivo* NMR spectroscopy investigation. At the end of the experiment, brains were quickly removed, freeze-clamped and extracted with 4% perchloric acid. One part of the acid extract was used for GABA concentrations assessment by ion exchange chromatography with ninhydrin detection. The second was used for high-resolution NMR analysis. By chromatography measurements, the GABA concentration was $1.23 \pm 0.06\,\mu mol/g$ for controls, while for vigabatrin-treated rats the GABA concentration was $4.89 \pm 1.60\,\mu mol/g$. The NMR *in vivo* results were closely correlated with the NMR *ex vivo* ($r = 0.99$, $p < 0.01$) and chromatography results ($r = 0.98$, $p < 0.01$). The correlation between *ex vivo* results and chromatography results was also high ($r = 0.99$, $p < 0.001$). This pulse sequence performed GABA editing from a 376 μl voxel located on the right basal ganglia area in a non-human primate brain. This *in vivo* GABA editing scheme can thus be proposed for accurate measurement of brain GABA concentrations. Copyright © 2004 John Wiley & Sons, Ltd.

KEYWORDS: localized *in vivo* ¹H nuclear magnetic resonance spectroscopy; GABA editing; double quantum coherence; *ex vivo* ¹H MRS; chromatography; rat and monkey brain

INTRODUCTION

Gamma-aminobutyric acid (GABA) is the main inhibitory neurotransmitter in mammalian[1] and human brains.[2] Alterations in gaba-ergic pathways and GABA levels have been associated with several neurological disorders.[3–7] Accordingly, the *in vivo* assay of GABA has been a goal of much work on changes in neurotransmission in subjects, e.g. after pharmacological treatment.

Proton nuclear magnetic resonance (NMR) localized spectroscopy provides regional measurements of brain

GABA levels non-invasively *in vivo*. However, this method is complicated by the low GABA levels in the brain (~ 1 mM) and by the overlapping of the proton resonances of GABA by the larger resonances of creatine, glutamate, N-acetylaspartate[8,9] and macromolecules.[10] Around 3.0 ppm, where γ-CH₂ GABA resonates, the methyl group of creatine predominates. This methyl group is subject to the effects of J-coupling. Thus to eliminate this spectral overlap, various editing methods have been developed. A homonuclear J-coupling-based editing pulse sequence has been used in rat[11,12] and human[13–15] brains. This method, based on a spectral difference, is sensitive to patient motion and is prone to instability artefacts that produce variations between successive acquisitions. Multiple quantum filter techniques[16–21] acquire edited spectra in a single shot and are thus less susceptible to motion and instability artefacts.

Our aim was to determine the efficacy of the double quantum filter sequence. As GABA is not detected *in vivo* in the brain of control rats, vigabatrin (VGB), a drug known to increase GABA levels by inhibition of GABA transaminase,[4,22] was used for *in vivo* and *ex vivo* NMR

**Correspondence to:* J. P. Renou, Unité STIM, INRA Clermont-Ferrand/Theix, 63122 St Genès Champanelle, France.
E-mail: jpr@sancy.clermont.inra.fr

Abbreviations used: Ala, alanine; Asp, aspartate; CHESS, chemical shift-selective water suppression; Cho, choline; Cr, creatine; DQC, double quantum coherence; EEC, Experiments Evaluation Committee; exc, exciting pulse; Glu, glutamate; Glx, glutamic acid and glutmine; Lac, lactic acid; NAA, N-acetylaspartic acid; Pcr, phosphocreatine; PRESS, point-resolved spectroscopy; Ref, refocusing pulse; RF, radio-frequency; Sup, water suppression; VGB, vigabatrin; VOI, volume of interest.

NMR Biomed. 2004;**17**:60–68

experiments. The NMR results are compared with biochemical assays.

MATERIALS AND METHODS

NMR spectroscopy general protocol

The *ex vivo* ¹H NMR spectra were recorded on a Bruker Avance 400 (9.4 T) with a classical ¹H NMR sequence (spectral bandwidth 1780.63 Hz, repetition time 6 s and scan number 512). The FIDs were acquired with an 11.5 μs pulse (90°). A line broadening of 0.1 Hz was applied.

The phantom tests and *in vivo* experiments were performed on a Bruker Biospec (4.7 T). A home-made Helmotz probe (coil diameter 5 cm, length 36 cm) was used for rats and phantom tests and a Bruker birdcage probe (diameter 23 cm, length 7 cm) for a monkey.

Localization was achieved using a hermite slice selective pulse for the first 90° and the two 180° pulses, corresponding to the *x*, *z* and *y* directions respectively.

In vivo spectra were acquired from a 454 mm³ (7.32 × 6.52 × 9.52 mm) voxel located in the central region of the rat brain [Fig. 1(A)] and from a 376 mm³ (3.21 mm³) voxel located on the right basal ganglia area in the brain of a monkey [Fig. 1(B)].

Conventional PRESS spectra were acquired with spectral bandwidth 5000 Hz, repetition time 2 s, echo time 18.65 ms and scan number 128. Double quantum filtered spectra were obtained with the pulse sequence of Fig. 2 with spectral bandwidth 5000 Hz, repetition time 2 s, echo time 68 ms and scan number 1024.

Pulse sequence for GABA editing

The GABA detection was performed using a pulse sequence based on double quantum coherence (DQC). The DQC were converted into single-quantum coherence by the third 90° pulse which was a frequency selective binomial pulse tuned to the βCH_2 GABA resonance. The DQC detection efficiency required the first two 90° pulses to have identical phase. When the volume of interest (VOI) was located outside the isocenter, the slice selective RF pulses were applied with non-zero frequency offsets. The shift of the VOI induced variation of GABA signal intensity. When a slice-selective pulse was applied with an offset O_o, its effective phase in the frame rotating F_{GABA} was shifted by $\Psi_o = 2_o O_o d_o$, where d_o was the interval separating the switch from channel A to channel B and the middle of the pulse.[23] Various devices designed to correct it required a calibration for each VOI change. We propose a method to perform accurate measurements without artefacts due to spatial localization. During the time between the first two 90° pulses, the periods (d_i) during which a frequency (O_i) was applied had to be

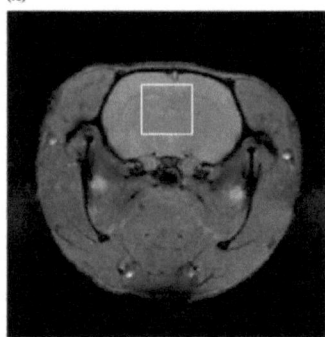

(A)

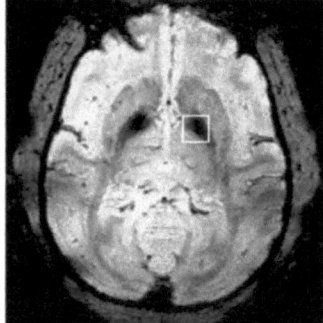

(B)

Figure 1. Location of the voxels of interest: (A) rats and (B) monkey. The voxel of interest was localized on the central brain area for rats (454 mm³) and on the right basal ganglia for the monkey (376 mm³)

exactly identical before and after the selective 180° RF pulse (Fig. 2).

Phantom experiments

Phantom studies were performed to assess the efficiency of the DQC sequence in several locations. A 4 cm-diameter spherical phantom containing GABA (100 mM) and phosphocreatine (Pcr) (125 mM) was used. Conventional single-quantum and localized DQC spectra were

NMR Biomed. 2004;17:60–68

G. BIELICKI *ET AL.*

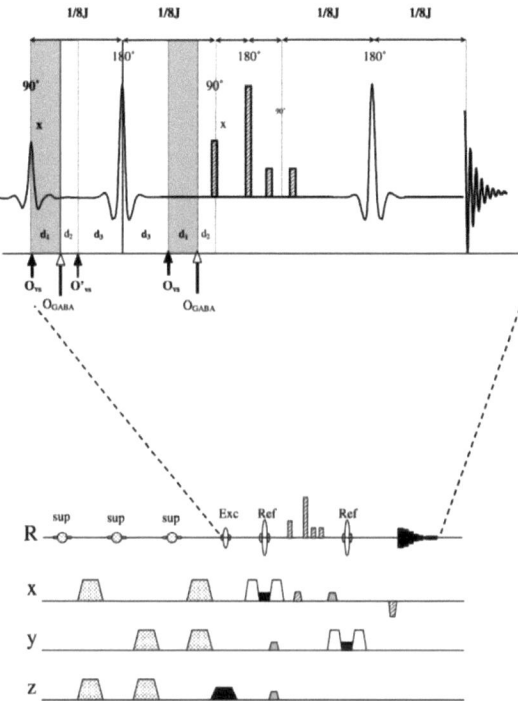

Figure 2. Press localized double quantum filter sequence. Location was achieved using a hermit slice selective pulse for the third 90° (exc, exciting) and the two 180° pulses (ref, refocusing), corresponding to the *x*, *z* and *y* directions, respectively (dark gray on the *x*, *y* and *z* directions). The light gray gradients were spoilers. Water suppression was performed using CHESS pulses (with stippled points, sup, water suppression). The double quantum coherences were excited by the first three pulses (90°, 180°, 90°) (hatched rectangles). The SQC excited by the initial 90° pulse evolved under the influence of the *J*-coupling interaction and was converted into a multiple quantum coherence by the second 90° pulse. The multiple quantum coherence was converted into observable single quantum coherence by the third 90° pulse. Two 45° pulses were added to increased the 3.0 ppm GABA signal by overloading the other resonances (hatched rectangles in the *x* direction). To overcome the phase modulation, the times during which a frequency was applied had to be exactly identical before and after the selective 180° RF pulse, during the period between the first two 90° pulses. *d* was the period during which the different offsets were applied. O_{vs} and O'_{vs} were the offsets for volume selection and O_{GABA} was the offset for the β-CH$_2$ GABA

          NMR Biomed. 2004;**17**:60–68

obtained as previously described in two different voxel (229 mm³) locations.

Animal preparation and brain metabolite extraction

All studies were in accordance with the EEC recommendations for the care and use of laboratory animals. They were performed using male Wistar rats (180–220 g) fasted overnight *ad libitum* ($n = 7$). Animals were split into two groups. In the control group, the rats ($n = 3$) had access to water. Animals ($n = 4$) in the other group (VGB rats) were allowed 3 weeks of free access to drinking water containing Vigabatrin (Sabril^{IR}, Hoechst Marion Roussel, France). At the end of this period, VGB animals ($n = 4$) had drunk on average 500 mg/kg of VGB.

Animals were anesthetized with 3% isoflurane carried by O$_2$ (1 l/min) delivered through a close-fitting snout mask. They were placed in the magnet, and anesthesia was maintained with 1.8% isoflurane carried by O$_2$ (0.8 l/min). At the end of the *in vivo* NMR spectroscopy, the forebrains of the animals were quickly removed (<1 min), briefly washed in cold physiological saline and frozen in liquid nitrogen. Brain samples were stored at −80°C for perchloric acid extraction.

Brain tissues were homogenized with 4% perchloric acid. After centrifugation at 4°C (9600 rpm, 15 min), the supernatant was neutralized with K$_2$CO$_3$ (3.5 M). A further centrifugation was performed at 4°C (9600 rpm, 10 min) to eliminate the pellet of KCl. The supernatant was divided into two parts: one was stored at −20°C for chromatographic analysis and the other was lyophilized. The lyophilized powder was finally dissolved in 300 µl of D$_2$O (pH adjusted to 7.4) and stored at −20°C for ¹H NMR spectroscopy.

The non-human primate study was performed using a *Macaca mulatta* (body weight 5 kg, female, aged about 12 years). This animal was housed individually in a standard primate cage with free access to water and food. After sedative injection of 15 mg/kg (i.m.) of tiletamine-zolazepam (Zoletil^{IR}, Reading France), the monkey was anesthetized with sevoflurane (Ultane, Abbott) 8% with oxygen inhalation through a face mask for 90 s. An oral intubation was then performed with a no. 4 tracheal tube. The tube was connected to a Monnal CFPO ventilator via a coaxial breathing circuit 7 m long. Controlled ventilation (Vt 70 mL, Rr 20/min) was performed during the entire procedure to keep expired CO$_2$ at 35 ± 2 mmHg (Capnomac Datex). Anesthesia was maintained with sevoflurane (2%) throughout the procedure. The monkey wore a knitted jacket to prevent hypothermia. It was placed in the magnet and its head was restrained inside the coil with a non-magnetic positioning system to minimize motion during the experiment.

Ionic exchange chromatography after ninhydrin derivatization

Free amino acid concentrations were measured by ion-exchange chromatography with post-column ninhydrin detection using an automated amino acid analyzer (Model 6300, Beckman Instruments, Palo Alto, CA, USA). A 250 µmol/l calibrator stock solution containing physiological amino acids (Sigma-Aldrich) was prepared. Glutamine (Sigma-Aldrich) was added at the same concentration. Before analysis, the calibrators and samples were diluted (1:5 by vol) in lithium citrate buffer (pH 2.2) containing 250 µmol/l of D-glucosaminic acid and S2 amino-ethylcysteine (Sigma-Aldrich) as internal calibrators.

Quantification of GABA

To quantify the GABA levels *in vivo*, the total creatine (tCr) pool (creatine + phosphocreatine) was assumed to be constant and not dependant on VGB administration. The signal at ∼3 ppm is the contribution of GABA and also of macromolecules and of small metabolites (homocarnosine, glutathione). Their respective contribution has been estimated as between 10 and 30% of the signal assigned to GABA.[13,21,24] We have chosen the same GABA$_+$ notation previously defined by McLean *et al.*[25] to underline the contamination of GABA signal by these components.

The ratio [GABA$_+$]/[tCr] is given by

$$[\text{GABA}_+]/[\text{tCr}] = (\text{AREA}_{\text{GABA}})/(\text{AREA}_{\text{tCr}}) \times 3/2 \times 1/\text{Yield} \qquad (1)$$

according to McLean *et al.*,[25] the 3/2 comes from the number of protons contributing to each resonance (two for GABA; three for tCr). The 1/yield is a factor which corrects the peak area to take into account the differences in GABA and tCr measurement conditions: unfiltered PRESS, DQF, echo times.

The resonance areas were determined from the NMR1 software (Tripos Inc.) with curve fitting of the corresponding metabolites. For the total creatine pool fitting was performed from the PRESS spectrum without edition, and for the GABA pool from the DQF spectrum. This ratio gave only a relative value for the result comparison.

For *ex vivo* measurements, the resonance areas of the spectra were determined from the NMR1 software (Tripos Inc.) with a curve fitting of the corresponding metabolites, and the GABA/tCr ratio was calculated. The *ex vivo* GABA/tCr ratios were averaged for the control group and VGB rats and were expressed as mean ± SEM.

In chromatography analysis, the GABA concentration was expressed as µmol/g of brain. All values were

NMR Biomed. 2004;**17**:60–68

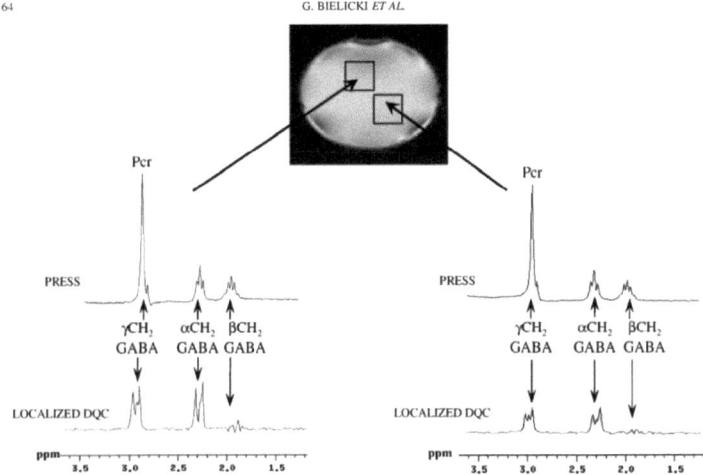

Figure 3. Localized spectra from phantom tests. The phantom was a 4 cm-diameter sphere containing GABA (100 mM) and phosphocreatine (125 mM). Voxels (229 mm^3) were located in two sites out of the isocenter. Spectra in (A) were acquired with a conventional single-quantum sequence with spectral bandwidth 5000 Hz, repetition time 2 s, echo time 18.65 ms and scan number 128. Spectra in (B) were acquired with the localized DQC sequence with spectral bandwidth 5000 Hz, repetition time 2 s, echo time 68 ms and scan number 1024. In spectra (B), only GABA resonances were detected

expressed as mean ± SEM. The coefficient of variation (CV) was calculated as the difference between basal and treated value divided by basal value.

The GABA concentration assessed by *in vivo* ^{1}H NMR editing sequence was expressed as a function of *ex vivo* ^{1}H NMR spectroscopy results and also as a function of the biochemical data. Linearity was assessed by the correlation coefficient *r*.

Inter-group comparison of GABA levels obtained from high-resolution NMR spectroscopy and chromatography was performed using a Student *t*-test.

RESULTS

Phantom studies

Our DQC sequence was tested on a phantom made from a solution of GABA and creatine. The results are shown in Fig. 3. The VOIs were positioned outside the isocenter. There was no significant variation in the intensity of GABA edited signals according to the volume position. By symmetrically adjusting the time during which the different offsets were applied, no position-dependent

phase arises. In this way, whatever the VOI location, no phase calibration was necessary. The experiments indicate that the GABA editing was efficacious. The [GABA$_+$]/[tCr] is expected to be 0.8 (−100/125). From measurements on phantom the Yield factor was found to be 0.64. This value was then used to determine *in vivo* the [GABA$_+$]/[tCr] ratio.

In vivo rats studies

Figure 4 shows a localized DQC spectrum acquired from the brain of a rat that has ingested VGB. The *in vivo* DQC spectrum displays the 3.0 ppm GABA resonance. In control animals, GABA signals were not detected. In VGB rats, the area of the different metabolite resonances (GABA$_+$ and tCr) were calculated, and the [GABA$_+$]/[tCr] ratio was 0.72 ± 0.38.

High-resolution ^{1}H spectroscopy

Figure 5 shows high resolution ^{1}H NMR spectra from perchloric acid extracts prepared from a control and VGB

                    NMR Biomed. 2004;**17**:60–68

(A)

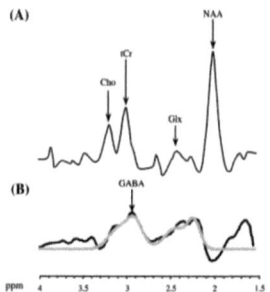

(B)

ppm   4   3.5   3   2.5   2   1.5

Figure 4. *In vivo* ¹H spectrum of VGB (500 mg/kg) rat. (A) Spectrum measured with a PRESS sequence, sum of 128 scans (spectral bandwidth 5000 Hz, repetition time 2 s, echo time 18.65 ms). (B) Spectrum acquired with the localized DQF sequence, sum of 1024 scans (spectral bandwidth 5000 Hz, repetition time 2 s, echo time 68 ms). The gray curve is the curve fitting of the corresponding metabolites. The resonances were assigned as follows: Cho, choline (3.14 ppm); tCr, total creatine (3.04 ppm); GABA, γ-amino butyric acid (3.0 ppm); Glx, glutamic acid and glutamine (2.35 ppm); NAA, *N*-acetylaspartic acid (2.0 ppm)

rat. The area of the different metabolite resonances were calculated (GABA $_+$/tCr). The [GABA $_+$]/[tCr] ratio was significantly higher for VGB treated rats (1.57 ± 0.55) than for controls (0.41 ± 0.08; $p < 0.01$).

Chromatography

The results show that the GABA concentrations were increased by VGB (1.23 ± 0.06 µmol/g for controls and 4.89 ± 1.60 µmol/g for VGB rats; $p < 0.01$).

Correlations

[GABA $_+$]/[tCr] ratio assessment by *ex vivo* high resolution NMR was correlated with the assessment by chromatography ($r = 0.99$, $p < 0.001$; Fig. 6A). The effectiveness of the localized ¹H NMR spectroscopy was demonstrated by a significant correlation with chromatography results ($r = 0.98$, $p < 0.01$; Fig. 6B) and with *ex vivo* high resolution NMR ($r = 0.99$, $p < 0.01$; Fig. 6C).

Non-human primate study

Figure 7(A) shows a conventional spectrum acquired with the PRESS sequence. The localized DQF spectrum is shown in Fig. 7(B). The GABA signal was detected in non-human primate brain and the ratio GABA $_+$/tCr is 0.35.

DISCUSSION

This sequence, based on double quantum coherence, is found to give single-shot suppression of the uncoupled metabolites as shown in phantom and *in vivo* NMR studies.[19] This sequence has the advantage over the *J*-editing method of being independent of movement and transient Bloch–Siegert effect, as discussed recently by Shen *et al.*[21] Although the GABA editing difference technique is more efficacious than the localized DQC technique for detecting γ-CH₂ GABA in the phantom solution,[13,14] the *J*-editing method is susceptible to cancellation errors arising from motion, which produces slight variations between successive acquisitions. The DQC overcomes this difficulty by achieving detection in a single acquisition. However, this detection method is affected by the error of the position-dependent phase.[23] In the DQ pulse sequence, the 180° pulses have two effects: (i) they provide slice selection for localization, and (ii) they refocus the effect of chemical shift δ. We used this refocusing characteristic to resolve the problem inherent in the location of the selected regions. Giving the symmetry of each side of the first 180° pulse for the times during which the different offsets are applied allows measurements in any off-centered voxels.

The DQC sequence was tested *in vivo* in rats and a monkey. In the rats, the *in vivo* DQC spectra are reproducible and the sequence allows GABA editing above 1.7 mM in a relatively small voxel (454 mm³).[14] Also, it allows accurate measurement of brain GABA concentrations, as shown by the correlation with the other GABA concentration measurements methods such as *ex vivo* high resolution ¹H NMR and chromatography. From the linear regression between *in vivo* and *ex vivo* determinations the slope is 1.0 ± 0.1, while the intercept is not zero. These values depend on the Yield factor. This last one determined in phantoms can be expected to be different in *in vivo* tissues, because the T_2 is not the same. Moreover there are many sources of error in metabolite quantification owing to coherence loss of coupled spins in the PRESS sequence.[26] Moreover, the post-mortem changes induce an increase in GABA level, which is shown to increase by 23% during the 2 min following the rat death.[27] In this *post-mortem* study, animals were killed by cervical dislocation and remained at room temperature for intervals of 2, 5, 10, 30 and 60 min. Their whole brain was then removed and placed in liquid nitrogen. The glutamic acid decarboxylase, involved in the post-mortem GABA production, is more active at room temperature than in our experimental conditions. To remove the brain the time was less than 1 min in our study. The brain was immediately washed with cold physiological saline. Thus, the additional GABA synthesized after the animal death in our experimental conditions should be far much less than 23%.

The contribution from macromolecules to the GABA signal has to be taken into account. This contribution is

NMR Biomed. 2004;17:60–68

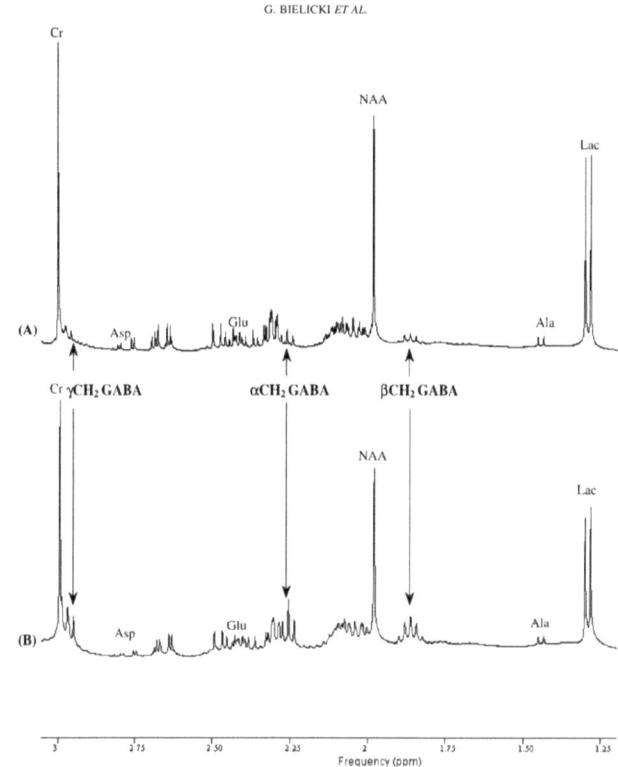

Figure 5. High-resolution ¹H spectrum of perchloric acid extract. (A) Control rat brain; (B) VGB (500 mg/kg) rat brain. The spectrum represented the sum of 512 scans with a repetition time of 6 s and a spectral bandwidth of 178 063 Hz. The resonances were assigned as follows: Cr, creatine (3.04 ppm); GABA, γ-amino butyric acid (α-CH₂ GABA, 2.3 ppm; β-CH₂ GABA, 1.9 ppm; γ-CH₂ GABA, 3.0 ppm); Asp, aspartate (2.80 ppm); Glu, glutamic acid (2.35 ppm); NAA, N-acetylaspartic acid (2.0 ppm); Ala, alanine (1.5 ppm); Lac, lactic acid (1.34 ppm)

expected to be more important in the homonuclear *J*-coupling-based editing spectrum (40%)[1,3] than in the DQF spectrum (10%).[25] In a recent work[28] macromolecules and GABA were not still resolved in two-dimensional DQF spectrum. In this work, the relative variation of GABA was followed by assuming a constant macromolecular contribution. This assumption was verified

because there is a linear relationship between the GABA levels measured *in vivo* and those *ex vivo*.

To validate our results obtained in rats, we have performed GABA editing in a non-human primate brain. GABA levels in basal ganglia of primate can be determined without VGB treatment, whereas in rats, VGB should be administered to lead a blockade of GABA

     NMR Biomed. 2004;**17**:60–68

(A)

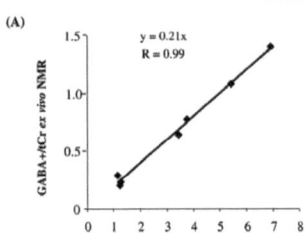

(B)

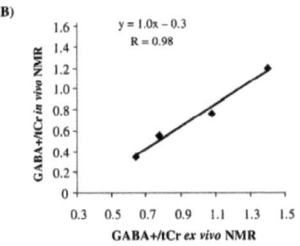

(C)

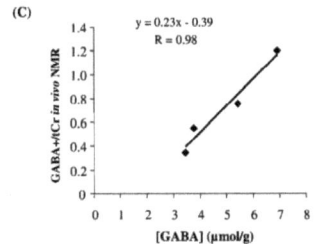

Figure 6. Correlation between measured GABA levels. (A) Correlation between GABA levels measured by high resolution ^{1}H NMR spectroscopy and by chromatography ($r = 0.99$, $p < 0.001$). (B) Correlation between GABA levels measured by localized ^{1}H NMR spectroscopy and by chromatography ($r = 0.98$, $p < 0.01$). (C) Correlation between GABA levels measured by localized ^{1}H NMR spectroscopy and by high-resolution ^{1}H NMR spectroscopy ($r = 0.99$, $p < 0.01$). GABA concentrations measured by chromatography were expressed in µmol/g of brain. For high-resolution ^{1}H NMR measurements, data represented the GABA-total creatine (tCr) ratio for controls ($n = 3$) and for VGB rats ($n = 4$) and for localized ^{1}H NMR they represented the GABA-tCr ratio for VGB rats ($n = 4$)

(A)

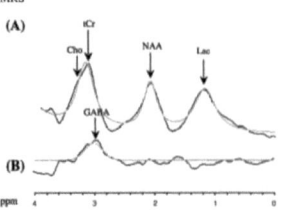

(B)

Figure 7. *In vivo* localized ^{1}H NMR of non-human primate brain. (A) Spectrum recorded with a PRESS sequence representing the sum of 128 scans (spectral bandwidth 5000 Hz, repetition time 2 s, echo time 68 ms). (B) Spectrum acquired with the localized DQF sequence representing the sum of 128 scans (spectral bandwidth 5000 Hz, repetition time 2 s, echo time 68 ms). Gray curves were the curves fitting of the corresponding metabolites. The resonances were assigned as follows: Cho, choline (3.14 ppm); tCr, total creatine (3.04 ppm); GABA, γ-amino butyric acid (3.0 ppm); NAA, N-acetylaspartic acid (2.0 ppm); Lac, lactate (1.34 ppm)

transaminase and an increase of GABA levels (factor of 5), consistent with previous studies.[12,29]

In conclusion, this method should provide a valuable tool for the *in vivo* assessment of GABA-ergic change in experimental models of degenerative disorders such as Parkinson's disease and also in humans.

REFERENCES

1. Roberts E, Chase TN, Tower DB. *GABA in Nervous System Function*. Raven Press: New York, 1976.
2. McCormick DA. GABA as an inhibitory neurotransmitter in human cerebral cortex. *J. Neurophysiol.* 1989; **62**: 1018–1027.
3. Urquhart N, Perry TL, Hansen S, Kennedy J. GABA content and glutamic acid decarboxylase activity in brain of Huntington's chorea patients and control subjects. *J. Neurochem.* 1975; **24**: 1071–1075.
4. Perry TL, Kish SJ, Buchanan J, Hansen S. Gamma-aminobutyric-acid deficiency in brain of schizophrenic patients. *Lancet* 1979; **8110**: 237–239.
5. Casey DE, Gerlach J, Magelund G, Christensen TR. Gamma-acetylenic GABA in tardive dyskinesia. *Arch. Gen. Psychiat.* 1980; **37**: 1376–1379.
6. Kish SJ, Rajput A, Gilbert J, Rozdilsky B, Chang LJ, Shannak K, Hornykiewicz O. Elevated gamma-aminobutyric acid level in striatal but not extrastriatal brain regions in Parkinson's disease: correlation with striatal dopamine loss. *Ann. Neurol.* 1986; **20**: 26–31.
7. Meldrum BS. GABAergic mechanisms in the pathogenesis and treatment of epilepsy. *Br. J. Clin. Pharmac.* 1989; **27**(Suppl. 1): 3S–11S.
8. Behar KL, den Hollander JA, Stromski ME, Ogino T, Shulman RG, Petroff OA, Prichard JW. High-resolution 1H nuclear magnetic resonance study of cerebral hypoxia *in vivo*. *Proc. Natl Acad. Sci. USA* 1983; **80**: 4945–4948.
9. Behar KL, Ogino T. Assignment of resonance in the ^{1}H spectrum of rat brain by two-dimensional shift correlated and J-resolved NMR spectroscopy. *Magn. Reson. Med.* 1991; **17**: 285–303.
10. Behar KL, Ogino T. Characterization of macromolecule resonances in the ^{1}H NMR spectrum of rat brain. *Magn. Reson. Med.* 1993; **30**: 38–44.

NMR Biomed. 2004;17:60–68

11. Rothman DL, Behar KL, Hetherington HP, Shulman RG. Homo-nuclear ¹H double-resonance difference spectroscopy of the rat brain *in vivo. Proc Natl Acad. Sci. USA* 1984; **81**: 6330–6334.

12. Preece NE, Jackson GD, Houseman JA, Duncan JS, Williams SR. Nuclear magnetic resonance detection of increased cortical GABA in vigabatrin-treated rats *in vivo. Epilepsia* 1994; **35**: 431–436.

13. Rothman DL, Petroff OA, Behar KL. Localized ¹H NMR measurements of gamma-aminobutyric acid in human brain *in vivo. Proc. Natl Acad. Sci. USA* 1993; **90**: 5662–5666.

14. Keltner JR, Wald LL, Christensen JD, Maas LC, Moore CM, Cohen BM, Renshaw PF. A technique for detecting GABA in the human brain with PRESS localization and optimized refocusing spectral editing radiofrequency pulses. *Magn. Reson. Med.* 1996; **36**: 458–461.

15. Hetherington HP, Newcomer BR, Pan JW. Measurements of human cerebral GABA at 4.1 T using numerically optimized editing pulses. *Magn. Reson. Med.* 1998; **39**: 6–10.

16. Wilman AH, Allen PS. *In vivo* NMR detection strategic for gamma-aminobutyric acid, utilizing proton spectroscopy and coherence-pathway filtering with gradients. *J. Magn. Reson. B* 1993; **101**: 165–171.

17. Keltner JR, Ledden PJ, Matthews R, Chen YI, Moore J, Rosen BR, Jenkins BG. Detection of changes in glucose, lactate, GABA and glutamate in the *in vivo* rat brain using a single-voxel double-quantum filter at 4.7 T. *ISMRM Abstr.* 1995; 1919.

18. Wilman AH, Allen PS. Yield enhancement of a double-quantum filter sequence designed for the edited detection of GABA. *J. Magn. Reson. B* 1995; **109**: 169–174.

19. Keltner JR, Wald LL, Frederick BD, Renshaw PF. *In vivo* detection of GABA in human brain using a localized double-quantum filter technique. *Magn. Reson. Med.* 1997; **37**: 366–371.

20. Henry PG, Dautry C, Hantraye P, Bloch G. Brain GABA editing without macromolecule contamination. *Magn. Reson. Med.* 2001; **45**: 517–520.

21. Shen J, Rothman DL, Brown P. *In vivo* GABA editing using a novel doubly selective multiple quantum filter. *Magn. Reson. Med.* 2002; **47**: 447–454.

22. Lippert B, Metcalf BW, Jung MJ, Casara P. 4-Amino-hex-5-enoic acid, a selective catalytic inhibitor of 4-aminobutyric-acid amino-transferase in mammalian brain. *Eur. J. Biochem.* 1977; **74**: 441–445.

23. Jouvensal L, Carlier PG, Bloch G. Practical implementation of single-voxel double-quantum editing on a whole-body NMR spectrometer: localized monitoring of lactate in the human leg during and after exercise. *Magn. Reson. Med.* 1996; **36**: 487–490.

24. Rothman DL, Behar KL, Prichard JW, Petroff OA. Homocarno-sine and the measurement of neuronal pH in patients with epilepsy. *Magn. Reson. Med.* 1997; **38**: 924–929.

25. McLean MA, Busza AL, Wald LL, Simister RJ, Barker GJ. Williams SR. *In vivo* GABA+ measurement at 1.5 T using a PRESS-localized double quantum filter. *Magn. Reson. Med.* 2002; **48**: 233–241.

26. Thompson RB, Allen PS. Sources of variability in the response of coupled spins to the PRESS sequence and their potential impact on metabolite quantification. *Magn. Reson. Med.* 1999; **41**: 1162–1169.

27. Perry TL, Hansen S, Gandham SS. Postmortem changes of amino compounds in human and rat brain. *J. Neurochem.* 1981; **36**: 406–410.

28. Wang ZJ, Bergqvist C, Hunter JV, Jin D, Wang DJ, Wehrli S, Zimmerman RA. *In vivo* measurement of brain metabolites using two-dimensional double-quantum MR spectroscopy-exploration of GABA levels in a ketogenic diet. *Magn. Reson. Med.* 2003; **49**: 615–619.

29. Preece NE, Cerdan S. Metabolic precursors and compartmenta-tion of cerebral GABA in vigabatrin-treated rats. *J. Neurochem.* 1996; **67**: 1718–1725.

II. Publication *II*

Cerebral glutamate metabolism in Parkinson's disease: an *in vivo* dynamic ^{13}C NMS study in the rat

running-head title: Cerebral glutamate metabolism in Parkinson's disease

Chassain Carine[*]; Bielicki Guy[$]; Donnat Jean-Pierre[$]; Renou Jean-Pierre[$]; Eschalier Alain[*]; Durif Franck[*].

[*] INSERM EMI 9904, Faculté de Médecine et de Pharmacie, 28 place Henri Dunant, 63001 Clermont-Ferrand, France
[$] STIM INRA, Clermont-Ferrand/Theix, 63122 Saint Genès Champanelle, France

Abstract

The aim of this work was to explore *in vivo* the metabolism of the basal ganglia in a rat model of Parkinson's disease. ^{13}C NMR spectroscopy was used to monitor the synthesis of glutamate/glutamine from [2-^{13}C] sodium acetate. ^{13}C label incorporation in glutamate at the carbon C4 was measured in the brain of rats in different physiopathological states and after antiparkinsonian treatment.
Studies were performed in control rats (n = 6) and parkinsonian rats (n = 5) in a stable state and after acute levodopa administration (50mg/kg i.v.). ^{13}C NMR spectra recorded using a ^{1}H/^{13}C surface probe were acquired in the injured cerebral hemisphere. The sequence was a ^{13}C acquisition sequence with ^{1}H-decoupling during acquisition which lasted 17 minutes, 6 spectra were obtained during the acetate infusion.
Levels of glutamate C4 expressed as a percentage of the lipid resonance that appears in the same spectrum, were significantly higher in parkinsonian rats than in controls after 34 minutes (45.1 ± 12.8 % vs 32.0 ± 3.7 %; p<0.05), 51 minutes (49.0 ± 5.6 % vs 29.8 ± 4.0 %; p<0.001), 68 minutes (61.6 ± 12.5 % vs 43.5± 13.7 %; p<0.01) and 85 minutes (46.8 ± 5.8 % vs 27.4 ± 7.4 %; p<0.05) of substrate infusion. In parkinsonian rats receiving an acute levodopa injection, the relative proportion of glutamate C4 was statistically lower than in parkinsonian rats receiving saline.
Our results show that the metabolism of neuronal glutamate increases in dopamine-depleted striatum and that is restored by administration of levodopa.

Key words: ^{13}C NMR spectroscopy, [2-^{13}C] sodium acetate, glutamate, rat brain, Parkinson's disease

Introduction

The dorsal striatum contains primarily GABAergic medium-sized spiny neurons. They are controlled in part by excitatory glutamatergic input from the neocortex and thalamus and in part by dopaminergic input from the substantia nigra pars compacta (SNpc) (McGeorge and Faull, 1989; Bolam et al, 2000). These two inputs into the striatum are believed to be involved in the control of motor functions. Specific loss of the dopaminergic neurons projecting from the SNpc to the striatum leads to Parkinson's disease (PD), which associates a variety of motor abnormalities such as akinesia, rigidity and resting tremor (Blandini et al, 1993).

Anatomical studies in parkinsonian rat models and neuropathological observations in parkinsonian patients have shown that dopamine denervation results in changes in the striatal synapses, with an increase in the mean percentage of asymmetrical synapses containing a discontinuous, or perforated, postsynaptic density (Ingham et al, 1993, Anglade et al, 1996; Meshul et al, 1999). The afferents making asymmetric contact with the dendritic spines of striatal neurons correspond mainly to glutamatergic corticostriatal afferents linked to medium spiny neurons (Nieoullon et al, 1992; Ingham et al, 1998). These findings are in accordance with a hyperactivity of the cortico-striatal glutamatergic afferents. Thus, several studies performed in parkinsonian models show increased extracellular levels of striatal glutamate after dopaminergic deafferentation (Meshul et al 1999; Lindefors et al, 1990, Jonkers et al, 2002). Consistent with this hypothesis, injection of agonists of N-methyl-D-aspartate (NMDA) receptor into the striatum induces parkinsonian rigidity (Klockgether et al, 1993). In addition, co-administration of NMDA receptor antagonists and levodopa is more effective in the treatment of parkinsonian symptoms than levodopa alone (Greenamyre et al, 1997).

Assessments of glutamate levels in the striatum after lesion of the nigrostriatal dopaminergic pathway are performed *in vivo* primarily by microdialysis techniques. These methods are invasive and measure only extracellular glutamate levels. On the other hand, the development of nuclear magnetic resonance (NMR) spectroscopy has now made it possible to study some aspects of brain biochemistry by means of non invasive *in vivo* methods. Furthermore, it is also possible to follow the level of a neurotransmitter in relation to time. Information about either relative or absolute rates of neurotransmitter amino acids metabolism in normal brain (Rothman et al, 1985; Cerdan et al, 1990, Hassel et al, 1997; Sibson et al, 1997; Henry et al, 2003; Morris et al, 2003) and in pathological situations such as hyperammonemia (Lapidot and Gopher, 1997; Sibson et al, 2001), cerebral ischemia (Pascual et al, 1998; Kanamatsu and Tsukada, 1999; Chateil et al, 2001) or neurodegenerative disorders (Henry et al, 2003) is obtained from ^{13}C-NMR studies using ^{13}C-enriched glucose and/or acetate. Radiolabeling experiments and ^{13}C-NMR studies (van den Berg and Garfinkel, 1971: Cerdan et al, 1990; Bachelard and Badar-Goffer, 1993; Zwingmann and Leibfritz, 2003) have shown that the glial compartment uses glucose or acetate as substrates and contains glutamine synthase allowing the production of glutamine, which is transferred to the neuronal compartment and metabolized into glutamate and GABA. The neuronal compartment uses glucose as a substrate and contains glutaminase and glutamic acid decarboxylase (GAD), producing respectively glutamate and GABA. [2-^{13}C] sodium acetate is synthesized to [2-^{13}C] acetyl-CoA, which enters the glial tricarboxylic acid (TCA) cycle and is incorporated into C4 glutamate (figure 1). The latter is quickly metabolized into C4 glutamine by the glial glutamine synthase. Labeled C4 glutamine is recycled in the neuronal compartment, where labeled C4 glutamate and C2 GABA are produced. In subsequent TCA cycles, C2 and C3 glutamate are synthesized and then metabolized into C2 and C3 glutamine. The contribution of glial glutamate is too low to detect any variation from glial on the whole ^{13}C NMR signal (Cruz and Cerdan, 1999), thus the amount of glutamate labeled from a ^{13}C at C4, which was measured in this study, was assumed to be the neuronal pool of glutamate C4.

The aim of the present work was to investigate, non invasively and *in vivo*, the effects of lesion of the nigrostriatal dopaminergic pathway on glutamate metabolism, in particular on the glutaminase activity, which can be assessed using ^{13}C-enriched acetate as precursor, in the striatum of parkinsonian rats, using an NMR technique. The influence of an acute antiparkinsonian treatment (levodopa, 50mg/kg, i.v.) was also tested.

Materials and methods

Parkinson's disease model

Thirty-two male Sprague Dawley rats (IFFA-CREDO, l'Arbresle, France), aged seven weeks and weighing 220-240g at the start of the experiment, were housed under controlled environmental conditions (temperature 22°C, 12h light-dark cycle) and given free access to commercial laboratory chow and water. All procedures were carried out in accordance with the EEC recommendations for care and use of laboratory animals.

Unilateral 6-OHDA injections

Rats were anesthetized with 40mg/kg sodium pentobarbital i.p. and placed in a stereotaxic frame. 6-OHDA (Sigma, Saint-Louis, USA) was dissolved at a concentration of 10 mg/ml in 0.9% NaCl, containing 0.2% ascorbic acid (Sigma) to avoid 6-OHDA oxidation. A total dose of 20µg in 2µl was injected into each animal. The toxin was infused at 0.5µl/min for four minutes through a 29-gauge stainless-steel cannula attached with polyethylene tubing to a glass seringe mounted in a Harvard microdrive pump. The unilateral stereotaxic injection site was the right medial forebrain bundle. Coordinates were measured anterior (A) and lateral (L) to the bregma and vertical (V) to the dura and were A = -3.7mm, L = 1.6mm and V = 8.8mm according to the Paxinos and Watson Atlas (Paxinos and Watson, 1986). The cannula was initially placed stereotactically at the coordinate position and left in place for one minute before starting the infusion. After the injection, the cannula remained in place for an additional 4 minutes to allow diffusion of the toxin, before being slowly withdrawn.

Behavioral analysis

Two weeks after surgery, the effective lesion was assessed by analysis of the turning behavior following i.p. administration of 2mg/kg apomorphine chlorhydrate (1% Apokinon, Aguettant, France). Apomorphine is a dopamine receptors agonist which stimulates both classes of dopamine receptors (D_1 and D_2). The typical response to a challenge with apomorphine is that of contraversive turning, which is attributed to the stimulation of supersensitive dopamine receptors in intact striatum. This rotational behavior was measured in an open field (60×60×40cm) and analyzed manually. The number of turns ipsi- or contralateral to the side of lesion was evaluated during 60 minutes under baseline conditions (spontaneous behavior) and during 60 minutes after apomorphine injection. Results represent the mean number of turns performed during the 60 minutes sessions. The turning behavior was assessed as an index of asymmetry: [ipsiversive behavior/(ipsiversive+contraversive behavior)] × 100. Only animals with an index of less than 50, indicating an asymmetry favoring the intact side, were used for the NMR study (Perese et al, 1989).

Among the 20 animals lesioned, 16 turned contralaterally to the side of 6-OHDA injection more than ten times per minute in response to apomorphine (figure 2A; F = 70.4, p<0.001 for contraversive vs ipsiversive rotation after apomorphine). When the results were expressed as an index of asymmetry, animals which had been successfully operated performed significantly more contraversive turns after apomorphine administration than under baseline conditions (figure 2B; F = 181.3, p<0.001).

Animal preparation

Four groups of rats were studied: a first control group of naïve, non-operated animals, receiving acute saline (NaCl 9‰; pH = 7.4; 1ml i.v.) (n = 6), a second control group receiving an acute antiparkinsonian treatment (levodopa, Sigma; 50mg/kg; 1ml i.v.) (n = 6), a parkinsonian group receiving acute saline (NaCl 9‰; pH = 7.4; 1ml i.v.) (n = 5) and a parkinsonian group receiving levodopa administrated in a acute manner (50mg/kg; 1ml i.v.) (n = 5). The animals were anesthetized with 2% isoflurane in 0.8 liter/min oxygen. Body temperature was maintained at ≈ 37°C with a blanket and a temperature-regulated circulating water bath. The right jugular vein was dissected and cannulated with a polyethylene catheter for administration of $[2-^{13}C]$ sodium acetate (99.9% enriched,

3.16M in NaCl 9‰, pH = 7.4; CortecNet, Paris, France). Just after installation of the catheter, the rat was put on a Plexiglas holder and the surface coil was placed in contact with its head. The holder was introduced into the center of the magnetic field. Firstly, the animals were infused with NaCl 9‰ (0.5ml) for acquisition of a baseline NMR spectrum. The [2-^{13}C] acetate infusion then started with a bolus (110μmol/100g/min over 8 minutes), which was followed by a constant infusion (10μmol/100g/min over 112 minutes). ^{13}C NMR spectra were acquired continuously throughout the [2-^{13}C] acetate infusion.

In vivo ^{13}C NMR spectroscopy

In vivo NMR data were acquired with a 4.7 Tesla horizontal-bore spectrometer (Bruker, Biospec 47/40) using a 30mm diameter ^{1}H/^{13}C surface coil made in our laboratory. Spectra were recorded in the injured cerebral hemisphere with a volume selection employing six outer volume suppression (OVS) slices. Four OVS slices (18.7mm thick) were located graphically by following the outline of the injured hemisphere, as shown in figure 3. Two additional OVS slices (18.7mm thick) were positioned by following the outline of the brain in the axial localizer image. A limitation of the present ^{13}C NMR study is the fact that the volume defined by the six OVS bands used for spectral acquisition encompasses several regions of the hemi-brain selected, including parts of the white matter, cortex, hippocampus and striatum. However, as assessed on the localizer images, the striatum represents approximately 70% of the NMR voxel defined with the six OVS bands, thus we assumed that glutamate measured in this study corresponded mainly to striatal glutamate. Even though it was likely that the dimensions of the coil were such as that a high percentage of the signal will be retained from the whole of the striatum, to be sure that the sensitivity of glutamate detection was homogeneous in the entire part of the voxel, we have performed a cartography of the B1 field (figure 4) to assessed the homogeneity of the signal in all the NMR voxel defined with the OVS bands (conditions for images acquisition: 12,500 Hz spectral width, TR=5,000ms, TE=18.65ms). Values of the ^{13}C 90° flip angle decreased appreciatively 20 % in the part the more deep of basal ganglia in the selected NMR voxel. Thus, we can assume that the detection of Glu C4 was homogenous whatever the distance from the cortex to the entire part of the striatum.

Spectra were recorded with a 90° flip angle, 2s recycle time, 12,500 Hz spectral width and 4K memory size and 512 scans. The sequence was a ^{13}C acquisition sequence with ^{1}H-decoupling during acquisition (waltz-16), and lasted 17 minutes. One spectrum was recorded under baseline conditions, after which six were acquired during [2-^{13}C] acetate infusion. The free induction decay was multiplied by 20 Hz line broadening constant before Fourier transformation. Chemical shifts were expressed in ppm relative to the (CH$_2$)$_n$ lipid resonance centered at 30.3 ppm.

Statistical analysis

Behavioral analysis

Number of turns performed in each direction during 60 minutes were compared for spontaneous behavior and for behavior after apomorphine injection by analysis of variance (ANOVA), followed by a Newman Keuls test if there was significant (p<0.05). The index of asymmetry for spontaneous behavior and for behavior after apomorphine administration were compared by analysis of variance (ANOVA), followed by a Newman Keuls test if there was significant (p<0.05).

Spectral analysis

Peak areas were measured with the PeakFit® spectral processing program and the resolved spectral lines quantified by gaussian and lorentzian curve fitting. The peak area of each metabolite was expressed in arbitrary units and as the percentage of the lipid peak. Before the start of [2-^{13}C] acetate infusion, the ratio Glu C4 / lipids was constant for each group. This Glu C4 initial value was subtracted from those obtained at different infusion times. Differences in lipids peak areas and metabolite relative proportions between parkinsonian rats and controls under stable conditions and after levodopa treatment were examined by analysis of variance (ANOVA) for repeated measures, followed by a Newman-Keuls test if there was significance (p<0.05).

Results

In vivo ^{13}C NMR spectroscopy

Spectra obtained *in vivo* using a ^{13}C acquisition sequence with ^{1}H-decoupling during acquisition in the hemisphere of a control rat brain before (baseline conditions) and at the end of [2-^{13}C] acetate infusion are shown in figure 5. In the spectrum recorded during NaCl 9‰ infusion, one observes the resonance peaks of lipids (30.3 ppm), arising from the natural abundance of ^{13}C carbon. After [2-^{13}C] acetate infusion, several amino acid peaks appear. The resonance of glutamine (Gln) and glutamate (Glu) C2 is detected near 55 ppm. Glu C4 (34.16 ppm) and Gln/Glu C3 (near 27 ppm) emerge respectively under the resonances of carbon methylene groups (-CH$_2$-COO) and α-CH$_2$ moiety of fatty acids (-CH$_2$-CH=CH). [2-^{13}C] acetate appears at 24.4 ppm. The accuracy of the Glu C4 values depended highly on the quality of fat signal suppression. The spectral resolution did not allow to distinguish the relative contribution of Glu and Gln to the C2 and C3 signals. Hence we analyzed only the Glu C4 resonance. Figure 6A shows the temporal evolution of ^{13}C labeled Glu/Gln in the hemi-brain of a control rat during [2-^{13}C] acetate infusion. The baseline spectrum was subtracted from each spectrum acquired during infusion. Glu C4 appears soon after administration of [2-^{13}C] acetate (17 minutes after the beginning of infusion) and is followed by Gln/Glu C2 (34 minutes) and Gln/Glu C3 (34 minutes).

The peak areas of lipid expressed in arbitrary units, were not different between groups (control + saline: 102.25 ± 9.63; control + levodopa: 102.65 ± 8.69; parkinsonian + saline: 113.03 ± 29.14 and parkinsonian + levodopa: 102.29 ± 11.70; F = 0.228; p = 0.88).

The areas of the Glu C4 and acetate peaks were integrated and expressed as the percentage of the lipid peak for each spectrum and the kinetic of the Glu C4 signal is depicted in figure 6A. Glu C4 production is continuous and reaches a maximum 34 minutes after the beginning of acetate infusion for the control + saline, control + levodopa and parkinsonian + levodopa groups. In the parkinsonian + saline group, Glu C4 expressed as the percentage of lipid peak is significantly higher than in the control + saline group (F = 12.28, p<0.01). After 34 minutes of [2-^{13}C] acetate infusion, the relative proportion of Glu C4 formed is higher in parkinsonian rats receiving saline (45.1 ± 12.8 %) than in controls receiving saline (32.0 ± 3.7 %; p<0.05), as likewise after 51 minutes of acetate infusion (49.0 ± 5.6 % vs 29.8 ± 4.0 %; p<0.001), after 68 minutes (48.4 ± 11.9 % vs 27.1 ± 4.3 %; p<0.01) and after 85 minutes (46.8 ± 5.8 % vs 27.4 ± 7.4 %; p<0.05). In the parkinsonian + levodopa group, relative proportions of Glu C4 are statistically lower than in the parkinsonian + saline group (F = 4.17, p<0.05). After 51 minutes of [2-^{13}C] acetate infusion, the amount of glutamate labeled with ^{13}C at C4 in parkinsonian rats is 49.0 ± 5.6 % after saline and 29.3 ± 16.5 % after levodopa treatment (p<0.05), while after 68 minutes it is 48.4 ± 11.9 % following saline and 32.3 ± 18.6 % following levodopa treatment (p<0.05) and after 85 minutes it is 46.8 ± 5.8 % following saline and 31.5 ± 12.5 % following levodopa treatment (p<0.05). Acetate levels expressed as percentage of lipid resonance increase during the first 34 minutes of [2-^{13}C] acetate infusion, but then decrease and acetate is not detectable after 85 minutes (figure 6B). The acetate peak decreases more slowly for parkinsonian rats, although this difference is not significant.

Discussion

In the present study, after unilateral lesion of the dopaminergic nigrostriatal pathway in parkinsonian rat model, significant changes in glutamate metabolism were detected *in vivo* in the injured striatum, using ^{13}C-NMR spectroscopy. Glutamate C4 relative proportions were higher ipsilateral to the lesion than in striatum of control rats and of control rats receiving levodopa administered in an acute manner. Furthermore, in dopamine-depleted striatum, the anti-parkinsonian drug levodopa restored relative levels of glutamate identical to those in controls. This increase of ^{13}C NMR signal of the C4 Glu detected in parkinsonian rats could be related to changes in glutamate metabolism or to an increase of the rate of utilization of acetate. An overestimation of the increase in C4 Glu due to a change of lipids accounts used to calculate the C4 Glu relative proportion, is improbable because 6OHDA is a selective neurotoxin inducing a striatal dopaminergic denervation (Glinka et al, 1997), which is not known to induce change in lipid metabolism. Furthermore, the 6-OHDA treatment has no effect on levels of lipid peak areas assessed by NMR spectroscopy. The same is true after the acute levodopa administration, which has no effect on levels of cerebral lipids in rats non-operated and also in rats with a lesion of the dopaminergic nigro-striatal pathway after 6OHDA infusion. To our knowledge, there is no study which describes change in lipid metabolism after 6OHDA treatment. Thus we can think that the 6-OHDA lesion and the levodopa treatment have no effect on levels of cerebral lipids assessed by NMR spectroscopy.

To our knowledge, this ^{13}C-NMR study is the first examination of glutamate metabolism in an animal model of Parkinson's disease *in vivo* by means other than microdialysis. Furthermore, this method is non destructive and potentially applicable to humans.

The finding of enhanced metabolism of glutamate in the striatum after degeneration of the nigrostriatal pathway is in accordance with previous reports. Several anatomical studies in parkinsonian rat models and parkinsonian patients have revealed adaptative changes in striatal glutamatergic synapses suggestive of increased synaptic activity after lesion of the dopaminergic nigrostriatal pathway (Anglade et al, 1996; Ingham et al, 1998; Meshul et al, 1999). The enrichment of immunogold labeling in asymmetric buttons using an antiserum to L-glutamate confirmed the glutamatergic nature of the majority of asymmetric synapses in the neostriatum of rats (Ingham et al, 1998). Moreover, Meshul and Allen (Meshul and Allen, 2000) found that the density of the immunolabeling of glutamate within the striatal nerve terminals decreased after unilateral 6-OHDA lesion in rats, suggesting an increase in glutamatergic synaptic activity.

An hyperactivity of the corticostriatal pathway after 6-OHDA lesion is also consistent with *in vivo* microdialysis results (Lindefors and Ungerstedt, 1990; Meshul et al, 1999; Jonkers et al, 2002), which show an increase in extracellular glutamate in the striatum of parkinsonian rats. The decrease in glutamate levels in the injured striatum after dopaminergic treatment is further in agreement with the *in vivo* microdialysis study of Yamamoto et al. (Yamamoto et al, 1992). In contrast, Jonkers et al. (Jonkers et al, 2002) report an increase in extracellular glutamate in dopamine-depleted striatum following acute administration of levodopa.

In vitro and *in vivo* studies of the striatum depict dopamine as an inhibitory modulator of glutamate release (Mitchell and Doggett, 1980; Harsing and Vizi, 1991; Yamamoto et al, 1992; Morari et al, 1998). In general, it is assumed that dopamine has an inhibitory effect on basal cellular glutamate release in the striatum. It is further hypothesized that this inhibition of striatal glutamatergic activity by dopamine is mediated by presynaptic D_2 receptors on corticostriatal glutamatergic terminals. The finding that receptors of the D_2 type are located on glutamatergic axon terminals in rat corpus striatum and that the selective D_2 agonist quinpirol inhibits glutamate release (Maura et al, 1988; Yamamoto et al, 1992), an effect antagonized by the selective D_2 antagonist s-sulpiride (Yamamoto et al, 1992), are in accordance with this hypothesis. In Parkinson's disease, the loss of extracellular dopamine through degeneration of the nigrostriatal pathway relieves the glutamatergic pathway from this presynaptic inhibitory influence and induces an increase in glutamate release. Postsynaptically, the striatal dopamine depletion induces an upregulation of the NMDA receptors on striatal GABAergic neurons, which contain the NR2B subunit (Chase and Oh, 2000) and a modulation of the GluR1 subtype of AMPA receptors mRNA expression in the neostriatum of rat after 6-OHDA lesion (Lai et al, 2003).

In vivo microdialyse techniques have revealed an increase in the extracellular pool of glutamate (Lindefors and Ungerstedt, 1990; Meshul et al, 1999; Jonkers et al, 2002). The fact that microdialysis shows an increase of extracellular glutamate is in accordance with a release of striatal glutamate from the synaptic termination but gives no information on the change of the intracellular metabolism of glutamate. In a complementary way, ^{13}C NMR spectroscopy, which measures glutamate both in the extracellular and intracellular compartments, interestingly shows in our study an increase in the amount of glutamate pool labeled with ^{13}C at C4. As a balance of glutamate amounts can be expected between the extracellular and the intracellular glutamate compartments, the rise in the relative proportions of C4 glutamate revealed by ^{13}C NMR suggests an increase in the neuronal labeling of this metabolite. This might be related to (i) an increase in the fractional labeling of the precursor pool (i.e. glutamine C4 in the glial compartment) linked to an hyperactivity of the glial TCA cycle or to an increase of the glutamine synthase activity. The rise in the labeling of glutamate C4 neuronal might be also related to (ii) an increase in the rate of pathway from precursor to product by an increase of the neuronal glutaminase activity. Finally, it might be related to (iii) an increase of the size of glutamate pool by a decrease in the conversion of glutamate into GABA by the neuronal GAD or a modification of the rate of TCA cycle products utilization implicated in other metabolic pathways, leading to an enhancement of the glutamate accumulation. As we have assessed only the proportion of labeling of glutamate C4, it was impossible to identify the pathways implicated in the increase of label incorporation in neuronal glutamate C4. Thus future works such as tissue extracts analysis at the end of the experiment or *in vivo* measurements with [1-^{13}C] glucose as substrate might help to isolate the metabolic pathways involved in the change in C4 glutamate labeling.

In summary, this ^{13}C NMR spectroscopy study illustrates *in vivo* in the rat, non-invasively, that metabolism of glutamate C4 increase in dopamine-depleted striatum which is restored by administration of the antiparkinsonian drug levodopa. Since ^{13}C NMR spectroscopy is a non-invasive technique, it could be used in parkinsonian patients and thus help to improve our understanding of the changes in glutamate metabolism occurring in Parkinson's disease, under basal conditions and after antiparkinsonian treatment.

Figure legends

Figure 1 : ^{13}C labeling patterns of amino acids derived from [2-^{13}C] sodium acetate in glial and neuronal compartments *(from Sibson et al, 1997; Pascual et al, 1998; Chapa et al, 2000).*
Two metabolic compartments associated with the glial (left) or neuronal (right) compartment exist in the brain. [2-^{13}C] sodium acetate is activated to [2-^{13}C] acetyl-CoA, which enters the glial tricarboxylic acid (TCA) cycle and is incorporated into C4 glutamate. The latter is quickly metabolized into C4 glutamine by glial glutamine synthase. Labeled glutamine is recycled in the neuronal compartment, where labeled C4 glutamate and C2 GABA are produced by glutaminase and GAD, respectively.
Filled circles indicate the position of ^{13}C-labeled carbon atoms. Abbreviations are as follows: C2 GABA: C2 gamma-aminobutyric acid; C4 Glu: C4 glutamate; C4 Gln: C4 glutamine; C4 succ: C4 succinate; GAD: glutamic acid decarboxylase; Gln synthase: glutamine synthase.

Figure 2 : Turning behavior in animals with a unilateral lesion of the medial forebrain bundle.
A. Turning was assessed as the number of turns in 60 minutes under baseline conditions (spontaneous behavior) and during 60 minutes after administration of apomorphine (2mg/kg, i.v.). Results represent the mean number of turns performed during the 60 minutes sessions. Number of turns performed in each direction were compared for spontaneous behavior and for behavior after apomorphine administration by analysis of variance (ANOVA), followed by a Newman Keuls test if there was significant (p<0.05).
*** p<0.001, contraversive rotation vs ipsiversive rotation.
B. Spontaneous rotational behavior and rotational behavior after administration of apomorphine (2mg/kg) were expressed as an index of asymmetry. The index of asymmetry for spontaneous behavior and for behavior after apomorphine injection were compared by analysis of variance (ANOVA), followed by a Newman Keuls test if there was significant (p<0.05).
*** p<0.001, spontaneous behavior vs behavior after apomorphine (2mg/kg).

Figure 3 : A   Coronal image of a parkinsonian rat brain.
The faint line, observed in the side where the 6-OHDA injection is performed, indicates the mark induced by the stainless-steel cannula, which is used for the drug injection. The end of the arrow underlines the site of 6-OHDA infusion.
B   Placement of four OVS slices in the coronal localizer image.
Four OVS slices following the outline of the right rat brain hemisphere were used to acquire spectra only in the injured hemisphere. The two additional axial OVS slices are not shown. The volume defined by these six OVS bands encompasses several regions of the hemi-brain selected, including parts of the white matter, cortex, hippocampus and striatum.
Abbreviations: L: left, R: right

Figure 4 : Spatial distribution of the angle θ in a coronal cross-section.
The spatial distribution of the excitation angle θ, which is proportional to the B1 field is performed from spin echo localizer images (conditions for images acquisition: 12,500 Hz spectral width,

TR=5,000ms, TE=18.65ms, FOV=377mm; scan matrix: 128 × 64). The figure represents the θ distribution for a coronal cross-section. Arrows indicate the anterior-posterior (A-P) direction and the left-right (L-R) direction. The white voxel is the NMR voxel defined with the 6 OVS bands.

Figure 5 : *In vivo* ^{13}C NMR spectra of the cerebral hemisphere of a control rat using a ^{13}C acquisition sequence at 4.7 Tesla with ^{1}H decoupling during acquisition .
The baseline spectrum is an accumulation of 512 acquisition scans (17min) during NaCl 9‰ infusion. The spectrum obtained at the end of the experiment is an accumulation of 512 scans (17min) during [2-^{13}C] sodium acetate infusion. Resonances present in the baseline spectrum are –CH$_2$-CH=CH at 27ppm, (–CH$_2$)$_n$ of lipids at 30.3 ppm, –CH$_2$-COO$^-$ at 34 ppm and PCr/Cr at 55 ppm. Other peaks present in the spectrum at the end of the experiment include [2-^{13}C] acetate at 24.4 ppm, Glu/Gln C3 near 27 ppm, Gln C4at 31.6 ppm, Glu C4 at 34.16 ppm and Glu/Gln C2 near 55 ppm.

Figure 6 : Fits to the *in vivo* time courses of Glu C4 labeling (A) and [2-^{13}C] acetate (B).
Peak areas are expressed as the percentage of the lipid peak. Before the start of [2-^{13}C] acetate infusion, the ratio Glu C4 / lipids was constant for each group. The value from baseline spectrum was subtracted from spectra obtained at different times. Data represent the mean ± SEM for the control + saline (n = 6), control + levodopa (50mg/kg i.v.) (n = 6), parkinsonian + saline (n = 5) and parkinsonian + levodopa (50mg/kg i.v.) (n = 5) groups. Zero time represents the start of [2-^{13}C] acetate infusion.
* $p < 0.05$, ** $p < 0.01$ vs control + saline group.
# $p < 0.05$ vs parkinsonian + levodopa group.

References

1. Anglade, P., A. Mouatt-Prigent , Y. Agid , and E. Hirsch. 1996. Synaptic plasticity in the caudate nucleus of patients with Parkinson's disease. Neurodegeneration. **5** (2): 121-8.

2. Bachelard, H., and R. Badar-Goffer. 1993. NMR spectroscopy in neurochemistry. J Neurochem. **61** (2): 412-29.

3. Blandini, F., R.H. Porter, and J.T. Greenamyre. Glutamate and Parkinson's disease. 1993. Mol Neurobiol. **12** (1): 73-94.

4. Bolam J.P., J.J. Hanley, P.A. Booth , and M.D. Bevan. 2000. Synaptic organisation of the basal ganglia. J Anat. **196**: 527-42.

5. Cerdan S., B. Kunnecke, and J.Seelig. 1990. Cerebral metabolism of [1,2-(13)C2] acetate as detected by in vivo and in vitro ^{13}C NMR. Biol Chem. **265** (22): 12916-26.

6. Chapa F., F. Cruz, M.L. Garcia-Martin, M.A.Garcia-Espinosa, and S. Cerdan. 2000. Metabolism of (1-^{13}C) glucose and (2-^{13}C, 2-[2]H$_3$) acetate in the neuronal and glial compartments of the adult rat brain as detected by ^{13}C, ^{2}H NMR spectroscopy. Neurochem Int. **37** (2-3): 217-28, doi:10.1016/S0197-0186(00)00025-5

7. Chase T.N., J.D. Oh. 2000. Striatal dopamine- and glutamate-mediated dysregulation in experimental parkinsonism. Trends Neurosci. **23** (suppl 10): S86-91.

8. Chateil J., M. Biran, E. Thiaudiere, P. Canioni, and M. Merle. 2001. Metabolism of [1-^{13}C] glucose and [2-^{13}C] acetate in the hypoxic rat brain. Neurochem Int. **38** (5): 399-407, doi:10.1016/S0197-0186(00)00106-6

9. Cruz F., and S. Cerdan. 1999. Quantitative ^{13}C NMR studies of metabolic compartmentation in the adult mammalian brain. NMR Biomed. **12** (7): 451-62.

10. Glinka Y., M. Gassen, and M.B. Youdim. 1997. Mechanism of 6-hydroxydopamine neurotoxicity. J Neural Transm Suppl. **50**: 55-66.

11. Greenamyre J.T., R.V. Eller, Z. Zhang, A. Ovadia, R. Kurlan, and D.M. Gash. 1994. Antiparkinsonian effects of remacemide hydrochloride, a glutamate antagonist, in rodent and primate models of Parkinson's disease. Ann Neurol. **35** (6): 655-61.

12. Harsing L.G. Jr, and E.S. Vizi. 1991. Alpha 2-adrenoceptors are not involved in the regulation of striatal glutamate release: comparison to dopaminergic inhibition. J Neurosci Res. **28** (3): 376-81.

13. Hassel B., H. Bachelard, P. Jones, F. Fonnum, and U. Sonnewald. 1997. Trafficking of amino acids between neurons and glia in vivo. Effects of inhibition of glial metabolism by fluoroacetate. J Cereb Blood Flow Metab. **17** (11): 1230-8.

14. Henry P.G., V. Lebon, F. Vaufrey, E. Brouillet, P. Hantraye, and G. Bloch. 2002. Decreased TCA cycle rate in the rat brain after acute 3-NP treatment measured by in vivo ^{1}H-^{13}C NMR spectroscopy. J Neurochem. **82** (4): 857-66, doi:10.1046/j.1471-4159.2002.01006.x

15. Henry P.G., I. Tkac, and R. Gruetter. 2003. ^{1}H-localized broadband ^{13}C NMR spectroscopy of the rat brain in vivo at 9.4 T. Magn Reson Med . **50** (4): 684-92, doi: 10.1002/mrm.10601

16. Ingham C.A., S.H. Hood, B. van Maldegem, A. Weenink, and G. W. Arbuthnott. 1993. Morphological changes in the rat neostriatum after unilateral 6- hydroxydopamine injections into the nigrostriatal pathway. Exp Brain Res. **93** (1): 17-27.

17. Ingham C.A., S.H. Hood, P. Taggart, and G.W. Arbuthnott. 1998. Plasticity of synapses in the rat neostriatum after unilateral lesion of the nigrostriatal dopaminergic pathway. J Neurosci. **18** (12): 4732-43.

18. Jonkers N., S. Sarre, G. Ebinger, and Y. Michotte. 2002. MK801 suppresses the L-DOPA-induced increase of glutamate in striatum of hemi-Parkinson rats. Brain Res. **926** (1-2): 149-55, doi:10.1016/S0006-8993(01)03147-X

19. Kanamatsu T., and Y. Tsukada. 1999. Effects of ammonia on the anaplerotic pathway and amino acid metabolism in the brain: an ex vivo ^{13}C NMR spectroscopic study of rats after administering [2-^{13}C] glucose with or without ammonium acetate. Brain Res. **841** (1-2): 11-9.

20. Klockgether T., and L. Turski. 1993. Toward an understanding of the role of glutamate in experimental parkinsonism: agonist-sensitive sites in the basal ganglia. Ann Neurol. **34** (4): 585-93.

21. Lai S.K., Y.C. Tse, M.S. Yang, C.K.C. Wong, Y.S. Chan, and K.K.L. Yung. 2003. Gene expression of glutamate receptors GluR1 and NR1 is differentially modulated in striatal neurons in rats after 6-hydroxydopamine lesion. Neurochem Int. **43**: 639-53. doi:10.1016/S0197-0186(03)00080-9

22. Lapidot A., and A. Gopher. 1997. Quantitation of metabolic compartmentation in hyperammonemic brain by natural abundance ^{13}C-NMR detection of ^{13}C-^{15}N coupling patterns and isotopic shifts. Eur J Biochem. **243** (3): 597-604.

23. Lebon V., K.F. Petersen, G.W. Cline, J. Shen, G.F. Mason, S. Dufour, K.L. Behar, G.I.Shulman, D.L. and Rothman. 2002. Astroglial contribution to brain energy metabolism in humans revealed by ^{13}C nuclear magnetic resonance spectroscopy: elucidation of the dominant pathway for neurotransmitter glutamate repletion and measurement of astrocytic oxidative metabolism. J Neurosci. **22** (5): 1523-31.

24. Levy R., M.T. Herrero, M. Ruberg, J. Villares, B. Faucheux, J. Guridi, J. Guillen, M.R. Luquin, F. Javoy-Agid, J.A. Obeso, et al. 1995. Effects of nigrostriatal denervation and L-dopa therapy on the GABAergic neurons in the striatum in MPTP-treated monkeys and Parkinson's disease: an in situ hybridization study of GAD67 mRNA. Eur J Neurosci. **7** (6): 1199-209.

25. Lindefors N., and U. Ungerstedt. 1990. Bilateral regulation of glutamate tissue and extracellular levels in caudate-putamen by midbrain dopamine neurons. Neurosci Lett. **115** (2-3): 248-52.

26. Mally J., G. Szalai, and T.W. Stone. 1997. Changes in the concentration of amino acids in serum and cerebrospinal fluid of patients with Parkinson's disease. J Neurol Sci. **151** (2): 159-62, doi:10.1016/S0022-510X(97)00119-6

27. Maura G., A. Giardi, and M. Raiteri. 1988. Release-regulating D-2 dopamine receptors are located on striatal glutamatergic nerve terminals. J Pharmacol Exp Ther. **247** (2): 680-4.

28. McGeorge A.J., and R.L. Faull. 1989. The organization of the projection from the cerebral cortex to the striatum in the rat. Neuroscience. **29** (3): 503-37.

29. Meshul C.K., N. Emre, C.M. Nakamura, C. Allen, M.K. Donohue, and J.F. Buckman. 1999. Time-dependent changes in striatal glutamate synapses following a 6- hydroxydopamine lesion. Neuroscience. **88** (1): 1-16, doi:10.1016/S0306-4522(98)00189-4

30. Meshul C.K., and C. Allen. 2000. Haloperidol reverses the changes in striatal glutamatergic immunolabeling following a 6-OHDA lesion. Synapse. **36** (2): 129-42.

31. Mitchell P.R., and N.S. Doggett. 1980. Modulation of striatal [3H]-glutamic acid release by dopaminergic drugs. Life Sci. **26** (24): 2073-81.

32. Morari M., M. Marti, S. Sbrenna, K. Fuxe, C. Bianchi, and L. Beani. 1998. Reciprocal dopamine-glutamate modulation of release in the basal ganglia. Neurochem Int. **33** (5): 383-97, doi:10.1016/S0197-0186(98)00052-7

33.Morris P., and H. Bachelard. 2003. Reflections on the application of 13C-MRS to research on brain metabolism. NMR Biomed. **16** (6-7): 303-12, doi: 10.1002/nbm.844

34. Nieoullon A., and L. Kerkerian-Le Goff. 1992. Cellular interactions in the striatum involving neuronal systems using "classical" neurotransmitters: possible functional implications. Mov Disord. **7** (4): 311-25.

35. Ottersen O.P., N. Zhang, F. Walberg. 1992. Metabolic compartmentation of glutamate and glutamine: morphological evidence obtained by quantitative immunocytochemistry in rat cerebellum. Neuroscience. **46** (3): 519-34.

36. Pascual J.M., F. Carceller, J.M. Roda, and S. Cerdan. . 1998.Glutamate, glutamine, and GABA as substrates for the neuronal and glial compartments after focal cerebral ischemia in rats Stroke. **29** (5): 1048-57.

37. Paxinos G. and C. Watson. 1986. The rat brain in stereotaxic coordinates. 2nd edn. Academic, San Diego, CA.

38. Perese D.A., J. Ulman , J. Viola J, S.E. Ewing, and Bankiewicz KS. 1989. A 6-hydroxydopamine-induced selective parkinsonian rat model. Brain Res. **494** (2): 285-93.

39. Rothman D.L., K.L. Behar, H.P. Hetherington, J.A. den Hollander, M.R. Bendall, O.A. Petroff, and R.G. Shulman. 1985. ^{1}H-Observe/^{13}C-decouple spectroscopic measurements of lactate and glutamate in the rat brain in vivo. Proc Natl Acad Sci U S A. **82** (6): 1633-7.

40. Sibson N.R., A. Dhankhar, G.F. Mason, K.L. Behar, D.L. Rothman, and R.G. Shulman. 1997. In vivo 13C NMR measurements of cerebral glutamine synthesis as evidence for glutamate-glutamine cycling. Proc Natl Acad Sci U S A. **94** (6): 2699-704.

41. Sibson N.R., G.F. Mason, J. Shen, G.W. Cline, A.Z. Herskovits, J.E. Wall, K.L. Behar, D.L. Rothman, and R.G. Shulman. 2001. In vivo ^{13}C NMR measurement of neurotransmitter glutamate cycling, anaplerosis and TCA cycle flux in rat brain during. J Neurochem. **76** (4): 975-89, doi:10.1046/j.1471-4159.2001.00074.x

42. Soghomonian J.J., and N. Laprade. 1997. Glutamate decarboxylase (GAD67 and GAD65) gene expression is increased in a subpopulation of neurons in the putamen of Parkinsonian monkeys. Synapse. **27** (2): 122-32.

43. van den Berg C.J., and D. Garfinkel. 1971. A stimulation study of brain compartments. Metabolism of glutamate and related substances in mouse brain. Biochem J. **123** (2): 211-8.

44. Yamamoto B.K., and S. Davy. 1992. Dopaminergic modulation of glutamate release in striatum as measured by microdialysis. J Neurochem. **58** (5): 1736-42.

45. Zwingmann C. and D. Leibfritz. 2003. Regulation of glial metabolism studied by ^{13}C-NMR. NMR in Biomedicine. **16** (6-7): 370-99, doi:10.1002/nbm.850

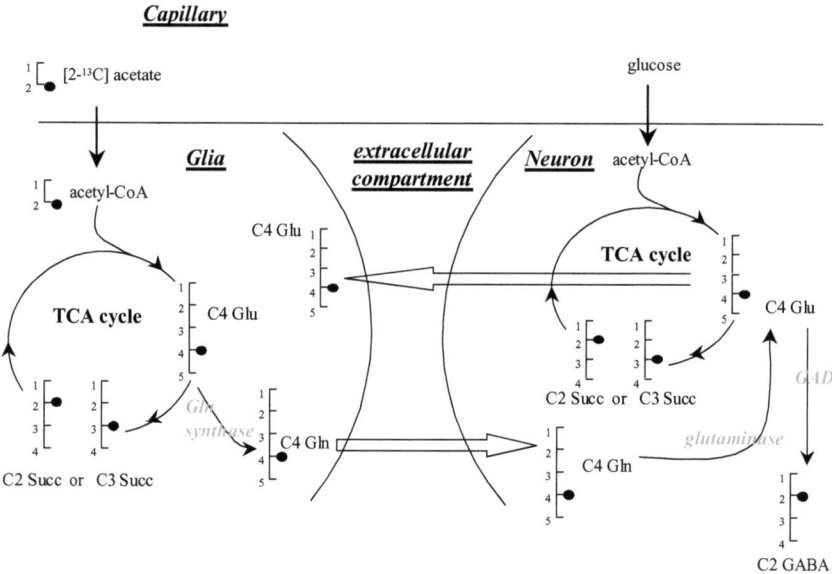

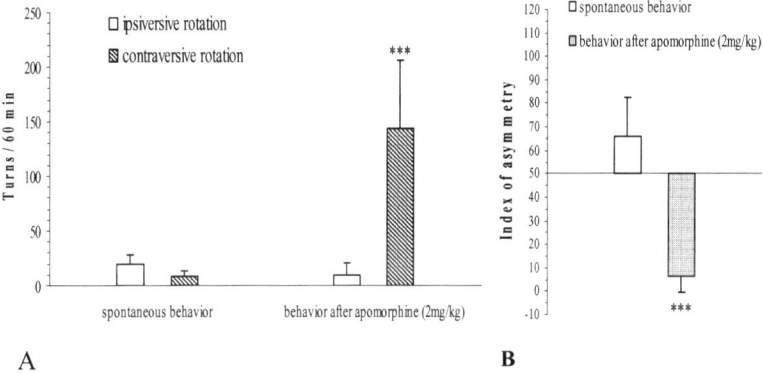

A   B

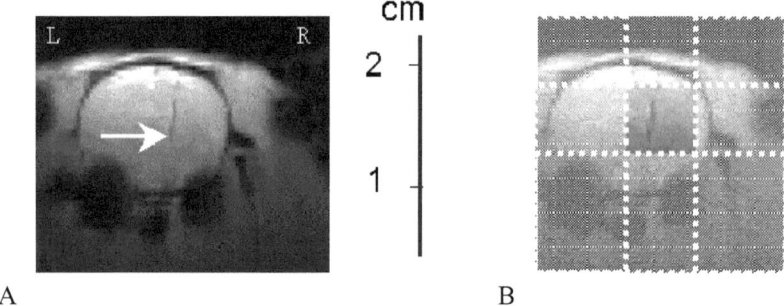

A   B

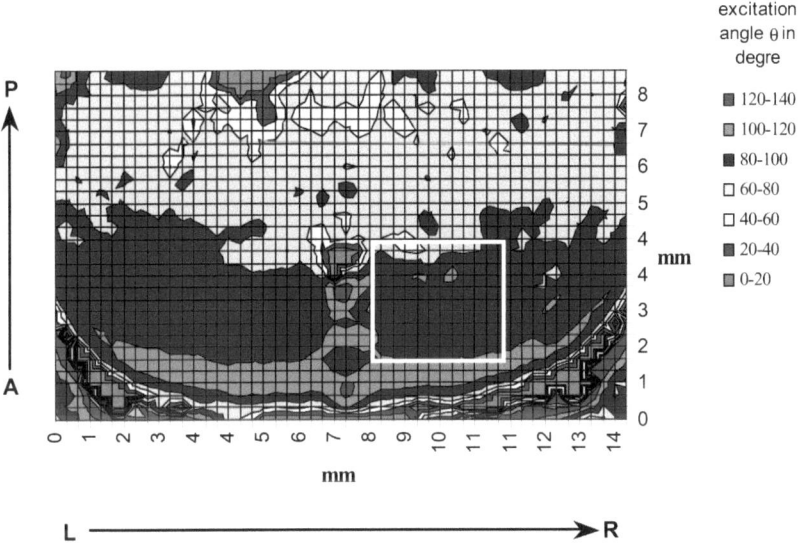

values of the
excitation
angle θ in
degre

■ 120-140
■ 100-120
■ 80-100
□ 60-80
□ 40-60
■ 20-40
■ 0-20

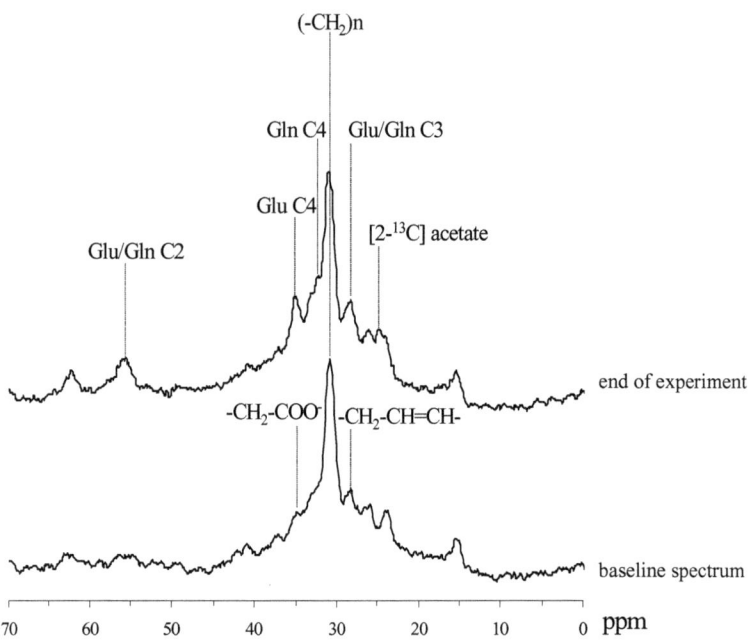

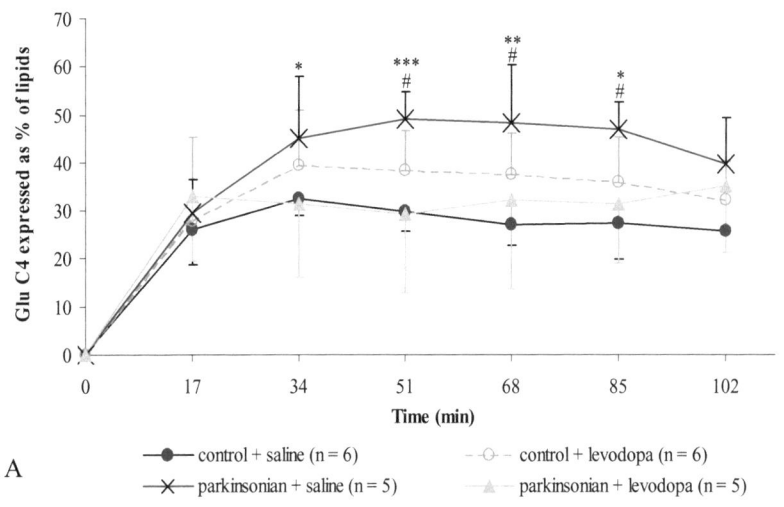

A

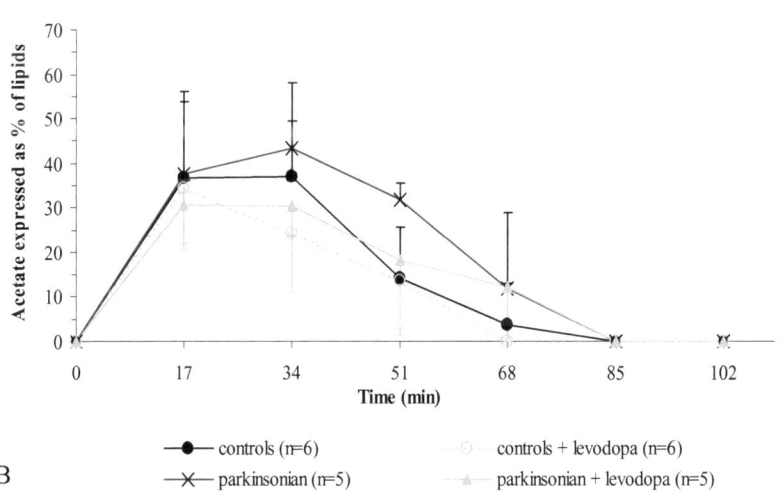

B

III. Autres publications réalisées pendant la thèse

Articles.

Chassain C, Eschalier A, Durif F. (2001). Assessment of motor behavior using a video system and a clinical rating scale in parkinsonian monkeys lesioned by MPTP. *Journal of Neuroscience Methods.* 111: 9-16.

Chassain C, Eschalier A, Durif F. (2002). Antidyskinetic effect of magnesium sulfate in MPTP-lesioned monkeys. *Experimental Neurology.* 182: 490-6.

Chassain C, Eschalier A, Durif F. (2004). 5-HT1D receptor agonist reduces levodopa-induced dyskinesias in MPTP-lesioned monkeys. *Annals of Neurology* (soumis).

Communications orales et posters.

Chassain C, Eschalier A, Durif F. (2001). Assessment of motor behavior using a video system and a clinical rating scale in parkinsonian monkeys lesioned by MPTP. *American Academy of Neurology.* p. 50. Philadelphie. Poster.

Chassain C, Eschalier A, Durif F. (2002). Antidyskinetic effect of magnesium sulfate in MPTP-lesioned monkeys. *Federation of European Neuroscience Societies.* p. 146. Paris. Poster.

Chassain C, Eschalier A, Durif F. (2003). 5-HT1D receptor agonist reduces levodopa-induced dyskinesias in MPTP-lesioned monkeys. *Société française des neurosciences.* Rennes. Poster.

III.1.Validation d'un système automatique d'évaluation du comportement moteur des primates intoxiqués au MPTP

ELSEVIER

Journal of Neuroscience Methods 111 (2001) 9–16

JOURNAL OF
NEUROSCIENCE
METHODS

www.elsevier.com/locate/jneumeth

Assessment of motor behavior using a video system and a clinical rating scale in parkinsonian monkeys lesioned by MPTP

C. Chassain *, A. Eschalier, F. Durif

Unité INSERM EMI 9904, Faculté de Médecine et Pharmacie, place Henri-Dunand, 63003 Clermont-Ferrand, France

Received 27 April 2001; received in revised form 11 June 2001; accepted 29 June 2001

Abstract

The best current model of Parkinson's disease is the primate treated with 1-methyl-4-phenyl-1,2,3,6-tetrahydropyridine (MPTP). Quantification of animal movement is important for the study of severity of parkinsonian syndrome induced by MPTP and response to drug treatments. Both require *clinical rating scales* that measure *motor behavior* with well-defined objective items. However, evaluations using these scales depend on the observer scoring the different items, according to his/her experience. The *video image analyzer system*, which produces an activity curve in correlation with the visual study of animal motor behavior, offers an automatic evaluation method that is observer-independent and reproducible. Using such an system we defined items correlated with those used in clinical rating scales that are sensitive to animal motor changes, decrease in movements with MPTP intoxication and alleviation afforded by *levodopa*: global locomotor activity and specific activities (climbing, social interactions, eating and drinking behaviors). © 2001 Published by Elsevier Science B.V.

Keywords: Monkey; Video image analyzer system; Clinical rating scales; Motor behavior assessment; MPTP; Levodopa

1. Introduction

Parkinson's disease (PD) is a common neurodegenerative disorder affecting 1% of the population aged over 50. It is diagnosed clinically on the cardinal signs of tremor, rigidity, bradykinesia and postural instability. These motor symptoms are linked to a decreased dopamine level in the post-commissural putamen, related to the degeneration of striatal dopaminergic afferences arising from the substantia nigra pars compacta (Soherman et al., 1989; Alexander and Crutcher, 1990).

A good model to study Parkinson's disease is the monkey lesioned by 1-methyl-4-phenyl-1,2,3,6-tetrahydropyridine (MPTP). MPTP induces a marked reduction in levels of striatal dopamine and its metabolites homovanillic acid (HVA) and dihydroxyphenylacetic acid (DOPAC). MPTP produces the five cardinal features of Parkinson's disease (bradykinesia, rigidity, postural instability, gait abnormalities and tremor) in rhesus monkeys. Various strategies of MPTP administration are normally used: acute intra-arterial route to obtain contralateral parkinsonism (Bankiewicz et al., 1986), subacute i.v. or i.m. administration to obtain parkinsonism after several days or weeks according to the MPTP protocol used (Bezard et al., 1997), and chronic weekly i.m. administration (0.5 mg/kg) with appearance of a stable parkinsonian syndrome after several months of treatment (Hantraye et al., 1993; Blanchet et al., 1998). In this latter model, MPTP mimics the loss of dopamine in the post-commissural putamen that occurs in Parkinson's disease and which leads to a marked loss of substantia nigra dopaminergic neurons (Burns et al., 1983; Markey et al., 1984; Javitch et al., 1985; Chan et al., 1991; Tipton and Singer, 1998; Miletich et al., 1994). This model of Parkinson's disease is frequently used to study response to new drugs (Gomez-Mancilla et al., 1993; Kurlan et al., 1991; Schneider et al., 1998) or surgical treatments (Blanchet et al., 1994).

The evaluation of such therapies requires clinical rating scales that accurately measure motor behavior. For this purpose a number of clinical rating scales have

* Corresponding author. Tel.: +33-4-7375-1600; fax: +33-4-7375-1596.
E-mail address: fdurif@chu.clermontferrand.fr (C. Chassain).

0165-0270/01/$ - see front matter © 2001 Published by Elsevier Science B.V.
PII: S0165-0270(01)00425-3

10   C. Chassain et al. / Journal of Neuroscience Methods 111 (2001) 9–16

been developed to measure the severity of extra-pyramidal symptoms in non-human primates and the putative benefit of therapies. Imbert et al. (2000) compared eight clinical rating scales and assessed their ability to measure both the severity of parkinsonism and the improvement induced by levodopa. They found the Kurlan scale (Kurlan et al., 1991) to be best for the assessment of MPTP-induced parkinsonism and the Gomez-Mancilla scale (Gomez-Mancilla et al., 1993) for the efficiency of antiparkinsonian agents. However, these scales are not objective; they depend on the observer, who scores different items according to his/her own experience. A video image analyzer systems can be designed to produce an actimetry curve recorded by the system which is in relation with the locomotor behavior of animals. This system has been already used to observe the behavior of monkeys intoxicated with MPTP (Moussaoui et al., 2000), but to our knowledge it has been neither validated in parkinsonian monkeys, nor compared with clinical rating scales normally used in monkeys lesioned by MPTP. The aim of this study was firstly to compare motor behaviors using the video system in healthy and stable monkeys lesioned by MPTP, and secondly to test and to compare the acute sensitivity to change in motor behaviors of monkeys using the video system and a clinical rating scale in normal animals receiving daily MPTP, and in chronic MPTP monkeys after acute levodopa administration. The clinical rating scale used was the Gomez-Mancilla scale, most sensitive to change after the administration of antiparkinsonian drugs (Imbert et al., 2000).

2. Materials and methods

2.1. Animals

Experiments were conducted on ten adult female rhesus monkeys (*Macaca mulatta*) weighing 4–6 kg. They were housed in individual primate cages under standard conditions of humidity (50 ± 5%), temperature (24 ± 2 °C) and light (12-h light/dark cycles) and had free access to food and water. Experiments complied with the guidelines laid down by the National Institute of Health. Three monkeys were exposed to MPTP hydrochloride (dissolved in saline, Sigma, St. Louis, USA) administered i.m. while awake as a standard single weekly dose of 0.5 mg/kg until they presented a stable extra-pyramidal syndrome (8 months). After this treatment, these primates had a clinical score of 9.0 ± 0.7, which was the same 3 months after stopping MPTP administration (8.9 ± 0.9) and consistent with scores reported by Blanchet et al. (1998), Grondin et al. (1999). Three other monkeys underwent daily MPTP administration i.m. at a dose of 0.5 mg/kg for 5 days. Four healthy animals were used as controls.

Ester methyl levodopa (Sigma, St. Louis, USA) with a peripheral decarboxylase inhibitor (relative doses: levodopa/benzeraside, 4:1 ratio) was administered i.m. as an antiparkinsonian agent. The effective dose was determined before the study and corresponded to the dose that improved the condition of animals for at least 1 h. The effective dose was 100 mg for two animals and 200 mg for one.

2.2. Motor assessment

2.2.1. Clinical rating scale

The behavior of the monkeys was scored on the parkinsonian monkey rating scale (Gomez-Mancilla et al., 1993). Evaluation was carried out using video observation of monkeys in their cages and was scored every 5 min for periods of 30 or 240 min according to protocols. The Gomez-Mancilla scale rated nine items: posture (0–2); mobility (0–3); climbing (0–1); gait (0–3); grooming (0–1); vocalization (0–1); social interactions (0–1) and tremor (0–1). Minimum score was 0 and maximum total score 13.

2.2.2. Locomotor activity assessment

Locomotor activity was assessed using a Vigie Primates® image analyzer system (View Point, Lyon, France). The system comprised a video camera connected to the video image analyzer system (PC computer), which was able to calculate in real time the quantity and quality of the movements in four monkeys, simultaneously and independently during the locomotor activity session. The images were digitized with a 800 × 600 pixel definition on 256 gray levels and the changes in gray level in pixels from one image to the next were counted every 80 ms, which enabled us to plot a raw activity curve (Fig. 1). It was possible to change: (i) the detection sensivity; this parameter corresponded to the threshold from which a pixel is considered to have changed from one image to the next one, (ii) the period of data integration at the end of which a summary of the activities of the animal for this period was obtained, (iii) the duration of the experiment, which could range from one second to several days. From the raw curve, the activity of each animal could be separated into three states. The first state corresponded to inactivity of the animal, the second to normal activity and the third to hyperactivity. Thresholds between the three states could be adjusted to sort the movements of the animal. During the experiment, while the video cameras were taking images of the monkeys, it was possible to see on the computer screen both the images of the monkeys and the activity curve, which represented the three movements, selected as described previously, in three different colors. The video system also allowed us to define several areas of interest. To test the global movement of the animal and

C. Chassain et al. / Journal of Neuroscience Methods 111 (2001) 9–16

11

to assess several specific behavior items used in clinical rating scales, and in particular, the Gomez-Mancilla rating scale, seven windows were defined. The first corresponded to the global locomotor activity of the monkey in which three types of movements were assessed related to the change in the parameters of the system: inactivity, movements of the head, limbs without movement of the animal and movement. Two windows were used to quantify climbing, and two others to assess social interactions. Two others windows were used separately to evaluate drinking and eating behaviors. In the last six windows, the parameters of the

system were adapted to define two states: state 1: window without animal, state 2: window with animal. The activity was recorded if the animal or a part of the animal entered the window, for example, when a monkey took a piece of food with its hand. The behavior was only taken into account if it was in relation with a visual assessment from the video images. Parkinsonian features assessed by the video system included bradykinesia, akinesia and specific behaviors (climbing, social interactions, eating, drinking). Rigidity, tremor and posture abnormalities cannot be assessed by this system. Each class of movements was integrated for 1-s

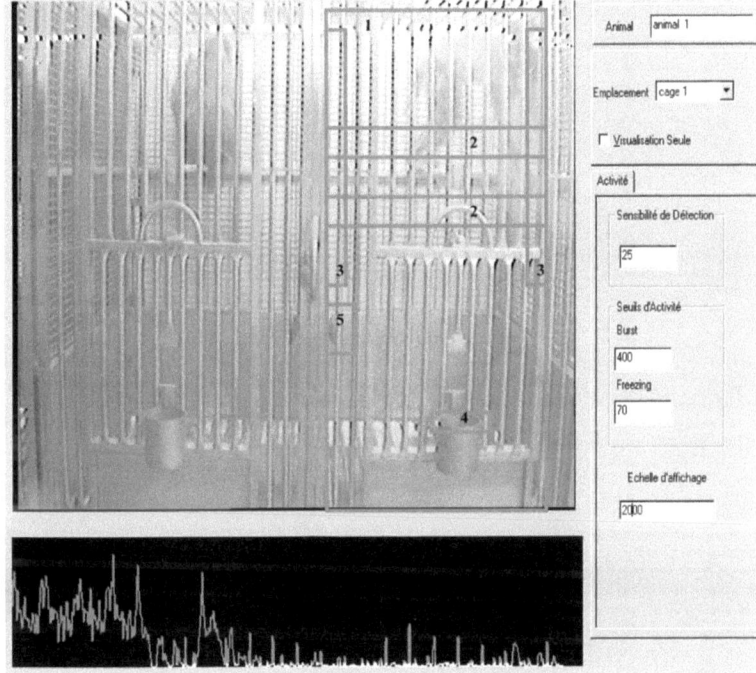

Fig. 1. Picture of the video system. Locomotor activity of primates was assessed from video cameras located in front of the animals. Each camera was able to assess two primates separately. The green rectangles corresponded to the acquisition windows (1: global locomotor activity, 2: climbing, 3: social interactions, 4: eating, 5: drinking). The curve of activity corresponding to the global locomotor activity of the primates appears in real time in the lower part of the picture (red: hyperactivity; green: normal activity; white: inactivity). The thresholds between the three states, and the detection sensitivity could be set using the software.

12   C. Chassain et al. / Journal of Neuroscience Methods 111 (2001) 9–16

intervals, over total periods of 30 or 240 min according to the protocol.

2.3. Experimental protocol

2.3.1. Comparison of healthy animals versus MPTP monkeys

Healthy animals ($n = 4$) were evaluated daily by the video system for 30 min for 6 days. Monkeys chronically lesioned by the MPTP ($n = 3$) were evaluated by the Gomez-Mancilla scale and by the video system daily for 30 min for 6 days. These animals were assessed daily from 8:30 a.m. before food intake. The score of the monkeys was 8.9 ± 0.9, which corresponded to a severe parkinsonian syndrome.

2.3.2. Assessment of induction and disappearance of parkinsonian syndrome after daily MPTP administration in healthy animals

Three subacutely lesioned by MPTP monkeys were assessed for 30 min from 8:30 a.m. by the Gomez-Mancilla scale and by the video system before the first MPTP administration (day 0), then for 4 days just before the following MPTP administration, and finally the fourth day after the last MPTP administration (day 8).

2.3.3. Effect of levodopa on parkinsonian syndrome

Monkeys chronically lesioned by MPTP ($n = 3$) were simultaneously assessed by the video system and by the Gomez-Mancilla scale after ester methyl levodopa (Sigma, St. Louis, USA) administration. All MPTP monkeys were assessed from 8:30 a.m. for 240 min for 3 days.

2.4. Statistical analysis

From the video system locomotor global activity (inactivity, normal activity, hyperactivity), results were expressed in seconds. Specific activities, i.e. climbing, social interactions, eating and drinking behaviors were counted for each event. A global score was obtained by summing the items from specific activities. The clinical rating scale was obtained by summing items every 5 min (when assessment was 30 min) or 15 min (when assessment was 240 min) and the results were averaged. All values were expressed as mean ($\pm$ S.D.).

In each group, intra-individual comparisons were made using a two-way ANOVA for repeated measures followed by a post hoc PLSD Fisher test if there was significance ($P < 0.05$). Between-group comparisons (controls vs MPTP monkeys, and MPTP monkeys vs. MPTP + levodopa monkeys) were made using Student t-tests. The coefficient of variation (CV) was also calculated.

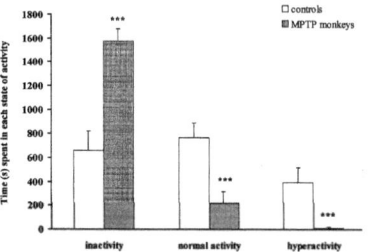

Fig. 2. Comparison of global locomotor activity evaluated by the video system between controls ($n = 4$) and MPTP monkeys ($n = 3$). Animals were assessed for 30 min each day for 6 days. Values represented the mean of time spent in each state of activity (inactivity, normal activity, hyperactivity) on 6 days of assessment. *** $P < 0.001$ compared with controls.

Correlations between items from the video system and the Gomez-Mancilla clinical rating scale were performed from the data obtained in monkeys subacutely lesioned by MPTP and in monkeys chronically lesioned by MPTP treated with levodopa.

3. Results

3.1. Controls vs. chronically lesioned MPTP monkeys

For global locomotor activity, MPTP monkeys spent more time than controls in inactivity (CV = 58%, $P < 0.001$). In parallel, controls spent more time in normal activity (CV = 72%, $P < 0.001$), and in hyperactivity (CV = 97%, $P < 0.001$; percent time in hyperactivity: controls: $33 \pm 19\%$ and MPTP monkeys: $1 \pm 1\%$) (Fig. 2). Controls performed more specific activities than MPTP monkeys (CV = 30%, $P < 0.05$) (Fig. 3).

The MPTP monkeys had a high clinical rating score on the Gomez-Mancilla scale (8.9 ± 0.9).

Comparison of the motor behavior assessed for 6 days testing the intra-individual variability in the two groups of animals showed a significant difference only for two specific locomotor activities in healthy monkeys (climbing: $f = 5.72$, ddl = 5, $P = 0.0025$; eating: $f = 4.80$, ddl = 5, $P = 0.006$).

Inter-individual variability between animals belonging to the healthy and MPTP groups showed a significant difference in healthy monkeys only for drinking behavior ($f = 3.16$, ddl = 3, $P < 0.05$) and in MPTP monkeys for hyperactivity ($f = 3.53$, ddl = 2, $P < 0.05$) and drinking ($f = 8.82$, ddl = 2, $P < 0.01$) behaviors.

C. Chassain et al. / Journal of Neuroscience Methods 111 (2001) 9–16

3.2. Sensitivity of the video system to change in motor behavior

3.2.1. Subacutely lesioned MPTP monkeys

The video system was sensitive to the change in motor behavior after daily intoxication by MPTP ($f = 21.13$, ddl = 5, $P < 0.0001$) (Fig. 4A). Animals performed fewer specific activities after MPTP administrations (CV = 85%, $P < 0.01$). After stopping MPTP administrations, the animals returned to the baseline values (Fig. 4B). MPTP administrations led to an increase on the Gomez-Mancilla scale ($f = 20.67$, ddl = 5, $P < 0.0001$) (Fig. 5). Stopping MPTP administrations led to a decrease in clinical scores (CV = 49%, $P < 0.01$) but the animals still displayed parkinsonian symptoms.

The social interactions and eating + drinking behaviors occurrences were correlated with the severity of the parkinsonian syndrome (social interactions and the Gomez-Mancilla score: $r = 0.6884$, $P < 0.01$, social interactions and hyperactivity (from the video system): $r = 0.8541$, $P < 0.001$; eating + drinking and the Gomez-Mancilla score: $r = 0.8393$, $P < 0.001$, eating + drinking and hyperactivity (from the video system): $r = 0.9014$, $P < 0.001$).

3.2.2. Chronically lesioned MPTP monkeys + levodopa administration

Levodopa administration produced a significant increase in time spent in hyperactivity (Fig. 6A) (percent time in hyperactivity: MPTP monkeys: $3 \pm 2\%$ and MPTP monkeys + levodopa: $6 \pm 2\%$). MPTP + levodopa monkeys had significantly more specific activities than MPTP monkeys (CV = 47%, $P < 0.01$) (Fig. 6B). MPTP + levodopa monkeys had clinical scores lower than MPTP monkeys (CV = 29%, $P < 0.001$).

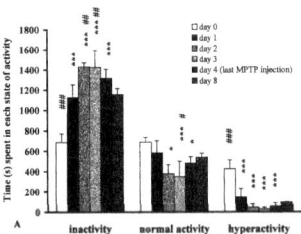

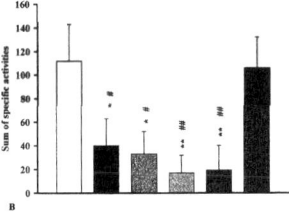

Fig. 4. Motor activities of MPTP monkeys ($n = 3$) after daily MPTP administrations (0.5 mg/kg). Animals were assessed by the video system for 30 min before MPTP administration (day 0), for 4 days just before the following MPTP administration (day 1, 2, 3, 4), and the fourth day after the last MPTP administration (day 8). Values were means of three animals for global locomotor activity (A) and for the sum of specific activities (climbing, social interactions; eating, drinking) (B). * $P < 0.05$; ** $P < 0.01$; *** $P < 0.001$: day 1, 2, 3, 4 vs. day 0 and * $P < 0.05$; * * $P < 0.01$; * * * $P < 0.001$: day 0, 1, 2, 3, 4 vs. day 8 (ANOVA with repeated measures with post hoc tests).

3.3. Relation between the Gomez-Mancilla scale and the video system

There was a significant correlation between the time spent in hyperactivity assessed by the video system, and the Gomez-Mancilla scale in monkeys subacutely lesioned by MPTP ($r = 0.87$, $P < 0.001$) and in monkeys chronically lesioned by MPTP after acute levodopa administration ($r = 0.59$, $P < 0.001$).

4. Discussion

Our results clearly demonstrate that the video system we tested is able to quantify change in global locomotor behavior after administration of MPTP and following antiparkinsonian drug administration in monkeys lesioned by MPTP with high sensitivity to change, especially for time spent in hyperactivity. Furthermore, this system can quantify several specific behaviors of the

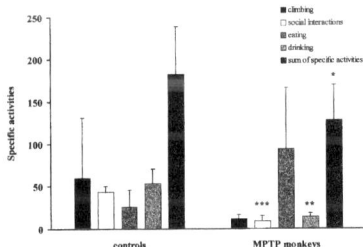

Fig. 3. Comparison of specific activities (climbing, social interactions, eating and drinking behaviors) and of the sum of the four specific activities evaluated by the video system between controls ($n = 4$) and MPTP monkeys ($n = 3$). Animals were assessed for 30 min each day for 6 days. Values represented the mean on 6 days of assessment. * $P < 0.05$; ** $P < 0.01$; *** $P < 0.001$ compared with controls.

14   C. Chassain et al. / Journal of Neuroscience Methods 111 (2001) 9–16

monkeys usually only assessed by clinical rating scales, such as climbing, social interactions, eating and drinking behaviors. The change in specific activity behaviors after MPTP administration and following levodopa administration in monkeys lesioned by MPTP was smaller than the change in hyperactivity locomotor behavior. This may be due to the wide variation of the former behavior from one animal to another or the moderate severity of the parkinsonian syndrome in monkeys lesioned by MPTP. The change in the locomotor behavior after daily administration of MPTP in healthy monkeys favors the second hypothesis. The change in the global locomotor activity (decreased hyperactivity, increased inactivity) was maximal from the second MPTP administration, whereas the decrease in specific activities (climbing, social interactions, eating and drinking behaviors) peaked from the third MPTP administration, when the clinical scale was highest. Furthermore, stopping MPTP administrations led to a return to the baseline values for specific activities but not for the global locomotor activity. Thus the item hyperactivity of the video system was sensitive to change whatever the severity of the parkinsonian syndrome, while specific activities (climbing, social interactions, eating and drinking behaviors) were more sensitive when the parkinsonian syndrome was severe, when animals were chronically lesioned by MPTP. These different sensitivities to change in behaviors assessed by the video system may be used to evaluate the behavior of monkeys lesioned by MPTP in relation with the severity of parkinsonian symptoms.

Several systems have already been developed to quantify the motor behavior of parkinsonian mon-

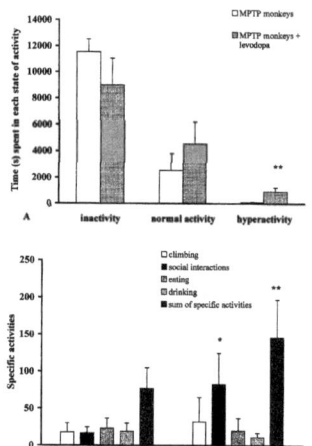

Fig. 6. Motor activities assessed by the video system recorded daily for 4 h for 3 days in MPTP monkeys ($n = 3$) and MPTP + levodopa monkeys ($n = 3$). Values were means ± S.D. (A) global locomotor activity, B: specific activities (climbing, social interactions, eating and drinking behaviors) and sum of the specific activities. * $P < 0.05$; ** $P < 0.01$ compared with MPTP monkeys.

keys. The earliest used infrared captors (Irifune et al., 1993), which divided the cage into several territories, and the system counted a signal only when the animal crossed a sensor. A closed system used a radiotransmitter located under the skin of the monkeys with reception of a signal when they crossed between two receivers. Blanchet et al. (1997), Emborg et al. (1998) used a system based on the detection by a portable activity monitor (PAM) (IM system, Baltimore, MD) of the acceleration of the animal over 0.1 g. A more recent system, the two-dimensional object-difference method (Hashimoto et al., 1999) was based on the analysis by a computer of a video recording of the animal silhouette. It was distinguished from the background in each frame, and compared with the following frame. Regions of the animal silhouette that did not overlap in these two frames were determined and the area of these regions was calculated. This area represented the amount of animal movement. The Etho Vision system (Spruijt and Rousseau, 1992) is a video system similar to the system used in our study. A video camera, positioned above the experimental set-up registered all the activities of the ani-

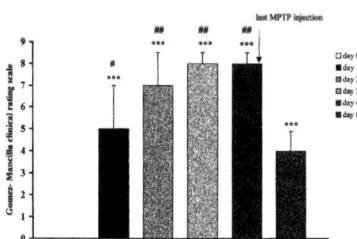

Fig. 5. Gomez-Mancilla clinical rating scale after daily MPTP administrations. Animals were assessed by the clinical rating scale for 30 min before MPTP administration (day 0), for 4 days just before the following MPTP administration (day 1, 2, 3, 4), and the fourth day after the last MPTP administration (day 8). Values were means for three animals. *** $P < 0.001$: day 1, 2, 3, 4, 8 vs. day 0 and # $P < 0.05$; ## $P < 0.01$: day 1, 2, 3, 4 vs. day 8 (ANOVA with repeated measures with post hoc tests).

C. Chassain et al. / Journal of Neuroscience Methods 111 (2001) 9–16

mal(s). The camera signal was fed into a computer that ran the Etho Vision software. A window on the computer screen displayed the video signal, providing direct feedback on what was happening. Up to 30 times per second, this system digitized a video image, stored it in memory, extracted a range of image features and wrote the data to a track file on disk, ready for analysis. This system has been used in small animals (insects, rodents) but to our knowledge, it has not been tested on primates. Compared with these different methods, the video system we tested has several advantages. First, easy use, the system comprising only a video camera located in front of the cage of the animal, and a PC to calculate the activity curve in real time. Second, adjustability of parameters (detection sensitivity, thresholding) to assess the motor behavior separately for each animal, as motor behavior varies in healthy and MPTP monkeys, as shown in this study. Third, ability to assess the locomotor activity that corresponded to bradykinesia and akynesia and more specific behaviors such as climbing, social interactions, eating and drinking. Finally, data from the system are correlated with the Gomez-Mancilla scale, which to our knowledge has never been found with other analysis systems.

Clinical rating scales are currently used to assess the motor behavior of monkeys lesioned by MPTP. However, the sensitivity of the Gomez-Mancilla scale to change after levodopa treatment is poor as shown in this study, and in that of Imbert et al. (2000). Analysis of the global motor activity with the video system showed a change in hyperactivity state close to 90% after levodopa treatment, and also a change in specific activities (social interactions + climbing + eating + drinking) by around 50%. Taken together, these results suggest that this automatic system, which is rate-independent, may be more sensitive than clinical rating scales.

The video system we used is an automatic, objective, reproducible method for the assessment of primate locomotor activity and can assess four monkeys at a time. It has a good sensitivity to change, with regard to the assessment of global locomotor and specific activities, parameters defined in the video system from the items used with a clinical rating scale. Thus this system is suitable for assessing parkinsonian monkeys in pharmacological and surgical studies.

Acknowledgements

We thank L. Tremblay for his help in developing the study design. This work was supported by a grant from the Auvergne Region.

References

Alexander GE, Crutcher MD. Functional architecture of basal ganglia circuits: neural substrates of parallel processing. TINS 1990;13:266–71.

Bankiewicz KS, Oldfield EH, Chiueh CC, et al. Hemiparkinsonism in monkeys after internal carotid artery infusion of 1-methyl-4-phenyl-1,2,3,6-tetrahydropyridine (MPTP). Life Sci 1986;39:7–16.

Bezard E, Imbert C, Deloire X, Bioulac B, Gross CE. A chronic MPTP model reproducing the slow evolution of Parkinson's disease: evolution of motor symptoms in the monkey. Brain Res 1997;766:107–12.

Blanchet PJ, Boucher R, Bedard PJ. Excitotoxic lateral pallidotomy does not relieve L-dopa-induced dyskinesia in MPTP parkinsonian monkeys. Brain Res 1994;650:32–9.

Blanchet PJ, Konitsiotis S, Chase TN. Motor response to a dopamine D3 receptor preferring agonist compared to apomorphine in Levodopa-primed 1-methyl-4-phenyl-1,2,3,6-tetrahydropyridine monkeys. J Pharmacol Exp Ther 1997;283:794–9.

Blanchet PJ, Konitsiotis S, Hyland K, Arnold LA, Pettigrew KD, Chase TN. Chronic exposure to MPTP as a primate model of progressive parkinsonism: a pilot study with a free radical scavenger. Exp Neurol 1998;153:214–22.

Burns RS, Chiueh CC, Markey SP, Ebert M, Kopin IJ. A primate model of parkinsonism: selective destruction of dopaminergic neurons in the pars compacta of the substantia nigra by N-methyl-4-phenyl-1,2,3,6-tetrahydropyridine. Proc Natl Acad Sci USA 1983;80:4546–50.

Chan P, Delanney LE, Irwin I, Langston JW, Di Monte D. Rapid ATP loss caused by N-methyl-4-phenyl-1,2,3,6-tetrahydropyridine. J Neurochem 1991;57:348–51.

Emborg M, Ma SY, Mufson EJ, Levey AI, Taylor MD, Brown WD, Holden JE, Kordower JH. Age-related declines in nigral neuronal function correlate with motor impairements in rhesus monkeys. J Comp Neurol 1998;401:253–65.

Gomez-Mancilla B, Boucher R, Gagnon C, Di Paclo T, Markstein R, Bedard PJ. Effect of adding the D₁ agonist CY 208–243 to chronic bromocriptine treatement. I: evaluation of motor parameters in relation to striatal catecholamine content and dopamine receptors. Mov Disord 1993;8:144–50.

Grondin R, Doan VD, Gregoire L, Bedard PJ. D₁ receptor blockade improves L-dopa-induced dyskinesia but worsens parkinsonism in MPTP monkeys. Neurology 1999;52:771–6.

Hantraye P, Varastet M, Peschanski M, Riche D, Cesaro P, Willer JC, Maziere M. Stable parkinsonian syndrome and uneven loss of striatal dopamine fibres following chronic MPTP administration in baboons. Neuroscience 1993;53:169–78.

Hashimoto T, Izawa Y, Yokoyama H, Kato T, Moriizumi T. A new video/computer method to measure the amount of overall movement in experimental animals (two-dimentional object-difference method). J Neurosci Methods 1999;91:115–22.

Imbert C, Bezard E, Guitraud S, Boraud T, Gross CE. Comparison of eight clinical rating scales used for the assessment of MPTP-induced parkinsonism in the Macaque monkey. J Neurosci Methods 2000;96:71–6.

Irifune M, Nomoto M, Fukuda T. Effects of talipexole on motor behaviour in normal and MPTP-treated common marmosets. Eur J Pharmacol 1993;238:235–40.

Javitch JA, D'Amato RJ, Strittmatter SM, Synder SH. Parkinson-inducing neurotoxin N-methyl-4-phenyl-1,2,3,6-tetrahydropyridine (MPTP) uptake of the metabolite N-methyl-4-phenylpyridine by dopamine neurons explains selective toxicity. Proc Natl Acad Sci USA 1985;82:2173–7.

Kurlan R, Kim MH, Gash DM. Oral levodopa dose–response study in MPTP-induced hemiparkinsonian monkeys: assessment with a new rating scale for monkey parkinsonism. Mov Disord 1991;6:111–8.

16   C. Chassain et al. / Journal of Neuroscience Methods 111 (2001) 9–16

Markey SP, Johannessen JN, Chiveh CC, Burns RS, Herkenham MA. Intraneuronal generation of a pyridinium metabolite may cause drug induced parkinsonism. Nature 1984;311:464–7.

Miletich RS, Bankiewicz KS, Quarantelli M, Plunkett RJ, Frank J, Kopin IJ, Di Chiro G. MRI detects acute degeneration of the nigrostriatal dopamine system after MPTP exposure in hemiparkinsonian monkeys. Ann Neurol 1994;35:689–97.

Moussaoui S, Obinu MC, Daniel N, Reibaud M, Blanchard V, Imperato A. The antioxidant Ebselen prevents neurotoxicity and clinical symptoms in a primate model of Parkinson's disease. Exp Neurol 2000;166:235–45.

Schneider JS, Pope-Coleman A, Van Velson M, Menzaghi F, Lloyd GK. Effects of SIB-1508Y, a novel neuronal nicotinic acetylcholine receptor agonist, on motor behaviour in parkinsonian monkeys. Mov Disord 1998;13:637–42.

Soherman D, Desnos C, Darchen F, Pollak P, Javoy-Agid F, Agid Y. Striatal dopamine deficiency in Parkinson's disease. Role of aging. Ann Neurol 1989;26:551–7.

Spruijt BM, Rousseau JBI. Approach, avoidance, and contact behavior of individually recognized animals automatically quantified with an imaging technique. Physiol Behav 1992;51:747–52.

Tipton KF, Singer TP. Advances in our understanding of the mechanisms of the neurotoxicity of MPTP and related compounds. J Neurochem 1998;61:1191–206.

III.2. Effet antidyskinétique du sulphate de magnésium

ACADEMIC
PRESS

Available online at www.sciencedirect.com

SCIENCE @ DIRECT®

Experimental Neurology 182 (2003) 490–496

Experimental
Neurology

www.elsevier.com/locate/yexnr

Antidyskinetic effect of magnesium sulfate in MPTP-lesioned monkeys

C. Chassain,* A. Eschalier, and F. Durif

Unité INSERM EMI 9904, Faculté de Médecine et Pharmacie, 28, place Henri-Dunant, 63001 Clermont-Ferrand, France

Received 7 June 2002; revised 10 October 2002; accepted 14 February 2003

Abstract

The antiparkinsonian action of an NMDA receptor antagonist, magnesium sulfate (50, 100, and 200 mg/kg), alone and in association with levodopa was explored in 1-methyl-4-phenyl-1,2,3,6-tetrahydropyridine (MPTP)-lesioned parkinsonian and control rhesus monkeys. At the three doses tested, magnesium sulfate decreased levodopa-induced dyskinesia [cumulative dyskinetic scores after levodopa: 129 ± 13; after levodopa and magnesium sulfate: 65 ± 14 (50 mg/kg), $P < 0.001$; 64 ± 10 (100 mg/kg), $P < 0.001$; 66 ± 21 (200 mg/kg), $P < 0.001$, compared to levodopa administration alone]. These results show that magnesium sulfate importantly reduces levodopa-induced dyskinesia.
© 2003 Elsevier Science (USA). All rights reserved.

Keywords: Magnesium sulfate; Antiparkinsonian effect; Levodopa-induced dyskinesia; Parkinson's disease; 1-Methyl-4-phenyl-1,2,3,6-tetrahydropyridine (MPTP); Monkeys

Introduction

Parkinson's disease (PD) is a neurodegenerative disorder clinically characterized by tremor, bradykinesia, rigidity, and postural instability. The pathological hallmark is the degeneration of dopaminergic neurons in the substantia nigra pars compacta (SNpc), which are projected massively onto the striatum (Alexander and Crutcher, 1990; Scherman et al., 1989). This progressive loss of dopaminergic neurons leads to a dopaminergic denervation of the striatum causing a cascade of alterations in the activity of the basal ganglia nuclei. One of the biochemical changes observed in the basal ganglia involves an increase in striatal glutamate release (Calabresi et al., 1993) from the cortico-striatal pathways and overactivity of the glutamatergic subthalamic nucleus (STN) (Bergman et al., 1990).

Since the cortico-striatal glutamatergic pathways and STN become overactive following dopamine denervation (Bergman et al., 1990) and chronic treatment with levodopa inducing motor complications (Calon et al., 2002), pharmacological inhibition of the glutamatergic system with NMDA or AMPA antagonists can improve parkinsonian

symptoms (Blanchet et al., 1998, 1999; Greenamyre and O'Brien, 1991; Mitchell and Carroll, 1997; Steece-Collier et al., 2000; Suzuki and Okumura-Noji, 1995) and motor complications such as levodopa-induced dyskinesia (LID). (Blanchet et al., 1997, 1999; Konitsiotis et al., 2000; Papa and Chase, 1996). The aim of this study was to determine whether magnesium (Mg) sulfate, an NMDA antagonist (Davies and Watkins, 1977; Decollogne et al., 1997), has an antiparkinsonian effect itself and whether Mg can modulate the antiparkinsonian response after administration of levodopa in 1-methyl-4-phenyl-1,2,3,6-tetrahydropyridine (MPTP)-lesioned monkeys.

Materials and methods

Animals

Experiments were conducted on 12 adult female rhesus monkeys (*Macaca mulatta*) weighing 4–6 kg. They were housed in individual primate cages under standard conditions of humidity (50 ± 5%), temperature (24 ± 2°C), and light (12-h light/dark cycle) and had free access to food and water. Our experiments complied with the European Convention for Animal Care. Four healthy animals were used as controls. Eight monkeys were exposed to MPTP as a single

* Corresponding author. Fax: +33-4-73-62-40-89.
E-mail address: kchassin@clermont.inra.fr (C. Chassain).

0014-4886/03/$ – see front matter © 2003 Elsevier Science (USA). All rights reserved.
doi:10.1016/S0014-4886(03)00125-0

C. Chassain et al. / Experimental Neurology 182 (2003) 490–496

weekly dose of 0.5 mg/kg while awake, until they presented a stable extrapyramidal syndrome (8 months, total dose of 16 mg/kg). For these animals, the baseline disability scale score assessed just before drug administration was stable throughout the experiment. After assessment of the effect of Mg on the parkinsonian syndrome alone or in association with levodopa, 4 of the 8 parkinsonian monkeys were given levodopa (100 mg/kg, intramuscularly (im)) two times daily until they had reproducible and stable LID (2 months treatment) as ensured by levodopa tests performed before the experimental period.

Drugs

MPTP (Sigma, St. Louis, MO, USA) was dissolved in 0.9 % saline (1 ml) and administered intramuscularly Ester methyl levodopa (Sigma) was dissolved in 0.9% saline (1 ml) and administered im in association with a peripheral decarboxylase inhibitor, benserazide (Sigma) (relative dose: levodopa/benserazide: 4 to 1 ratio). Magnesium sulfate (Chaix and Du Marais Lavoisier, Paris, France, 1.5 g/10 ml, Mg^{2+} content 15%) was given im.

Response evaluation

Response evaluation was performed in a nonblinded fashion by the same investigator and the test sequence was predetermined to proceed from no treatment, to Mg alone, to cotreatment with levodopa. An interval of 48 h separated each test. Assessments were performed under fasting conditions.

Locomotor activity was assessed in standardized experimental conditions with a video image analyzer system (View Point, Lyon, France) validated for MPTP-intoxicated monkeys (Chassain et al., 2001). Animals were in their own individual primate cage in the animal room. A camera, fixed on the wall, was placed in front of two animals. The distance between the camera and the cages was approximatively 2 m. The video assessment was performed in an office separated from the animal room. The camera was connected to a PC monitor for locomotor activity assessment and to another monitor for clinical assessments. The global locomotor activity was divided into three types of movement: low amplitude movements, intermediate amplitude movements (movement of the head and limbs without movement of the animal), and large amplitude movements. Each class of movement was integrated over 1-s intervals during a total period of 240 min for motor activity or of 90 min for assessment of LID. Specific activities were evaluated as the sum of the climbing, social, eating, and drinking activities.

Motor behavior was also scored on the disability scale developed for MPTP-lesioned monkeys (Gomez-Mancilla et al., 1993). The evaluation was carried out by video observation of the animals in their cages and was scored every 15 min for periods of 240 or 90 min for assessment of parkinsonian syndrome in dyskinetic MPTP-lesioned mon-

keys. On each segment of the videotape, posture (0–2), mobility (0–3), climbing (0–1), gait (0–3), grooming (0–1), social interactions (0–1), and tremor (0–1) were scored individually. The sum of these scores was the overall clinical rating.

The severity of LID was rated every minute from 90-min videotapes of the face, neck, trunk, arms, and legs using the following scale: none = 0; mild (occasional) = 1; moderate (intermittent) = 2; severe (continuous) = 3 (Blanchet et al., 1998). The dyskinetic score for each minute was the sum of the scores for all body segments (maximum 21 points) and these scores were added over the whole period and formed the cumulative dyskinesia scores.

Experimental protocols

Effect of magnesium sulfate on control and MPTP-lesioned monkeys

Motor behavior was evaluated in the four control and eight MPTP-lesioned monkeys after vehicle or Mg sulfate (50, 100, or 200 mg/kg) administration. The tested drug was given at 8:30 AM, 30 min before the behavioral assessment.

Effect of levodopa alone or in combination with magnesium sulfate on the parkinsonian syndrome

The lowest (optimal dose) dose of ester methyl levodopa and benserazide inducing nearly total suppression of parkinsonian symptoms for at least 60 min was determined in the weeks preceding study of the eight MPTP-lesioned monkeys (test range: 75, 100, 200, and 300 mg). The acute optimal dose of levodopa was administered at 9:00 AM, alone or in combination with Mg sulfate (50, 100, or 200 mg/kg) injected 30 min before levodopa.

Effect of magnesium sulfate on LID

The four MPTP-lesioned monkeys with LID were assessed after administration of a single acute dyskinetic dose of levodopa (optimal dose + 100 mg) at 9:00 AM, alone or in combination with Mg sulfate (50, 100, or 200 mg/kg) injected 30 min before levodopa.

Statistical analyses

Results for the global locomotor activity derived from the video image analyzer system (low amplitude movements, intermediate amplitude movements, and large amplitude movements) were expressed in seconds. Specific activities were counted for each event. The mean parkinsonian scores on the Laval University MPTP Primate Disability Scale and the cumulative dyskinetic scores were averaged for all monkeys and all values were expressed as the mean score ± SEM. The coefficient of variation (CV) was calculated as the difference between the basal and treated scores divided by the basal score.

Comparisons between group (with or without Mg sulfate) were assessed by analysis of variance (ANOVA) for

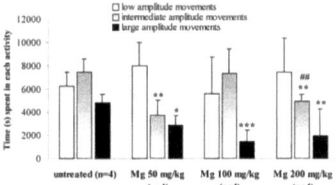

Fig. 1. Effects of magnesium sulfate on control monkeys. Untreated monkeys were assessed for global locomotor activity (low amplitude movements, intermediate amplitude movements, and large amplitude movements) using the video system, for 240 min under basal conditions and after administration of Mg sulfate (50, 100, or 200 mg/kg). Analyses were performed by two-way ANOVA, followed by a post hoc Newman–Keuls test if there was significance. *$P < 0.05$; **$P < 0.01$; ***$P < 0.001$ vs untreated. ##$P < 0.01$: Mg sulfate (100 mg/kg) vs Mg sulfate (200 mg/kg).

repeated measures, followed by a Newman–Keuls test if there was significance ($P < 0.05$). A Student t test was used to compare the severity of the parkinsonian syndrome in MPTP-lesioned monkeys with or without levodopa treatment.

Results

Administration of Mg sulfate to control monkeys decreased the global motor activity as assessed by the video system (Fig. 1). In fact, the time in which animals realized large amplitude movements diminished following Mg treatment (50 mg/kg: 4813 ± 699 s vs 2879 ± 787 s, CV = 40%, $F = 13.51$, $P < 0.05$; 100 mg/kg: 4813 ± 699 s vs 1490 ± 981 s, CV = 69%, $F = 24.28$, $P < 0.001$; 200 mg/kg: 4813 ± 699 s vs 1950 ± 2360 s, CV = 59%, $F = 21.73$, $P < 0.01$). After a 50 or 200 mg/kg dose of Mg sulfate, control monkeys realized less intermediate amplitude movements (50 mg/kg: 7446 ± 1123 s vs 3761 ± 1294 s, CV = 49%, $F = 18.49$, $P < 0.01$; 200 mg/kg: 7446 ± 1123 s vs 4966 ± 555 s, CV = 33%, $F = 8.01$, $P < 0.01$). Specific activities also decreased after receiving Mg (50 mg/kg: 1601 ± 311 vs 467 ± 146, CV = 71%, $F = 64.10$, $P < 0.001$; 100 mg/kg: 1601 ± 311 vs 608 ± 190, CV = 62%, $F = 16.16$, $P < 0.001$; 200 mg/kg: 1601 ± 311 vs 455 ± 399, CV = 82%, $F = 15.60$, $P < 0.001$).

Evaluation of the behavior of MPTP-lesioned monkeys showed that magnesium sulfate monotherapy had no significant antiparkinsonian effect on the global locomotor activity as assessed with either the video analyzer system or Laval University MPTP Primate Disability Scale (data not shown), at any of the three doses tested (50, 100, or 200 mg/kg). Levodopa/benserazide improved the motor activity as indicated by the automatic mobility assessment. Animals

realized significantly less low amplitude movements (12549 ± 1175 s vs 11065 ± 1330 s, CV = 12%, $F = 6.33$, $P < 0.05$), while they performed significantly more large amplitude movements (470 ± 348 s vs 1030 ± 389 s, CV = 54%, $F = 7.75$, $P < 0.05$), compared to untreated MPTP-lesioned monkeys (Fig. 2). Levodopa/benserazide also improved the parkinsonian syndrome (10 ± 0.2 vs 5 ± 3.3; $t = 17.94$; $P < 0.001$) as evaluated on MPTP Primate Disability Scale. Coadministration of levodopa/benserazide and Mg sulfate (100 mg/kg) had a stimulatory effect on the motor response (Fig. 2). Animals realized significantly more large amplitude movements than those treated with levodopa/benserazide alone (1030 ± 389 s vs 1582 ± 766 s, CV = 35%, $F = 4.14$, $P < 0.05$). The low amplitude movements (11065 ± 1330 s vs 9835 ± 1821 s, CV = 11%) and intermediate amplitude movements (2435 ± 1188 s vs 3118 ± 1478 s, CV = 22%) were not significantly different, while specific activities were not influenced by either form of treatment. Coadministration of levodopa/benserazide and Mg sulfate (50, 100, and 200 mg/kg) did not modify the reduction of the disability score obtained on the disability scale for MPTP-lesioned monkeys after levodopa administration alone (disability scores: 5 ± 3.3 (levodopa alone), 5 ± 0.9 (levodopa + Mg 50 mg/kg); $F = 0.86$, 4 ± 0.9 (levodopa + Mg 100 mg/kg); $F = 3.43$, 5 ± 0.8 (levodopa + Mg 200 mg/kg); $F = 0.063$).

The time course of the antiparkinsonian action of levodopa/benserazide, alone or in combination with Mg sulfate, was determined on the Laval University MPTP Primate Disability Scale. The antiparkinsonian effect of levodopa started earliest in the presence of Mg sulfate (50 or 100 mg/kg, $P < 0.05$) and reached its maximal score more

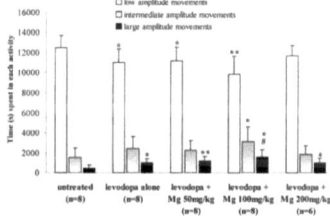

Fig. 2. Effects of magnesium sulfate on MPTP-lesioned monkeys. Untreated MPTP-lesioned monkeys were assessed for global locomotor activity (low amplitude movements, intermediate amplitude movements, and large amplitude movements) using the video system, for 240 min under basal conditions and after administration of an optimal dose of levodopa (75, 100, 200, or 300 mg), alone or in combination with Mg sulfate (50, 100, or 200 mg/kg). Analyses were performed by two-way ANOVA, followed by a post hoc Newman–Keuls test if there was significance. *$P < 0.05$; **$P < 0.01$ vs untreated MPTP-lesioned monkeys. #$P < 0.05$ vs levodopa alone.

C. Chassain et al. / Experimental Neurology 182 (2003) 490–496

493

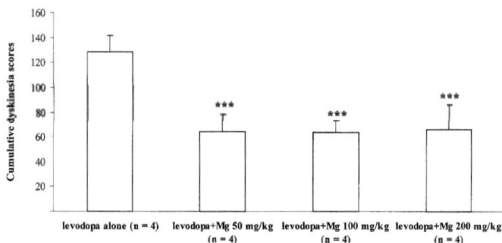

Fig. 3. Effect of magnesium sulfate on LID in MPTP-lesioned monkeys. The cumulative dyskinetic scores obtained during an observation period of 90 min were averaged for all monkeys (n = 4) and expressed as the mean ± SEM. Monkeys received levodopa/benserazide at a dyskinetic dose (200/50 or 400/100 mg), alone or in combination with Mg sulfate (50, 100, or 200 mg/kg). Analyses were performed by two-way ANOVA, followed by a post-hoc Newman-Keuls test if there was significance. ***$P < 0.001$ vs levodopa alone.

quickly at both these doses of Mg (50 mg/kg, $P < 0.01$, and 100 mg/kg, $P < 0.05$) but lasted longer in the presence of Mg 100 mg/kg ($P < 0.05$).

Fig. 3 illustrates the dyskinetic response of the four MPTP-lesioned monkeys with LID to each drug combination, as assessed with the dyskinetic disability scale. No dyskinesia was observed after injection of Mg sulfate alone (50, 100, or 200 mg/kg, data not shown), whereas dyskinetic doses of levodopa/benserazide induced LID (cumulative dyskinetic score 129 ± 13). Coadministration of Mg sulfate and levodopa/benserazide reduced LID [cumulative dyskinetic scores: 65 ± 14 (levodopa + Mg 50 mg/kg), $F = 44.88$, $P < 0.001$; 64 ± 10 (levodopa + Mg 100 mg/kg), $F = 64.20$, $P < 0.001$; 66 ± 21 (levodopa + Mg 200 mg/kg), $F = 26.44$, $P < 0.001$], compared to administration of levodopa alone. The baseline dyskinesia score among the four dyskinetic monkeys was stable throughout the experiment. In fact, at the end of the test period, after levodopa administration, all animals had a cumulative dyskinesia score not different from this at the beginning of the experiment (before testing: 128 ± 13; during testing: 129 ± 13; 6 months after testing: 135 ± 10). The video system did not reveal any differences between the treatment groups. Mg sulfate did not significantly changed the motor activity in the dyskinetic monkeys as assessed by the automatic video system (Fig. 4A). Scores obtained on the disability scale after coadministration of Mg sulfate (50, 100, and 200 mg/kg) and levodopa/benserazide were not different from these obtained after levodopa/benserazide administration alone (disability scores: 3 ± 0.4 (levodopa alone), 3 ± 0 (levodopa + Mg 50 mg/kg); $F = 4.17$, 3 ± 0.5 (levodopa + Mg 100 mg/kg); $F = 0.48$, 3 ± 0.2 (levodopa + Mg 200 mg/kg); $F = 2.50$) (Fig. 4B).

Discussion

In this study, the main effect induced by Mg sulfate was a significant important reduction of LID in MPTP-lesioned monkeys. However, Mg sulfate had no antiparkinsonian effect when administered alone. Mg blocks in a voltage-dependent manner the NMDA receptor ligand-gated ion channel, which is highly permeable to Ca^{2+} (Hollmann and Heinemann, 1994; Mori et al., 1992). In vitro, this blockade operates from threshold extracellular Mg concentrations of less than 1 mM, within the range of those found in the cerebrospinal fluid and plasma of humans and animals (Morris, 1992). At membrane potentials closed to resting, NMDA receptors are thus totally inhibited by the Mg present in extracellular fluids. Moreover, experimental data indicate that raising the Mg concentration above physiological levels causes further antagonism of the response to NMDA, regardless of the polarization state of the neurons (Davies and Watkins, 1977; Decollogne et al., 1997). This property of Mg has been studied in pain. In neuropathic pain, excess activation of the excitatory pathway through NMDA receptors has been described (Parsons, 2001), while a study of chronic neuropathic pain in the rat showed that injection of Mg amplified the analgesic effect of low-dose morphine under conditions of sustained pain (Begon et al., 2002).

NMDA receptors are heteromeric proteins, composed of several subunits belonging to three families, NR1 (splice variants NR1a-h), NR2 (subtypes NR2A-D), and the NR3 subunit. Subtypes of NMDA receptors arise from distinct combinations of different subunits. The NR1, NR2A, and NR2B subunits are widely distributed in the mammalian brain (Mori and Mishina, 1995), where the NR1/NR2A and NR1/NR2B combinations are probably most frequent, the latter being abundant in the striatum (Chase et al., 1998;

494   *C. Chassain et al. / Experimental Neurology 182 (2003) 490–496*

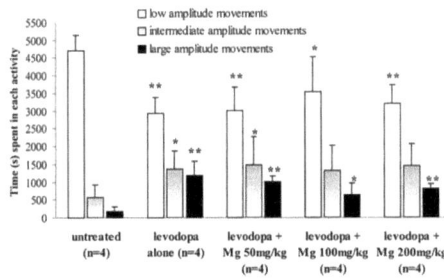

A

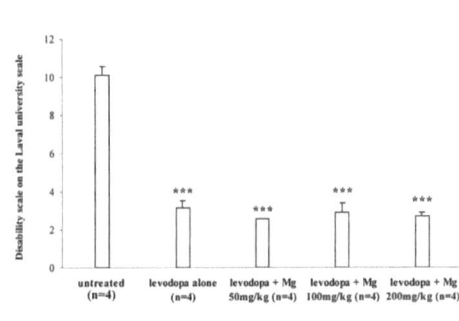

B

Fig. 4. Effect of magnesium sulfate on MPTP-lesioned monkeys with LID. (A) Global locomotor activity. Untreated MPTP-lesioned monkeys with LID were assessed for global locomotor activity (low amplitude movements, intermediate amplitude movements, and large amplitude movements) using the video system, for 90 min under basal conditions and after administration of a optimal dose of levodopa (75, 100, 200, or 300 mg), alone or in combination with Mg sulfate (50, 100, or 200 mg/kg). Analyses were performed by two-way ANOVA, followed by a post hoc Newman–Keuls test if there was significance. *$P < 0.05$; **$P < 0.01$ vs untreated MPTP-lesioned monkeys. (B) Severity of parkinsonian syndrome. Severity of parkinsonian syndrome was assessed with the disability scale for MPTP-lesioned monkeys. Untreated MPTP-lesioned monkeys with LID were assessed for 90 min under basal conditions and after administration of a optimal dose of levodopa (75, 100, 200, or 300 mg), alone or in combination with Mg sulfate (50, 100, or 200 mg/kg). Analyses were performed by two-way ANOVA, followed by a post hoc Newman–Keuls test if there was significance. ***$P < 0.001$ vs untreated MPTP-lesioned monkeys.

Gotz et al., 1997; Standaert et al., 1994). These receptor subtypes have distinctive subunit-dependent affinities for specific agonists and antagonists. In vitro studies (Liu et al., 2001; Yamakura et al., 1993) have shown that the channel blocker Mg does not differentiate between NR1/NR2A and NR1/NR2B combinations, which suggests that Mg is a nonspecific NMDA antagonist.

There is substantial evidence that nonselective NMDA antagonists (MK801, MDL 100453) potentiate the antiparkinsonian effect of levodopa in rodent and primate models of PD (Blanchet et al., 1999; Klockgether and Turski, 1990) and also have an influence on LID. Amantadine has an antidyskinetic action but does not enhance the motor re-

sponse induced by levodopa in animals (Blanchet et al., 1998) or humans (Papa and Chase, 1996). In parkinsonian rats, Papa et al. (1995) obtained a more effective reduction of LID by intrastriatal injection rather than systemic administration of the NMDA antagonist MK801, suggesting that the antidyskinetic effect of such antagonists is linked to blockade of the striatal glutamate receptors.

In studies using NR2B-selective NMDA receptor antagonists (eliprodil, ifenprodil, CP-101,606) in PD models in the rat and monkey, several authors have demonstrated a direct antiparkinsonian action (Greenamyre and O'Brien, 1991; Mitchell and Carroll, 1997; Nash et al., 1999, 2000; Steece-Collier et al., 2000). Furthermore, it has been shown

- 185 -

that NR2B-selective NMDA antagonists have a potent antidyskinetic effect when coadministered with levodopa (Blanchet et al., 1999; Engber et al., 1994; Papa and Chase, 1994; Verhagen Metman, 1998).

The results observed in this study and in the literature are in accordance with an increase in the glutamatergic transmission in the basal ganglia in animal models of PD. In primate models, the degeneration of dopaminergic nigrostriatal neurons leads to a rise in striatal glutamate release from the cortico-striatal pathway and to overactivity of excitatory glutamatergic projections from the STN to the output nuclei of the basal ganglia. The increase in glutamatergic activity in these nuclei in turn directly influences the neuronal activity of the basal ganglia output nucleus (inner part of the pallidum), which is GABAergic and projects to the ventrolateral thalamus. Hence the motor thalamus becomes underactive and reduces its output to the motor and premotor cortex, leading to the appearance of the clinical manifestations of PD (Greenamyre, 1993; Marsden, 1994). Motor complications (motor fluctuations and LID) are moreover associated with an upregulation of the NMDA receptors on striatal GABAergic neurons, which contain the NR1A/NR2B combination (Calon et al., 2002). This receptor upregulation could be linked to the mechanism regulating protein phosphorylation (Chase and Oh, 2000). Studies of striatal NMDA receptors in the rat have revealed changes in tyrosine and serine phosphorylation which were associated with destruction of the nigrostriatal system and the appearance of LID (Oh et al., 1998, 1999). Both nigrostriatal denervation and LID enhance the phosphorylation of tyrosine residues on striatal NR2B subunits. However, levodopa treatment also affects NR2A subunits. Higher levels of serine phosphorylation are found on striatal NR2A subunits in the presence of nigrostriatal pathway destruction and the phosphorylation increases with levodopa treatment, whereas the serine phosphorylation of NR2B subunits is not affected. Thus, one cannot entirely rule out an upregulation of NR2A subunits to explain the occurrence of LID (Oh et al., 1999).

On the other hand, the increased activity of GABAergic spiny neurons in the striatum could directly or indirectly decrease the GABAergic neuronal activity in the inner pallidum and substantia nigra pars reticulata and consequently result in thalamic hyperactivity. Such excessive output of the thalamus induces a disinhibition of the motor cortex (Rascol et al., 1998) which can lead to LID. Nonetheless, pharmacological blockade of the extrastriatal glutamate pathways may also affect the output of the basal ganglia and could equally explain the antidyskinetic effect of NMDA antagonists (Robertson et al., 1989).

Magnesium also acts as a cosubstrate in several enzymatic reactions. Thus, Mg activates tyrosine hydroxylase and enhances dopamine synthesis through a cAMP-dependent protein kinase (Morgenroth et al., 1975), while it inhibits the dopamine release induced by N-methyl-D-aspartate (Sutoo and Akiyama, 2000). These effects on dopamine

metabolism could explain the influence of Mg on the action of levodopa.

Systemic administration of Mg sulfate to control monkeys substantially reduced their motor behavior. In mice Decollogne et al. (1997). reported a myorelaxant effect of Mg salts administered at 100–300 mg/kg doses. Thus, reduction of motor behavior might be due to a sedative effect. However, our study was not conducted to explore attention processes and vigilance. Thus, it was not possible to confirm this hypothesis. The decrease of LID found in our study is not relative to a possible sedative action of Mg sulfate observed in healthy monkeys and to an aggravation of parkinsonian disability because, first, the automatic video system revealed no decrease in global locomotor activity in animal receiving levodopa and Mg. Second, the assessment of the parkinsonian disability using more specifically the Laval University MPTP Primate Disability Scale was different between monkeys receiving levodopa alone or with Mg. Thus, we can assume that the Mg sulfate acts directly on the mechanisms involved in dyskinesia. In conclusion, Mg strongly reduces LID. It will thus be of interest to perform clinical studies in parkinsonian patients using Mg salts chronically administered as an antidyskinetic drug.

References

Alexander, G.E., Crutcher, M.D., 1990. Functional architecture of basal ganglia circuits: neural substrates of parallel processing. Trends Neurosci 13 (7), 266–271.

Begon, S., Pickering, G., Eschalier, A., Dubray, C., 2002. Magnesium increases morphine analgesic effect in different experimental models of pain. Anesthesiology 96 (3), 627–632.

Bergman, H., Wichmann, T., DeLong, M.R., 1990. Reversal of experimental parkinsonism by lesions of the subthalamic nucleus. Science 249 (4975), 1436–1438.

Blanchet, P.J., Konitsiotis, S., Chase, T.N., 1998. Amantadine reduces levodopa-induced dyskinesias in parkinsonian monkeys. Mov. Disord. 13 (5), 798–802.

Blanchet, P.J., Konitsiotis, S., Whitemore, E.R., Zhou, Z.L., Woodward, R.M., Chase, T.N., 1999. Differing effects of N-methyl-D-aspartate receptor subtype selective antagonists on dyskinesias in levodopa-treated 1-methyl-4-phenyl-tetrahydropyridine monkeys. J. Pharmacol. Exp. Ther. 290 (3), 1034–1040.

Blanchet, P.J., Papa, S.M., Metman, L.V., Mouradian, M.M., Chase, T.N., 1997. Modulation of levodopa-induced motor response complications by NMDA antagonists in Parkinson's disease. Neurosci. Biobehav. Rev. 21 (4), 447–453.

Calabresi, P., Mercuri, N.B., Sancesario, G., Bernardi, G., 1993. Electrophysiology of dopamine-denervated striatal neurons. Implications for Parkinson's disease. Brain 116, 433–452.

Calon, F., Morissette, M., Ghribi, O., Goulet, M., Grondin, R., Blanchet, P.J., Bedard, P.J., Di, P.T., 2002. Alteration of glutamate receptors in the striatum of dyskinetic 1-methyl-4-phenyl-1,2,3,6-tetrahydropyridine-treated monkeys following dopamine agonist treatment. Prog. Neuropsychopharmacol. Biol. Psychiatry 26 (1), 127–138.

Chase, T.N., Oh, J.D., 2000. Striatal dopamine- and glutamate-mediated dysregulation in experimental parkinsonism. Trends Neurosci. 23 (Suppl 10), S86–91.

Chase, T.N., Oh, J.D., Blanchet, P.J., 1998. Neostriatal mechanisms in Parkinson's disease. Neurology 51 (Suppl 2), S30–35.

496   C. Chassain et al. / Experimental Neurology 182 (2003) 490–496

Chassain, C., Eschalier, A., Durif, F., 2001. Assessment of motor behavior using a video system and a clinical rating scale in parkinsonian monkeys lesioned by MPTP. J. Neurosci. Methods 111 (1), 9–16.

Davies, J., Watkins, J.C., 1977. Effect of magnesium ions on the responses of spinal neurones to excitatory amino acids and acetylcholine. Brain Res. 130 (2), 364–368.

Decollogne, S., Tomas, A., Lecerf, C., Adamowicz, E., Seman, M., 1997. NMDA receptor complex blockade by oral administration of magnesium: comparison with MK-801. Pharmacol. Biochem. Behav. 58 (1), 261–268.

Engber, T.M., Papa, S.M., Boldry, R.C., Chase, T.N., 1994. NMDA receptor blockade, reverses motor response alterations induced by levodopa. NeuroReport 5 (18), 2586–2588.

Gomez-Mancilla, B., Boucher, R., Gagnon, C., Di Paolo, T., Markstein, R., Bedard, P.J., 1993. Effect of adding the D1 agonist CY 208–243 to chronic bromocriptine treatment. I: Evaluation of motor parameters in relation to striatal catecholamine content and dopamine receptors. Mov. Disord. 8 (2), 144–150.

Gotz, T., Kraushaar, U., Geiger, J., Lubke, J., Berger, T., Jonas, P., 1997. Functional properties of AMPA and NMDA receptors expressed in identified types of basal ganglia neurons. J. Neurosci. 17 (1), 204–215.

Greenamyre, J.T., 1993. Glutamate–dopamine interactions in the basal ganglia: relationship to Parkinson's disease. J. Neural Transm. Gen. Sect. 91 (2–3), 255–269.

Greenamyre, J.T., Eller, R.V., Zhang, Z., Ovadia, A., Kurlan, R., Gash, D.M., 1994. Antiparkinsonian effects of remacemide hydrochloride, a glutamate antagonist, in rodent and primate models of Parkinson's disease. Ann. Neurol. 35 (4), 655–661.

Greenamyre, J.T., O'Brien, C.F., 1991. N-methyl-D-aspartate antagonists in the treatment of Parkinson's disease. Arch. Neurol. 48 (9), 977–981.

Hollmann, M., Heinemann, S., 1994. Cloned glutamate receptors. Annu. Rev. Neurosci. 17, 31–108.

Klockgether, T., Turski, L., 1990. NMDA antagonists potentiate antiparkinsonian actions of L-dopa in monoamine-depleted rats. Ann. Neurol. 28 (4), 539–546.

Konitsiotis, S., Blanchet, P.J., Verhagen, L., Lamers, E., Chase, T.N., 2000. AMPA receptor blockade improves levodopa-induced dyskinesia in MPTP monkeys. Neurology 54 (8), 1589–1595.

Liu, H.T., Hollmann, M.W., Liu, W.H., Hoenemann, C.W., Durieux, M.E., 2001. Modulation of NMDA receptor function by ketamine and magnesium: Part I. Anesth. Analg. 92 (5), 1173–1181.

Marsden, C.D., 1994. Problems with long-term levodopa therapy for Parkinson's disease. Clin. Neuropharmacol. 17 (Suppl 2), S32–44.

Mitchell, I.J., Carroll, C.B., 1997. Reversal of parkinsonian symptoms in primates by antagonism of excitatory amino acid transmission: potential mechanisms of action. Neurosci. Biobehav. Rev. 21 (4), 469–475.

Morgenroth, V.H., Hegstrand, L.R., Roth, R.H., Greengard, P., 1975. Evidence for involvement of protein kinase in the activation by adenosine 3′:5′-monophosphate of brain tyrosine 3-monooxygenase. J. Biol. Chem. 250 (5), 1946–1948.

Mori, H., Masaki, H., Yamakura, T., Mishina, M., 1992. Identification by mutagenesis of a Mg(2+)-block site of the NMDA receptor channel. Nature 358 (6388), 673–675.

Mori, H., Mishina, M., 1995. Structure and function of the NMDA receptor channel. Neuropharmacology 34 (10), 1219–37.

Morris, M.E., 1992. Brain and CSF magnesium concentrations during magnesium deficit in animals and humans: neurological symptoms. Magnes. Res. 5 (4), 303–313.

Nash, J.E., S.H. Fox, B. Henry, M.P. Hill, D. Peggs, S. McGuire, Y. Maneuf C. Hille, J.M. Brotchie, A.R. 2000. Crossman. Antiparkinsonian actions of ifenprodil in the MPTP-lesioned marmoset model of Parkinson's disease. Exp. Neurol. 165(1), 136–142, doi:10.1006/exnr.2000.7444.

Nash, J.E., Hill, M.P., Brotchie, J.M., 1999. Antiparkinsonian actions of blockade of NR2B-containing NMDA receptors in the reserpine-treated rat. Exp. Neurol. 155 (1), 42–48, doi:10.1006/exnr.1998.6963.

Oh, J.D., Russell, D.S., Vaughan, C.L., Chase, T.N., Russell, D., 1998. Enhanced tyrosine phosphorylation of striatal NMDA receptor subunits: effect of dopaminergic denervation and L-Dopa administration. Brain Res. 813 (1), 150–159.

Oh, J.D., Vaughan, C.L., Chase, T.N., 1999. Effect of dopamine denervation and dopamine agonist administration on serine phosphorylation of striatal NMDA receptor subunits. Brain Res. 821 (2), 433–442.

Papa, S.M., Boldry, R.C., Engber, T.M., Kask, A.M., Chase, T.N., 1995. Reversal of levodopa-induced motor fluctuations in experimental parkinsonism by NMDA receptor blockade. Brain Res. 701 (1–2), 13–18.

Papa, S.M., Chase, T.N., 1996. Levodopa-induced dyskinesias improved by a glutamate antagonist in Parkinsonian monkeys. Ann. Neurol. 39 (5), 574–578.

Parsons, C.G., 2001. NMDA receptors as targets for drug action in neuropathic pain. Eur. J. Pharmacol. 429 (1–3), 71–78.

Rascol, O., Sabatini, U., Brefel, C., Fabre, N., Rai, S., Senard, J.M., Celsis, P., Viallard, G., Montastruc, J.L., Chollet, F., 1998. Cortical motor overactivation in parkinsonian patients with L-Dopa-induced peak-dose dyskinesia. Brain 121, 527–533.

Robertson, R.G., Farmery, S.M., Sambrook, M.A., Crossman, A.R., 1989. Dyskinesia in the primate following injection of an excitatory amino acid antagonist into the medial segment of the globus pallidus. Brain Res. 476 (2), 317–322.

Scherman, D., Desnos, C., Darchen, F., Pollak, P., Javoy-Agid, F., Agid, Y., 1989. Striatal dopamine deficiency in Parkinson's disease: role of aging. Ann. Neurol. 26 (4), 551–557.

Standaert, D.G., Testa, C.M., Young, A.B., Penney Jr., J.B., 1994. Organization of N-methyl-D-aspartate glutamate receptor gene expression in the basal ganglia of the rat. J. Comp. Neurol. 343 (1), 1–16.

Steece-Collier, K., Chambers, L.K., Jaw-Tsai, S.S., Menniti, F.S., Greenamyre, J.T., 2000. Antiparkinsonian actions of CP-101,606, an antagonist of NR2B subunit-containing N-methyl-D-aspartate receptors. Exp. Neurol. 163 (1), 239–243, doi:10.1006/exnr.2000.7374.

Sutoo, D., Akiyama, K., 2000. Effect of magnesium on calcium-dependent brain function that prolongs ethanol-induced sleeping time in mice. Neurosci. Lett. 294 (1), 5–8.

Suzuki, T., Okumura-Noji, K., 1995. NMDA receptor subunits epsilon 1 (NR2A) and epsilon 2 (NR2B) are substrates for Fyn in the postsynaptic density fraction isolated from the rat brain. Biochem. Biophys. Res. Commun. 216 (2), 585–588, doi:10.1006/bbrc.1995.2662.

Verhagen Metman, L., Del Dotto, P., van den Munckhof, P., Fang, J., Mouradian, M.M., Chase, T.N., 1998. Amantadine as treatment for dyskinesias and motor fluctuations in Parkinson's disease. Neurology 50 (5), 1323–1326.

Yamakura, T., Mori, H., Masaki, H., Shimoji, K., Mishina, M., 1993. Different sensitivities of NMDA receptor channel subtypes to noncompetitive antagonists. NeuroReport 4 (6), 687–690.

III.3. Effet antidyskinétique d'un antagonist du récepteur 5HT1D

5-HT1D receptor antagonist reduces levodopa-induced dyskinesias in

MPTP-lesioned monkeys

Chassain C.; Eschalier A.; Durif F.

INSERM EMI 9904, Faculté de Médecine et de Pharmacie, CHU de Clermont-Ferrand, Place Henri Dunant, 63001 Clermont-Ferrand, France

Abbreviated title: 5-HT1D agonist reduces LIDs in MPTP monkeys

Abstract

Preclinical and clinical observations increasingly suggest that serotoninergic transmission influences dopaminergic mechanisms in the basal ganglia and is involved in the pathogenesis of Parkinson's disease (PD) and levodopa-induced dyskinesias (LIDs). To explore the interaction between the 5-HT1 and dopaminergic systems, we evaluated the effects of 8OHDPAT, a 5-HT1A agonist, m-chlorophenylpiperazine (mcpp) and penbutolol, a 5-HT1B agonist and antagonist respectively, sumatriptan, a 5-HT1B/D agonist, and SB216641 and BRL15572, 5-HT1B and 5-HT1D antagonists respectively, on parkinsonian symptoms and LIDs in MPTP-lesioned monkeys. 8OHDPAT (0.01 and 0.05 mg/kg, i.m.) alone had no effect on the severity of PD. When administered in association with levodopa, 8OHDPAT (0.01 mg/kg) reduced LIDs by more than 50% ($p<0.05$) without altering the antiparkinsonian response. At 0.05 mg/kg, 8OHDPAT reduced LIDs but also decreased the effect of levodopa on parkinsonian symptoms. Mcpp (0.5, 1.0 and 3.0 mg/kg, i.m.) decreased both LIDs and the effects of levodopa. Sumatriptan (1.0 and 5.0 mg/kg, i.m.) and BRL15572 (1.0 and 5.0 mg/kg, i.m.) had no impact on the antiparkinsonian response to levodopa and reduced LIDs by 45% ($p<0.01$) and 73% ($p<0.001$) respectively. These results suggest that pharmacological targeting of 5-HT1D receptors could have therapeutic benefits for parkinsonian patients with levodopa-induced motor complications such as LIDs.

Key words: 5-HT1A agonist; 5-HT1B agonist; 5-HT1D agonist; antiparkinsonian effect;

levodopa-induced dyskinesias (LIDs); MPTP-lesioned monkeys

INTRODUCTION

Parkinson's disease (PD) is a neurodegenerative disorder clinically characterized by tremor, bradykinesia, rigidity and postural instability. These cardinal signs reflect the loss of dopamine-containing neurons which project from the substantia nigra pars compacta (SNpc) onto the corpus striatum [1, 2]. Other neurotransmitter systems undergo degenerative change in the primary pathological process of PD, but their contributions to the clinical dysfunctions are less well understood. Serotoninergic pathways originating from the brainstem dorsal raphe and medial raphe nuclei [3, 4] and projecting onto the ventral striatum, substantia nigra pars reticulata (SNpr), SNpc, internal segment of the globus pallidus (Gpi) and subthalamic nucleus (STN) [4] constitute one of the non dopaminergic systems most consistently affected in PD [5, 6].

Clinical and preclinical observations suggest that an increase in serotoninergic transmission can contribute to the appearance of levodopa-induced dyskinesias (LIDs) in PD [7, 8]. Thus drugs which block certain 5-HT receptor subtypes have been reported to decrease the LIDs induced by levodopa therapy. Compounds which interact with 5-HT1A autoreceptors, like sarizotan, have been found to improve motor complications in rodent and primate parkinsonian models [9]. Furthermore, the 5-HT2A/C antagonist quetiapine attenuated LIDs in both these parkinsonian models [10]. Clinical studies have also shown that atypical neuroleptics such as clozapine, an antagonist of 5-HT2A receptors, mitigate various movement disorders including LIDs [11, 12].

The objective of this study was to look for an interaction between the dopaminergic system and different 5-HT1 receptor subtypes abundant in the striatum [13], using several specific 5-HT1 agonists and antagonists. The effects of 5-HT1A, 5-HT1B and 5-HT1D receptors agonists and antagonists, alone and in association with levodopa, on parkinsonian symptoms and LIDs were assessed in 1-methyl-4-phenyl-1, 2, 3, 6-tetrahydropyridine (MPTP)-lesioned primates.

Materials and methods

Animals

Experiments were conducted on 4 adult female rhesus monkeys (*Macaca mulatta*) weighing 4-6kg. They were housed individually in primate cages under stable room conditions (humidity: 50 ± 5%, temperature 24 ± 2°C and light 12h light/dark cycle) and had free access to water. All were fed a standard granule diet twice daily, supplemented with one piece of fruit daily. Our experiments complied with the European Convention for Animal Care. The monkeys were exposed to MPTP hydrochloride (Sigma, St Louis, USA) once a week at a dose of 0.5 mg/kg (i.m.) until they presented a stable extra-pyramidal syndrome (8 months, cumulative MPTP dose 16 mg/kg). These MPTP-lesioned monkeys were then given levodopa/benserazide (100 mg/25 mg; i.m.) two times daily until they had reproducible and stable LIDs (two months) as confirmed by levodopa tests performed before the series of experiments. In these animals, the baseline disability scale score determined just before drug administration remained stable throughout the study.

Drugs

MPTP (Sigma, St-Louis, USA) was dissolved in 0.9‰ saline (1 ml) and administered by intramuscular route (i.m.). Ester methyl levodopa (Sigma) was dissolved in 0.9‰ saline (1 ml) and given i.m. in association with a peripheral decarboxylase inhibitor, benserazide (Sigma) (ratio of levodopa to benserazide: 4 to 1). The vehicle (1ml of 0.9‰ saline) was also administered i.m. 8OHDPAT (0.01 and 0.05 mg/kg; Sigma), WAY 100635 (0.2 mg/kg; Sigma), m-chlorophenylpiperazine (mcpp) (0.5, 1.0 and 3.0 mg/kg; Sigma), penbutolol (0.5, 1.0 and 3.0 mg/kg; Sigma), sumatriptan (1 and 5 mg/kg; AApin Chemicals, Oxon, UK), SB216641 (1 and 5 mg/kg; Fisher Bioblock Scientific, Illkirch, France) and BRL15572 (1 and 5 mg/kg; GlaxoSmithKline, Marly-le-Roi. France) were dissolved in 0.9‰ saline (1 ml) and given i.m.

Drug treatment

At the beginning of the study, the lowest (optimal) dose of ester methyl levodopa and benserazide inducing nearly total suppression of parkinsonian symptoms for at least 60 minutes was determined for each animal (test range: 200, 300 and 400 mg). The suprathreshold dose of levodopa and benserazide producing a maximum dyskinetic response was the optimal dose of levodopa for each animal plus an additional 100mg.

Agonists and antagonists of the different 5-HT1 receptor subtypes were given alone or 30 minutes before the suprathreshold dose of levodopa and all drugs were administered in blind fashion. To test the ability of an antagonist to block the effects of an agonist , the two drugs were given 30 minutes before the suprathreshold dose of levodopa. An interval of at least 48 hours separated successive assessment.

Response evaluation

Responses were evaluated by the same investigator and the assessments were performed under fasting conditions.

Locomotor activity was assessed under standardized experimental conditions using a video image analyzer system (View Point, Lyon, France) validated for MPTP-intoxicated monkeys [14]. The animals were in their own individual primate cages in the animal room. A camera, fixed on the wall, was placed in front of two animals at a distance of approximately 2 m from the cages. The video assessment was performed in an office separate from the animal room and the camera was connected to one PC monitor for evaluation of locomotor activity and to another monitor for clinical assessments. The global locomotor activity was divided into three types of movement: low amplitude, intermediate amplitude (movement of the head and limbs without movement of the animal) and large amplitude movements. The motor activitywas evaluated by integrating each class of movement over one-second intervals during a total period of 240 minutes for motor activity. Specific activities were evaluated as the sum of the climbing, social, eating and drinking activities.

Motor behavior was also scored on the disability scale developed for MPTP-lesioned monkeys [15]. Parkinsonian syndrome was assessed every 15 minutes over periods of 240 minutes during video observation of the animals in their cages. On each segment of the videotape, posture (0-2), mobility (0-3), climbing (0-1), gait (0-3), grooming (0-1), social interactions (0-1) and tremor (0-1) were scored individually. The sum of these scores was the overall clinical rating.

The severity of LIDs was rated every 15 minutes from 240-minute videotapes of the face, neck, trunk, arms and legs using the following scale: none = 0, mild (occasional) = 1, moderate (intermittent) = 2 and severe (continuous) = 3 [16]. These scores were added over the whole observation period to give the cumulative dyskinesia score.

Statistical analyses

The global locomotor activity derived from the video image analyser system (low, intermediate and large amplitude movements) was expressed in seconds while specific activities were counted for each event. The mean parkinsonian scores on the Laval University MPTP Primate Disability Scale and the cumulative dyskinesia scores were averaged for all monkeys. All values are expressed as the mean score ± SEM.

The coefficient of variation (CV) was calculated as the difference between the basal score and the score after treatment divided by the basal score. Comparisons between groups were examined by analysis of variance (ANOVA) for repeated measurements, followed by a Newman Keuls test if there was significance ($p < 0.05$).

Results

5-HT1A receptors

8OHDPAT, when given as monotherapy at the two doses tested (0.01 and 0.05 mg/kg), had no effect on the severity of parkinsonian symptoms in MPTP-lesioned monkeys (baseline 11 ± 2 vs 8OHDPAT (0.01 mg/kg) 11 ± 3; vs 8OHDPAT (0.05 mg/kg) 11 ± 3) and did not alter the locomotor activity (data not shown).

Levodopa/benserazide improved the motor activity as indicated by the automatic mobility assessment. As compared to untreated MPTP-lesioned monkeys, the animals performed significantly fewer low amplitude movements (14512 ± 110 s vs 9441 ± 1588 s; CV = 35%; F = 40.58; p<0.001) but significantly more intermediate movements (187 ± 81 s vs 3231 ± 1402 s; CV = 95%; F = 18.8; p<0.001) and large amplitude movements (24 ± 8 s vs 9441 ± 1588 s; CV = 98%; F = 131.67; p<0.001) (figure 1A). These animals also carried out significantly more specific activities (5 ± 3 vs 348 ± 76; CV = 99%; F = 101.7; p<0.001) (data not shown). Levodopa/benserazide likewise improved the parkinsonian syndrome (11 ± 2 vs 3.8 ± 1; CV = 65%; F = 177.9; p<0.001) as evaluated on the MPTP Primate Disability Scale (figure 1B).

Co-administration of levodopa/benserazide and 8OHDPAT at the lower dose (0.01 mg/kg) did not change the motor response as compared to MPTP-lesioned monkeys receiving levodopa/benserazide alone (figures 1A and 1B). However, the higher dose of 8OHDPAT (0.05 mg/kg) had a tendency to decrease the motor activity (low amplitude movements: levodopa alone 9441 ± 1588 s vs levodopa + 8OHDPAT (0.05 mg/kg) 12837 ± 1052 s; CV = 26%; non significant (NS); intermediate amplitude movements: 3231 ± 1402 s vs 1251 ± 643 s; CV = 39%; NS; large amplitude movements: 1960 ± 337 s vs 611 ± 632 s; CV = 31%; NS) (figure 1A) and significantly altered the disability rating (3.8 ± 1 vs 9.0 ± 2; CV = 58%; F = 20.23; p<0.01) (figure 1B).

Suprathreshold doses of levodopa/benserazide induced LIDs (cumulative dyskinetic score: 134 ± 17). In combination with levodopa, both doses of 8OHDPAT decreased the cumulative dyskinetic score (levodopa alone 134 ± 17 vs levodopa + 8OHDPAT (0.01 mg/kg) 62 ± 30; CV = 54%; F = 18.31; p<0.01; vs levodopa + 8OHDPAT (0.05 mg/kg) 33 ± 38 ; CV = 75%; F = 23.15; p<0.001) (figure 2). The 5-HT1A receptor antagonist WAY 100635 (0.2 mg/kg), given alone or in combination with levodopa, had no effect on motor function (figures 1A and 1B). On the other hand, WAY 100635 (0.2 mg/kg) reversed the attenuating effect of 8OHDPAT (0.01 mg/kg) on LIDs (62 ± 30 vs 131 ± 6; CV = 53%; F = 21.6; p<0.01) (figure 2).

5-HT1B receptors

The 5-HT1B receptor agonist mcpp, when given as monotherapy, did not influence the locomotor activity or the severity of parkinsonian symptoms (data not shown).

Co-administration of levodopa/benserazide and mcpp (0.5 mg/kg) tended to decrease the motor response (figure 3A). At higher doses, mcpp significantly reduced the locomotor activity (low amplitude movements: levodopa alone 9400 ± 2311 s vs levodopa + mcpp(3 mg/kg) 13605 ± 1286 s; CV = 69%; F = 10.7; p<0.05; large amplitude movements: levodopa alone 1938 ± 494 s vs levodopa + mcpp (1 mg/kg) 321 ± 201 s; CV = 84%; F = 75.3; p<0.001; vs levodopa + mcpp (3 mg/kg) 151 ± 151 s ; CV = 92%; F = 80.7; p<0.001). The 5-HT1B agonist also significantly decreased specific activities (levodopa alone 348 ± 76 vs levodopa + mcpp (0.5 mg/kg) 156 ± 79; CV = 55%; F = 13.1; p<0.05; vs levodopa + mcpp (1 mg/kg) 37 ± 43 ; CV = 90%; F = 54.4; p<0.001; vs levodopa + mcpp (3 mg/kg) 21 ± 41; CV = 94%; F = 104.2; p<0.001).

At 0.5 mg/kg, mcpp did not modify the disability score (figure 3B), whereas at 1 and 3 mg/kg it significantly increased the severity of parkinsonian symptoms (levodopa alone 4 ± 1 vs levodopa + mcpp (1 mg/kg) 8 ± 2; CV = 50%; F = 15.5; p<0.05; vs levodopa + mcpp (3 mg/kg) 8 ± 3; CV = 50%; F = 8.5; p<0.01). In combination with suprathreshold doses of levodopa/benserazide, mcpp reduced the cumulative dyskinetic score (levodopa alone 143 ± 13 vs levodopa + mcpp (0.5 mg/kg) 78 ± 19; CV = 55%; F = 19.9; p<0.05; vs levodopa + mcpp (1 mg/kg) 41 ± 38; CV = 72%; F = 9.5; p<0.001; vs levodopa + mcpp (3 mg/kg): 38 ± 47; CV = 73%; F = 53.4; p<0.001) (figure 3C). The decrease in LIDs was correlated with the worsening of parkinsonian symptoms (r = 0.94; p<0.05).

The 5-HT1B receptor antagonist penbutolol, at the three doses tested (0.5, 1 and 3 mg/kg), had no influence on motor function or the severity of PD (data not shown). Co-administration of penbutolol with levodopa did not alter the antiparkinsonian effect of the latter, nor did it modify LIDs (data not shown).

In contrast, penbutolol (3 mg/kg) significantly reversed the attenuating effect of mcpp (1 mg/kg) on the antiparkinsonian action of levodopa (8 ± 2 vs 5 ± 1; CV = 38%; F=8.1; p<0.05) (figure 3B) and also reversed the effect of mcpp on LIDs (41 ± 38 vs 100 ± 20; CV = 59%; F = 7.8; p<0.01) (figure 3C).

5-HT1D receptors

The 5-HT1B/1D receptor agonist sumatriptan, the 5-HT1B antagonist SB 216641 and the 5-HT1D antagonist BRL 15572, when given as monotherapy or in combination with levodopa/benserazide, did not modify the motor activity or the severity of PD, whatever the dose employed (figures 4A and 4B). Sumatriptan (1 and 5 mg/kg) significantly decreased LIDs (levodopa alone 143 ± 13 vs levodopa + sumatriptan (1 mg/kg) 79 ± 13; CV = 45%; F = 16.0; p<0.01; vs levodopa + sumatriptan (5 mg/kg) 79 ± 31; CV = 45%; F = 9.9; p<0.01) (figure 5). BRL 15572 (1 and 5 mg/kg) also significantly reduced the cumulative dyskinetic score (levodopa alone 143 ± 13 vs levodopa + BRL 15572 (1 mg/kg) 38 ± 3; CV = 73%; F = 18.0; p<0.001; vs levodopa + BRL 15572 (5 mg/kg): 42 ± 3; CV = 71%; 22.6; p<0.001), whereas SB 216641 (1 and 5 mg/kg) did not alter it.

To determine whether the antidyskinetic effect of sumatriptan was mediated by the 5-HT1B or the 5-HT1D receptor subtype, sumatriptan (5 mg/kg) was co-administered with the 5-HT1B antagonist SB 216641 (5 mg/kg) or the 5-HT1D antagonist BRL 15572 (5 mg/kg) (figure 5). SB 216641 had no impact on the decrease in LIDs induced by sumatriptan. Conversely, BRL 15572 inhibited the antidyskinetic effect of sumatriptan (levodopa + sumatriptan (5 mg/kg) 79 ± 31 vs levodopa + sumatriptan (5 mg/kg) + BRL 15572 (5 mg/kg) 116 ± 31; CV = 64%; F = 16.6; p<0.01).

Discussion

The present study demonstrates that the 5-HT1B/D agonist sulmatriptan and the 5-HT1D antagonist BRL 15572 markedly attenuate LIDs without diminishing the antiparkinsonian efficacy of levodopa. The 5-HT1A agonist 8-OHDPAT decreases LIDs but also the antiparkinsonian action of levodopa. The 5-HT1B agonist mcpp likewise reduces the severity of LIDs and the antiparkinsonian effect of levodopa in a dose-dependent manner.

5-HT receptors are grouped in up to seven distinct receptor subtypes (5-HT1 to 5-HT7). Pharmacological and molecular approaches show that 5-HT1 receptors are a heterogeneous group consisting of at least the 5-HT1A, B, D, E and F subtypes [17]. These 5-HT1 serotonin receptors are richly expressed throughout the mammalian central nervous system (CNS).

In their study, Numan et al [18] found that the loss of dopaminergic afferents after 6-OHDA lesion of the nigrostriatal pathway in the rat did not alter the expression of 5-HT1A mRNA in the striatum. On the contrary, other authors observed an up-regulation of 5-HT1A receptors in the caudal striatum of MPTP-lesioned monkeys [19]. In a rat model of PD and in parkinsonian patients, the density of 5-HT1B receptors in the striatum and SN is unaltered [13, 20-22]. Overall, these results do not reveal any significant changes in the regulation of the expression of 5-HT1 receptors after dopaminergic denervation.

5-HT1A receptors are autoreceptors on the soma-dendrites of serotoninergic neurons in the dorsal raphe nucleus and are also located postsynaptically to serotoninergic neurons in forebrain regions [23, 24]. It is well established that presynaptic autoreceptors are implicated in the control of neuronal activity and neurotransmitter release. Stimulation of 5-HT1A autoreceptors decreases the activity of serotoninergic neurons and hence serotonin release into the striatum [25]. Since serotoninergic terminals contain L-aromatic amino acid decarboxylase, the enzyme converting exogenous levodopa to dopamine, they are a major source of the dopamine released into the denervated striatum during levodopa treatment in advanced PD [26, 27]. Thus, 5-HT1A autoreceptor stimulation reduces peak levels but also prolongs the duration of dopamine release following each dose of levodopa [28, 29]. This could explain the decrease in LIDs after administration of 8OHDPAT to MPTP-lesioned monkeys. The latter result is also consistent with preliminary clinical observations using buspirone in parkinsonian patients [30, 31] and with a preclinical study using sarizotan in rodent and primate parkinsonian models [9]. Furthermore, the effects of 8OHDPAT observed in the present study appear to be specific to 5-HT1A stimulation, since the motor effects were significantly reversed by the selective 5-HT1A antagonist WAY 100635. WAY 100635 is more than 100-fold selective for 5-HT1A sites among all other 5-HT receptor subtypes and major neurotransmitter receptor sites [32]. The impairment of the antiparkinsonian action of levodopa after administration of 8OHDPAT at the highest dose tested could be related to a more important decrease in levodopa-derived dopamine release from serotoninergic neurons.

An effect of 8OHDPAT on LIDs mediated by postsynaptic 5-HT1A receptors cannot not be totally excluded. However, other authors have reported that in mouse frontal cortex, the presynaptic 5-HT1A receptor-mediated response is more sensitive to inhibition by WAY 100635 than the corresponding postsynaptic response [33]. Since the antidyskinetic effect of 8OHDPAT was significantly reversed by WAY 100635, we hypothesize that this response is mediated by presynaptic 5-HT1A receptors.

Autoradiography of the rat brain using specific radioligands has shown 5-HT1B receptors to be located predominantly in the ventral pallidum, globus pallidus (GP) and SNpr [24, 34], structures which control thalamo-cortical glutamatergic neurons involved in motor activities [2]. Labeling experiments with immunocytochemical detection further revealed that 5-HT1B receptors in the output nuclei of the basal ganglia (BG) are located on axons of striatal GABAergic neurons [35]. This presynaptic localization, together with the fact that 5-HT1B receptors are negatively coupled to adenyl cyclase [36, 37], suggests that these receptors inhibit release of the neurotransmitter GABA in the GP and SNpr in rat brain and similarly in the external (Gpe) and internal (Gpi) segments of the globus pallidus in the monkey. According to an organization model of the BG [2], the inhibition of GABAergic neurotransmission from striatonigral fibers in the rat or striatopallidal fibers (inner part) in the monkey increases the firing of output nuclei of the BG (SNpr in the rat or Gpi in the monkey) GABAergic neurons therefore enhance the inhibitory output from these nuclei to the thalamus, thus reducing the facilitatory input from the thalamus to the motor cortex and leading to parkinsonian symptoms. The dose-dependent proparkinsonian effect of the 5-HT1B agonist mcpp, observed in our study of MPTP-lesioned monkeys is consistent with an increase in inhibitory GABAergic control of the output from GPi neurons to the thalamus, induced by stimulation of presynaptic 5-HT1B heteroreceptors located on axon terminals of the striatopallidal pathway (inner part).

5-HT1D receptors are found on the cell bodies or dendrites of GABAergic neurons in the striatum, postsynaptically to serotoninergic fibers [22, 24, 38]. These receptors are also present presynaptically on the terminals of striatal neurons projecting onto the SNpr. Stimulation of postsynaptic 5-HT1D receptors inhibits signaling pathways involving c-amp and calcium such as the PKA and calmodulin-dependent kinase II [39, 40]. Recent observations indicate thatin levodopa treatment, chronic non physiological stimulation of dopamine receptors on striatal GABAergic medium spiny neurons may contribute to alterations in these dopaminoceptive cells favoring the clinical appearance of motor dysfunctions like LIDs [41]. Dopaminergic denervation and subsequent intermittent dopamine stimulation activate signal transduction cascades leading to changes in the synaptic efficacy of NMDA and AMPA glutamatergic receptors [41-46]. Thus, the enhancement of the function of striatal ionotropic glutamatergic receptors due to changes in their phosphorylation state could be modulated by stimulation of postsynaptic 5-HT1D receptors. In this hypothesis, the antidyskinetic effect observed in MPTP-lesioned monkeys after administration of the 5-HT1D agonist sumatriptan might be mediated by a decrease in the phosphorylation state of striatal glutamatergic receptors and consequently in their sensitivity. Although we cannot exclude the possibility that an effect of sumatriptan on presynaptic 5HT1D receptors leads to a decrease in dopamine release and thus a reduction in LIDs, the lack of aggravation of parkinsonian symptoms at the higher doses tested would argue against this alternative. Sumatriptan is a non-selective serotoninergic agonist which binds with high affinity to 5-HT1D and 5-HT1B receptors (Ki of 3.4 and 7.7 nM respectively [47, 48]). As sumatriptan still decreased LIDs following 5-HT1B blockade with a specific antagonist (SB 216641), , its antidyskinetic action may be attributed to binding to 5-HT1D receptors. BRL 15572 also reduced LIDs in our MPTP-lesioned monkeys. Furthermore, co-administration of sumatriptan and BRL 15572 reversed the antidyskinetic effect of either drug given alone. Hence it would appear that in these parkinsonian primates with LIDs, under our experimental conditions, BRL 15572 behaved as an antagonist with a partial agonist effect or as a partial agonist at 5-HT1D receptors.

In conclusion, we found that activation of 5-HT1D receptors attenuates LIDs in MPTP-lesioned monkeys, whereas 5-HT1A or 5-HT1B activation decreases the levodopa response. Clinical studies are now in progress to test drugs which act on 5-HT1D receptors for their ability to improve LIDs and other complications of levodopa therapy advanced PD.

ACKNOWLEDGMENTS

BRL 15572 was generously provided by GlaxoSmithKline (Marly-le-Roi, France).

Figure legends

Figure 1: Effects of the 5-HT1A agonist 8OHDPAT on MPTP-lesioned monkeys.
    A. Effects of 8OHDPAT on motor activity as assessed by the automatic video system.
The video system was used to evaluate MPTP-lesioned monkeys (n = 4) for global locomotor activity (low, intermediate and large amplitude movements) over periods of 240 minutes, under basal conditions and after administration of a suprathreshold dose of levodopa (300 or 400 mg), alone or in combination with 8OHDPAT (0.01 or 0.05 mg/kg) and/or WAY 100635 (0.2 mg/kg).
    B. Effects of 8OHDPAT on the severity of parkinsonian symptoms.
MPTP-lesioned monkeys (n = 4) were evaluated on the Laval University scale for MPTP-intoxicated primates for 240 minutes, under basal conditions and after administration of a suprathreshold dose of levodopa (300 or 400 mg), alone or in combination with 8OHDPAT (0.01 or 0.05 mg/kg) and/or WAY 100635 (0.2 mg/kg).
Analyses were performed by two-way ANOVA, followed by a post-hoc Newman-Keuls test if there was significance.
† $p < 0.05$, †† $p < 0.01$, ††† $p < 0.001$ vs untreated monkeys.
** $p < 0.01$ vs levodopa alone.

Figure 2: Effects of the 5-HT1A agonist 8OHDPAT on LIDs.
The cumulative dyskinetic scores obtained during an observation period of 240 minutes were averaged for all monkeys (n = 4) and expressed as the mean ± SEM. The animals received a suprathreshold dose of levodopa (300 or 400 mg), alone or in combination with the 5-HT1A agonist 8OHDPAT (0.01 or 0.05 mg/kg) or with 8OHDPAT (0.01 or 0.05 mg/kg) and the 5-HT1A antagonist WAY 100635 (0.2 mg/kg). Analyses were performed by two-way ANOVA, followed by a post-hoc Newman-Keuls test if there was significance.
** $p<0.01$; *** $p<0.001$ vs levodopa alone.
$p<0.01$ vs levodopa + 8OHDPAT (0.01 or 0.05 mg/kg).

Figure 3: Effects of the 5-HT1B agonist mcpp on MPTP-lesioned monkeys.
    A. Effects of mcpp on motor activity as assessed by the automatic video system.
The video system was used to evaluate MPTP-lesioned monkeys (n = 4) for global locomotor activity (low, intermediate and large amplitude movements) over periods of 240 minutes, after administration of a suprathreshold dose of levodopa (300 or 400 mg), alone or in combination with mcpp (0.5, 1 or 3 mg/kg).
    B. Effects of mcpp on the severity of parkinsonian symptoms.
MPTP-lesioned monkeys (n = 4) were assessed on the Laval University scale for MPTP-intoxicated primates for 240 minutes, after administration of a suprathreshold dose of levodopa (300 or 400 mg), alone or in combination with mcpp (0.5, 1 or 3 mg/kg) or with mcpp (1 mg/kg) and penbutolol (3 mg/kg).
    C.Effects of mcpp on LIDs.

The cumulative dyskinetic scores obtained during an observation period of 240 minutes were averaged for all monkeys (n = 4) and expressed as the mean ± SEM. The animals received a suprathreshold dose of levodopa (300 or 400 mg), alone or in combination with the 5-HT1B agonist mcpp (0.5, 1 or 3 mg/kg) or with mcpp (1 mg/kg) and the 5-HT1B antagonist penbutolol (3 mg/kg).
Analyses were performed by two-way ANOVA, followed by a post-hoc Newman-Keuls test if there was significance.
* $p < 0.05$, ** $p < 0.01$, *** $p < 0.001$ vs levodopa alone.
# $p < 0.05$, ## $p < 0.01$ vs levodopa + mcpp (1 mg/kg).

Figure 4: Effects of 5-HT1D receptors on MPTP-lesioned monkeys receiving levodopa.
   A. *Effects of the 5HT1B/1D agonist sumatriptan, the 5HT1B antagonist SB 246641 and the 5-HT1D antagonist BRL 15572 on motor activity as assessed by the automatic video system.*
The video system was used to assess MPTP-lesioned monkeys (n = 4) for global locomotor activity (low, intermediate and large amplitude movements) over periods of 240 minutes, after administration of a suprathreshold dose of levodopa (300 or 400 mg), alone or in combination with sumatriptan (1 or 5 mg/kg), SB 216641 (1 or 5 mg/kg) or BRL 15572 (1 or 5 mg/kg).
   B. *Effects of sumatriptan, SB 216641 and BRL 15572 on the severity of parkinsonian symptoms.*
MPTP-lesioned monkeys (n = 4) were evaluated on the Laval University scale for MPTP-intoxicated primates for 240 minutes, after administration of a suprathreshold dose of levodopa (300 or 400 mg), alone or in combination with sumatriptan (1 or 5 mg/kg), SB 216641 (1 or 5 mg/kg) or BRL 15572 (1 or 5 mg/kg).
Analyses were performed by two-way ANOVA, followed by a post-hoc Newman-Keuls test if there was significance.
NS vs levodopa alone.

Figure 5: Effects of 5-HT1B/1D receptors on LIDs.
The cumulative dyskinetic scores obtained during an observation period of 240 minutes were averaged for all monkeys (n = 4) and expressed as the mean ± SEM. The animals received a suprathreshold dose of levodopa (300 or 400 mg), alone or in combination with sumatriptan (1 or 5 mg/kg), the 5-HT1B antagonist SB
216641 (1 or 5 mg/kg) or the 5-HT1D antagonist BRL 15572 (1 or 5 mg/kg), with sumatriptan (5 mg/kg) and SB 246641 (5 mg/kg), or with sumatriptan (5 mg/kg) and BRL 15572 (5 mg/kg). Analyses were performed by two-way ANOVA, followed by a post-hoc Newman-Keuls test if there was significance.
** $p < 0.01$, *** $p < 0.001$ vs levodopa alone.
∝∝ $p < 0.01$ vs levodopa + sumatriptan (5 mg/kg).

References

1. Scherman D, Desnos C, Darchen F, et al. Striatal dopamine deficiency in Parkinson's disease: role of aging. Ann Neurol 1989; 26: 551-7.

2. Alexander GE, Crutcher MD. Functional architecture of basal ganglia circuits: neural substrates of parallel processing. Trends Neurosci 1990; 13: 266-71.

3. Dray A. Serotonin in the basal ganglia: functions and interactions with other neuronal pathways. J Physiol 1981; 77: 393-403.

4. Lavoie B, Parent A. Immunohistochemical study of the serotoninergic innervation of the basal ganglia in the squirrel monkey. J Comp Neurol 1990; 299: 1-16.

5. Iacono RP, Kuniyoshi SM, Ahlman JR, et al. Concentrations of indoleamine metabolic intermediates in the ventricular cerebrospinal fluid of advanced Parkinson's patients with severe postural instability and gait disorders. J Neural Transm 1997; 104: 451-9.

6. Murai T, Muller U, Werheid K, et al. In vivo evidence for differential association of striatal dopamine and midbrain serotonin systems with neuropsychiatric symptoms in Parkinson's disease. J Neuropsychiatry Clin Neurosci 2001; 13: 222-8.

7. Gerson SC, Baldessarini RJ. Motor effects of serotonin in the central nervous system. Life Sci 1980; 27: 1435-51.

8. Melamed E, Zoldan J, Friedberg G, et al. Involvement of serotonin in clinical features of Parkinson's disease and complications of L-DOPA therapy. Adv Neurol 1996; 69: 545-50.

9. Bibbiani F, Oh JD, Chase TN. Serotonin 5-HT1A agonist improves motor complications in rodent and primate parkinsonian models. Neurology 2001; 57: 1829-34.

10. Oh JD, Bibbiani F, Chase TN. Quetiapine attenuates levodopa-induced motor complications in rodent and primate parkinsonian models. Exp Neurol 2002; 177: 557-64.

11. Durif F, Vidailhet M, Assal F, et al. Low-dose clozapine improves dyskinesias in Parkinson's disease. Neurology 1997; 48: 658-62.

12. Durif F, Debilly B, Galitky M, et al. Clozapine improves dyskinesias in Parkinson's disease: a double blind, placebo controlled study. Neurology 2003 (in press).

13. Castro ME, Pascual J, Romon T, et al. Differential distribution of [^{3}H]sumatriptan binding sites (5-HT1B, 5-HT1D and 5-HT1F receptors) in human brain: focus on brainstem and spinal cord. Neuropharmacology 1997; 36: 535-42.

14. Chassain C, Eschalier A, Durif F. Assessment of motor behavior using a video system and a clinical rating scale in parkinsonian monkeys lesioned by MPTP. J Neurosci Methods 2001; 111: 9-16.

15. Gomez-Mancilla B, Boucher R, Gagnon C, et al. Effect of adding the D1 agonist CY 208-243 to chronic bromocriptine treatment. I: Evaluation of motor parameters in relation to striatal catecholamine content and dopamine receptors. Mov Disord 1993. 8: 144-50.

16. Blanchet PJ, Konitsiotis S, Chase TN. Amantadine reduces levodopa-induced dyskinesias in parkinsonian monkeys. Mov Disord 1998; 13: 798-802.

17. Hoyer D, Clarke DE, Fozard JR, et al. International Union of Pharmacology classification of receptors for 5-hydroxytryptamine (Serotonin). Pharmacol Rev 1994; 46: 157-203.

18. Numan S, Lundgren KH, Wright DE, et al. Increased expression of 5HT2 receptor mRNA in rat striatum following 6-OHDA lesions of the adult nigrostriatal pathway. Brain Res Mol Brain Res 1995; 29: 391-6.

19. Frechilla D, Cobreros A, Saldise L, et al. Serotonin 5-HT(1A) receptor expression is selectively enhanced in the striosomal compartment of chronic parkinsonian monkeys. Synapse 2001; 39: 288-96.

20. Quirion R, Richard J. Differential effects of selective lesions of cholinergic and dopaminergic neurons on serotonin-type 1 receptors in rat brain. Synapse 1987; 1: 124-30.

21. Waeber C, Schoeffter P, Hoyer D, et al. The serotonin 5-HT1D receptor: a progress review. Neurochem Res 1990; 15: 567-82.

22. Waeber C, Zhang LA, Palacios JM. 5-HT1D receptors in the guinea pig brain: pre- and postsynaptic localizations in the striatonigral pathway. Brain Res 1990; 528: 197-206.

23. Soghomonian JJ, Doucet G, Descarries L. Serotonin innervation in adult rat neostriatum. I. Quantified regional distribution. Brain Res 1987; 425: 85-100.

24. Barnes NM, Sharp T. A review of central 5-HT receptors and their function. Neuropharmacology 1999; 38: 1083-152.

25. Kreiss DS, Lucki I. Differential regulation of serotonin (5-HT) release in the striatum and hippocampus by 5-HT1A autoreceptors of the dorsal and median raphe nuclei. J Pharmacol Exp Ther 1994; 269: 1268-79.

26. Arai R, Karasawa N, Geffard M, et al. L-DOPA is converted to dopamine in serotonergic fibers of the striatum of the rat: a double-labeling immunofluorescence study. Neurosci Lett 1995; 195: 195-8.

27. Tanaka H, Kannari K, Maeda T, et al. Role of serotonergic neurons in L-DOPA-derived extracellular dopamine in the striatum of 6-OHDA-lesioned rats. Neuroreport 1999; 10: 613-4.

28. Nomikos GG, Arborelius L, Hook BB, et al. The 5-HT1A receptor antagonist (S)-UH-301 decreases dopamine release in the rat nucleus accumbens and striatum. J Neural Transm Gen Sect 1996; 103: 541-54.

29. Kannari K, Yamato H, Shen H, et al. Activation of 5-HT(1A) but not 5-HT(1B) receptors attenuates an increase in extracellular dopamine derived from exogenously administered L-DOPA in the striatum with nigrostriatal denervation. J Neurochem 2001; 76: 1346-53.

30. Kleedorfer B, Lees AJ, Stern GM. Buspirone in the treatment of levodopa induced dyskinesias. J Neurol Neurosurg Psychiatry 1991; 54: 376-7.

31. Bonifati V, Fabrizio E, Cipriani R, et al. Buspirone in levodopa-induced dyskinesias. Clin Neuropharmacol 1994; 17: 73-82.

32. Forster EA, Cliffe IA, Bill DJ, et al. A pharmacological profile of the selective silent 5-HT1A receptor antagonist, WAY-100635. Eur J Pharmacol 1995; 281: 81-8.

33. Ago Y, Koyama Y, Baba A, et al. Regulation by 5-HT1A receptors of the in vivo release of 5-HT and DA in mouse frontal cortex. Neuropharmacology 2003; 45: 1050-6.

34. Boulenguez P, Segu L, Chauveau J, et al. Biochemical and pharmacological characterization of serotonin-O-carboxymethylglycyl[125I]iodotyrosinamide, a new radioiodinated probe for 5-HT1B and 5-HT1D binding sites. J Neurochem 1992; 58: 951-9.

35. Sari Y, Miquel MC, Brisorgueil MJ, et al. Cellular and subcellular localization of 5-hydroxytryptamine1B receptors in the rat central nervous system: immunocytochemical, autoradiographic and lesion studies. Neuroscience 1999 ; 88: 899-915.

36. Hamon M, Lanfumey L, el Mestikawy S, et al. The main features of central 5-HT1 receptors. Neuropsychopharmacology 1990; 3: 349-60.

37. Maroteaux L, Saudou F, Amlaiky N, et al. Mouse 5HT1B serotonin receptor: cloning, functional expression, and localization in motor control centers. Proc Natl Acad Sci U S A 1992; 89: 3020-4.

38. Herrick-Davis K, Maisonneuve IM, Titeler M. Postsynaptic localization and up-regulation of serotonin 5-HT1D receptors in rat brain. Brain Res 1989; 483: 155-7.

39. Miller KJ, Mariano CL, Cruz WR. Serotonin 5HT2A receptor activation inhibits inducible nitric oxide synthase activity in C6 glioma cells. Life Sci 1997; 61: 1819-27.

40. Inoue T, Itoh S, Kobayashi M, et al. Serotonergic modulation of the hyperpolarizing spike afterpotential in rat jaw-closing motoneurons by PKA and PKC. J Neurophysiol 1999; 82: 626-37.

41. Chase TN, Oh JD. Striatal dopamine- and glutamate-mediated dysregulation in experimental parkinsonism. Trends Neurosci 2000; 23 (10 Suppl): S86-91.

42. Oh JD, Russell DS, Vaughan CL, et al. Enhanced tyrosine phosphorylation of striatal NMDA receptor subunits: effect of dopaminergic denervation and L-DOPA administration. Brain Res 1998; 813: 150-9.

43. Oh JD, Vaughan CL, Chase TN. Effect of dopamine denervation and dopamine agonist

administration on serine phosphorylation of striatal NMDA receptor subunits. Brain Res 1999; 821: 433-42.

44. Chase TN, Oh JD. Striatal mechanisms and pathogenesis of parkinsonian signs and motor complications. Ann Neurol 2000; 47 (4 Suppl 1): S122-30.

45. Chase TN, Oh JD, Konitsiotis S. Antiparkinsonian and antidyskinetic activity of drugs targeting central glutamatergic mechanisms. J Neurol 2000; 247 (Suppl 2): II36-42.

46. Konitsiotis S, Blanchet PJ, Verhagen L, et al. AMPA receptor blockade improves levodopa-induced dyskinesia in MPTP monkeys. Neurology 2000; 54: 1589-95.

47. Diener HC, Kaube H, Limmroth V. A practical guide to the management and prevention of migraine. Drugs 1998; 56: 811-24.

48. Slassi A. Recent advances in 5-HT1B/1D receptor antagonists and agonists and their potential therapeutic applications. Curr Top Med Chem 2002; 2: 559-74.

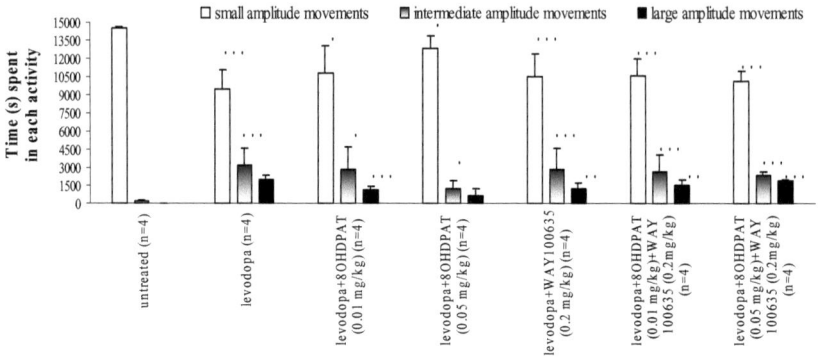

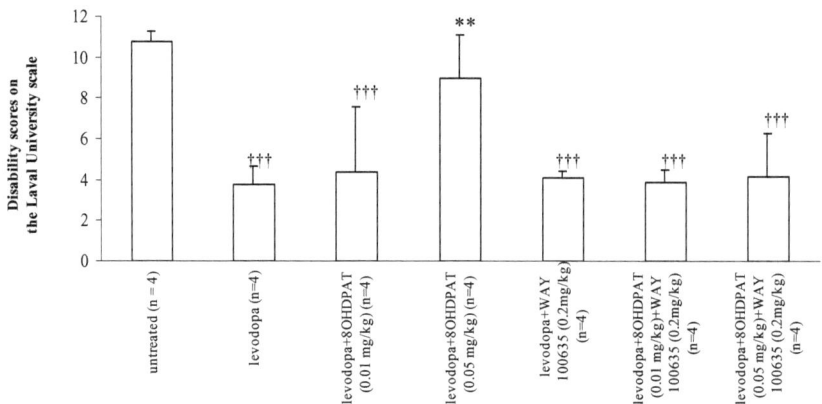

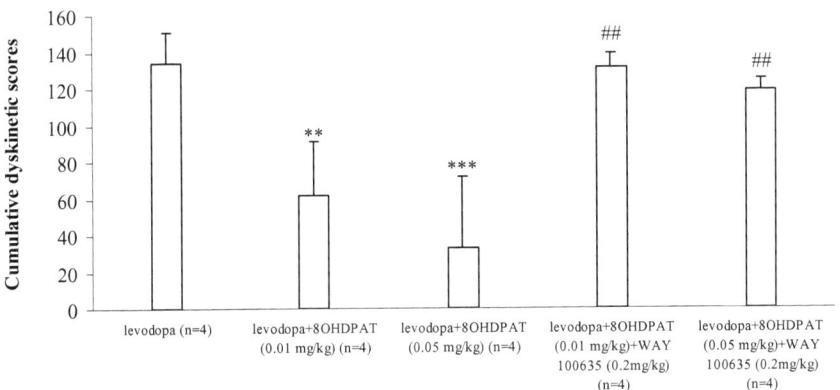

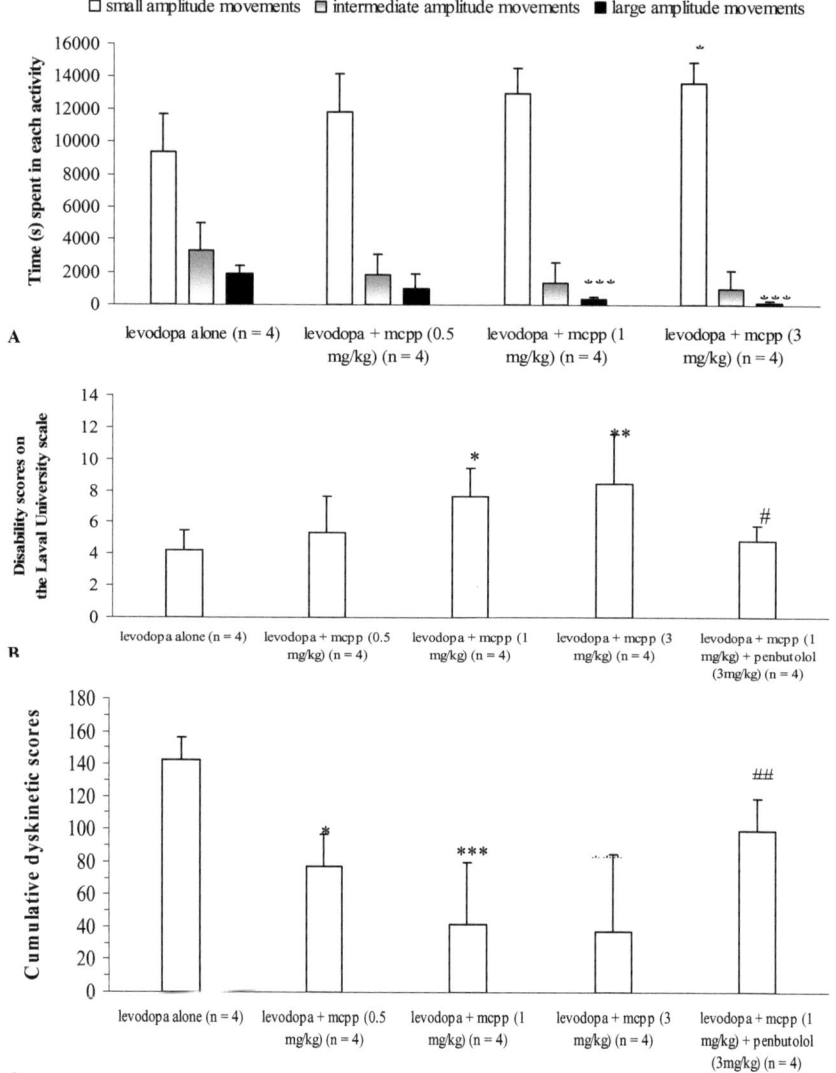

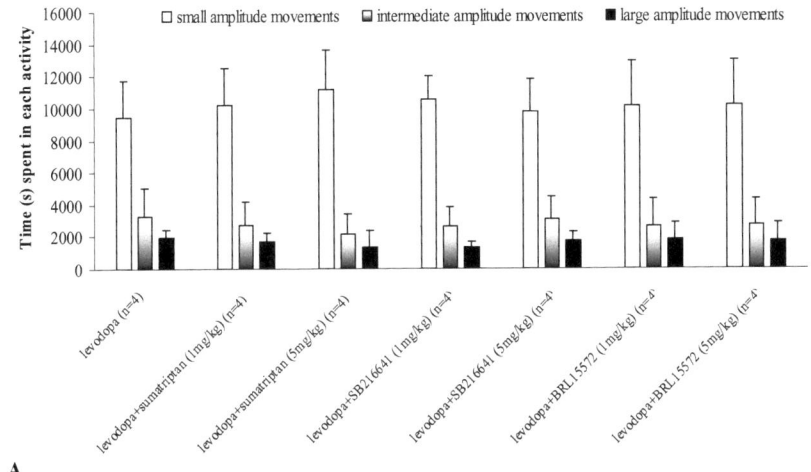

A

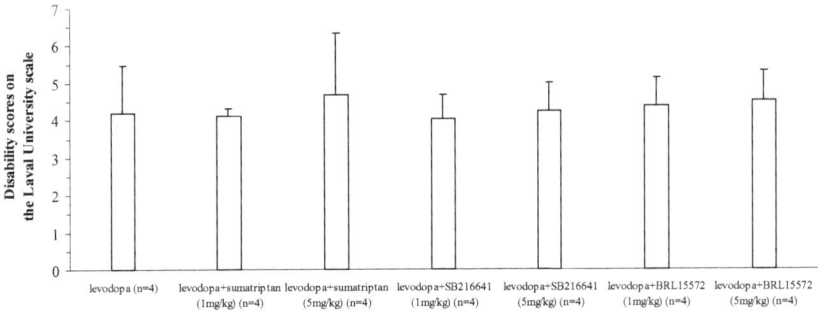

B

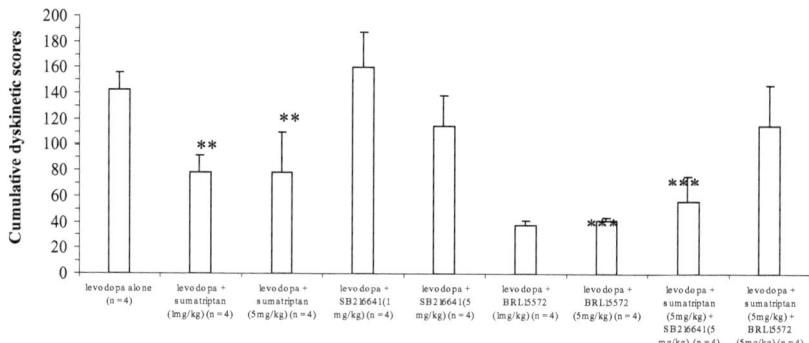

Résumé

LA MALADIE DE PARKINSON IDIOPATHIQUE : EXPLORATION DU METABOLISME CEREBRAL PAR SPECTROSCOPIE EN RESONANCE MAGNETIQUE NUCLEAIRE SUR DES MODELES EXPERIMENTAUX

Le but de ce travail de thèse était d'appliquer la spectroscopie RMN *in vivo* à l'étude des modèles expérimentaux de la maladie de Parkinson idiopathique. Une première étude a été réalisée chez le rat dont la voie dopaminergique nigro-striatale est lésée de façon modérée par administration stéréotaxique de 6-OHDA dans le striatum et chez le rat présentant une lésion sévère de la voie dopaminergique par injection de la 6-OHDA dans le faisceau médian du télencéphale. Aucun différence statistiquement significative n'a pu être mise en évidence entre les différents groupes pour les métabolites majeurs du SNC, N-acéthylaspartate (NAA), créatine, glutamate / glutamine, choline, exprimés relativement à la résonance de la créatine totale. Cette étude a mis en évidence la nécessité d'utiliser des temps d'écho courts afin d'exploiter toutes les informations présentes dans les spectres RMN ^{1}H et de séparer les deux métabolites, glutamate et glutamine. Ensuite, une adaptation d'une séquence d'édition par sélection des cohérences à double quanta a été proposée pour mesurer la résonance du GABA sans nécessité de calibrer les phases des impulsions RF en fonction de la localisation du volume d'intérêt. Cette méthode a été validée *in vivo* chez le rat et le primate. Enfin, il est montré *in vivo* chez le modèle rat de la MPI par spectroscopie RMN du ^{13}C que l'incorporation du marquage ^{13}C sur le carbone C4 du glutamate à partir de l'acétate de sodium [2-^{13}C] utilisé comme précurseur, est plus importante dans le striatum de rats parkinsoniens que dans celui d'animaux contrôles. Le traitement à la lévodopa restaure chez les rats parkinsoniens les valeurs de Glu C4 à un niveau identique à celui observé chez les rats contrôles.

Abstract

PARKINSON'S DISEASE : EXPLORATION OF CEREBRAL METABOLISM BY NUCLEAR MAGNETIC RESONANCE SPECTROSCOPY ON ANIMAL MODELS

The aim of this work was to use *in vivo* NMR spectroscopy to the exploration of cerebral metabolism of animal models of Parkinson's disease. A first study was performed on rats with a smooth lesion of nigro-striatal dopaminergic pathway induced by 6-OHDA injection into the striatum and on rats with a severe lesion induced by -OHDA injection into the middle forebrain. No statistical difference has been shown between the different groups for the major metabolites of brain, N-acéthylaspartate (NAA), creatine, glutamate / glutamine, choline, expressed relatively to the total creatine peak area. This study illustrates the difficulty to observe *in vivo* separately glutamate and glutamine because they present strong coupling effects and suffer from peak overlaps and the necessity to use short echo times. Secondly, selective GABA detection is achieved using a new pulse sequence based on double quantum coherence which makes accurate measurements without artifacts due to spatial location. This method was validated *in vivo* on rats and one primate. Finally, it is showed *in vivo* that glutamate C4 relative proportions after [2-^{13}C] sodium acetate infusion is higher in striatum of parkinsonian rats than in striatum of control rats. Furthermore, in dopamine-depleted striatum, the aniparkinsonian drug, levodopa, restores relative levels of glutamate C4 identical to those in controls.

Mots clés:

Maladie de Parkinson idiopathique, Spectroscopie RMN ^{1}H localisée, cohérences double quanta, Spectroscopie RMN ^{13}C, métabolisme cérébral, GABA, glutamate, glutamine